세계의 내추럴 와인

Natural Wine

지 금 마 셔 보 고 싶 은

전 세 계 내 추 럴 와 인 의 생 산 자 를 찾 아 서

세계의 내추럴 와인

FESTIVIN 엮음 · JUNKO NAKAHAMA 글

강수연 옮김

GREENCOOK

Wine is bottled poetry.

「와인이란, 병에 담긴 시다.」

by Robert Louis Stevenson, U.K. Novelist
영국의 소설가, 로버트 루이스 스티븐슨

내추럴 와인이란 무엇일까. 유기농으로 재배한 포도로 만든 와인? 산화방지제를 첨가하지 않은 와인? 숙취가 없다는 데 정말일까?

사실 내추럴 와인에는 엄밀한 규정이 없습니다.

프랑스에서 뱅 나튀르(Vin Nature, 내추럴 와인)라는 단어를 사용하기 시작한 것은 겨우 30년 정도 전의 일입니다. 1960년대에 대량생산을 위해 포도밭에 제초제와 화학비료를 사용한 결과, 포도는 본래 갖고 있던 면역력을 잃어 자연 발효가 어려워졌고, 셀러에서는 배양효모와 다량의 SO₂(이산화황, 과즙의 산화와 미생물 오염을 방지하는 첨가제. p.12 참조)를 사용할 수밖에 없어서 와인은 개성을 잃었습니다. 여기에 회의를 느낀 몇 안 되는 생산자들이 시행착오를 거치면서 자연을 존중하며 만들기 시작한 것이 내추럴 와인입니다. 이 내추럴 와인이 진정한 와인을 추구하는 파리의 와인숍이나 와인바를 중심으로 점점 널리 알려지기 시작했습니다.

기존의 와인이 공산품이라면 내추럴 와인은 재료부터 직접 손으로 만드는 장인적인 생산물입니다. 그해의 기후에 따라 포도의 개성이 달라지는 것은 물론, 생산자의 철학이 반영되어 있습니다.

와인은 재배(농업)와 양조(화학)라는 양쪽 바퀴로 만들어집니다. 1960~90년대의 생산자들이 화학적인 요소에 의존한 데서 알 수 있듯이, 자연적인 방법으로 맛있는 와인을 만들기는 상당히 어렵습니다. 밭에서는 병충해와, 셀러에서는 미생물 오염이나 산화와 매우 밀접한 관계가 있는 작업이기 때문입니다. 힘든 해도 많지만, 그럼에도 불구하고 최선을 다해 만들어낸 와인에는 말로 표현할 수 없는 감동이 있습니다. 근사한 음악이나 소설, 영화처럼 마음을 움직입니다.

예를 들어 클로드 쿠르투아(Claude Courtois)*의 와인은 밴 모리슨(Van Morrison)의 음악처럼 소울이 충만하고, 시릴 르 무앙(Cyril le Moing)*의 와인은 리처드 브라우티건(Richard Brautigan)의 단편소설처럼 마음속 깊이 스며들며, 도멘 드 록타뱅(Domaine de l'Octavin)*의 와인은 모차르트의 오페라처럼 마음을 두근거리게 합니다. 주관적인 의견이긴 하지만 와인은 기호품입니다. 마음에 드는 생산자를 발견했다면 누가 뭐라 하든 좋은 대로 즐기면 됩니다. 2010년부터 열린 내추럴 와인 축제인 「페스티뱅(p.20 참조)」은 이처럼 자유롭게 와인을 즐기는 방법을 제안해왔습니다.

이 책도 기존의 가이드북과는 다릅니다. 여기에서 소개하는 것은 와인에 대한 학식이나 지식이 아니라, 자연과 마주하여 자신의 인생을 와인병에 담은 생산자들의 이야기입니다. 2013년에 발행한 『뱅 나튀르 내추럴 와인이 맛있는 이유』에서는 프랑스와 이탈리아를 중심으로 74명의 생산자를 소개했는데, 이번에는 13개국 119명의 생산자가 등장합니다.

CONTENTS

SPAIN

GERMANY

CROATIA

──────── Part 3 ────────

JAPAN

AUSTRALIA

USA

MEXICO

SOUTH AFRICA

NOTICE

- 이 책에 소개된 와인 중에는 현재 유통되는 빈티지가 아닌 것도 있습니다. 또한 한국에는 아직 소개되지 않은 와인도 있습니다.
- 본문 중에 ＊가 붙어 있는 생산자는 이 책에 소개된 생산자입니다.

내추럴 와인이란 무엇인가?

사실 내추럴 와인(프랑스어로 Vin Nature)에 대한 엄밀한 정의는 없다. 어쩌면 정의할 수 없는 것인지도 모르겠다.

왜냐하면 「내추럴 와인이란 유기농 재배로 키운 포도를 인위적, 화학적 개입을 최대한 배제하고 만든 와인」이라고 정의한다 해도, 눈앞에 놓인 와인 원료인 포도가 유기농으로 재배한 것인지 화학비료 투성이인지는 판단하기 어렵기 때문이다.

단지 알 수 있는 것은 포도의 생장에 맞춰서 천천히 발효시켰는지, 사람의 상황에 맞춰서 발효시켰는지 정도이다. 포도의 생장에 맞춰서 발효시킨 와인에는 야생효모의 힘으로 다양한 미생물이 작용하여 생긴, 오감에 호소하는 듯한 부드러운 향, 매끄러운 질감, 거부감 없이 몸에 스며드는 살짝 불안정한 느낌의 여운이 있는 반면, 사람의 상황에 맞춰서 발효시킨 와인은 안정감은 있지만 단단하게 차단된 느낌이 있다. 중요한 것은 정의가 아니라 맛이 아닐까.

야생효모로 발효가 이루어지려면 포도는 완전히 건강하고, 아마도 수확에서 발효까지 화학적인 요소를 배제한 케미컬 프리로 작업해야 한다. 즉 자연 농법에 가까운 방법으로 재배했을 것이라고 짐작할 수 있다.

내추럴 와인이라는 단어 자체에 대한 반대 의견도 있다. 이탈리아 파네비노(Panevino) 와이너리의 지안 프랑코 만카(Gianfranco Manca)*는 원래 와인은 포도만으로 만드는 지극히 내추럴한 것이기 때문에, 내추럴이라는 형용사를 붙이는 것 자체가 잘못되었다며 「Vini Liberi(자유로운 와인)」라고 표현했다.

많은 생산자들이 신뢰하는 뉴욕 주재 와인저널리스트인 앨리스 페링(Alice Feiring)은 내추럴 와인에 대한 저서에 『Naked Wine(벌거벗은 와인)』이라는 타이틀을 붙였다. 아울러 뉴스레터 《THE FEIRING LINE》에서는 「the only newsletter specializing in honest viticulture and minimal intervention wines. 성실한 포도재배와 최소한의 (화학적, 인적) 개입으로 만든 와인을 전문으로 하는 유일한 뉴스레터」라고 썼다.

앨리스 페링은 이 뉴스레터에서 티에리 퓌즐라(Thierry Puzelat)*, 장 피에르 로비노(Jean Pierre Robinot) 등의 생산자를 취재하여 "뱅 나튀르라는 말은 뱅 상 수프르(Vin Sans Soufre, SO₂를 첨가하지 않은 와인)에서 비롯되었다"라고 결론 지었다. 그것이 1986년 무렵부터 점차 뱅 나튀르라고 표현하게 되었고, 2005년에 티에리 퓌즐라와 마르셀 라피에르(Marcel Lapierre)*가 뜻을 함께하는 생산자들을 모아 내추럴 와인협회(L'Association des Vin Naturel, AVN)를 조직하여 공식적인 용어로 사용하기 시작했다고 한다. 옛날 그대로의 유기적인 생태계에서 포도를 재배하면서도 데메테르(Demeter, 바이오다이나믹 인증. p.15 참조) 등에는 별로 관심이 없는 생산자도 많다. 와인에 테루아의 개성을 최대한 반영하려면 화학적인 요소를 배제해야 한다. 이를 위해 약품에 의존하지 않을 수 있도록, 건강한 우량아와 같은 튼튼한 포도를 키우는 것이 중요하다.

와인을 둘러싼 근대 기술, 약품과 첨가물 이야기

1960년대 포도밭에 사용하기 시작한 화학약품은 1990년 무렵 절정에 이른다. 파리의 와인숍 오너 등 오랫동안 와인을 마셔온 사람들이 1990년대에 양조된 와인에서 개성이 느껴지지 않는다는 이야기를 자주 하는데, 타이밍이 딱 일치한다.

권위 있는 토양학자 클로드 부르기뇽(Claude Bourguignon)이 "부르고뉴의 코트 도르보다 사하라 사막의 토양이 1제곱야드(0.836127㎡)에서 채집한 시료에 함유된 미생물 수가 많았다"라고 말한 유명한 일화가 있다. 제초제를 쓰면 흙속에 자연계의 미생물이 사라져 유기적인 작용이 이루어지지 못해 흙은 딱딱해지고 뿌리는 깊이 자라지 못한 채 옆으로 퍼져 양분을 흡수하지 못한다. 그래서 화학비료가 필요해진다. 그렇게 자란 포도는 병에 걸리기 쉬워 살충제를 뿌려야 하고, 다 자란 포도도 비실비실 허약 체질이어서 쉽게 산화·부패하기 때문에 수확하고 나면 SO_2(이산화황)를 뿌린다. 발효의 힘도 약해서 배양효모에 기댈 수밖에 없다. 그 결과 토지의 개성이 사라진 평범한 와인이 만들어진다.

그 옛날에는 와인이라고 하면 지금의 기준으로 보면 내추럴 와인이었다. 극단적으로 말하면 포도가 건강하게 완전히 익고 셀러의 환경이 발효에 적합한 상태라면, 사람이 아무것도 하지 않아도 맛있는 와인이 만들어진다. 도멘 르루아(Domaine Leroy)나 도멘 르플레브(Domaine Leflaive) 등 부르고뉴의 명문 도멘에서는 예전부터 계속 내추럴 와인을 만들어왔다고 이야기를 많이 하는데, 화학에 기대지 않고 자연적으로 맛있는 와인은 대량생산이 필요없는 강력한 자산을 가진 생산자만이 만들 수 있다.

한편, 예전부터 한 번도 농약이나 화학비료를 쓰지 않았다는 생산자도 존재한다. 사상적으로 자연 농법을 고집한 경우도 있고, 가난해서 농약을 살 수 없었던 경우도 있다.

첨가물인 SO_2는 산화를 억제하고 잡균 번식을 억제하는 목적으로 사용한다. 와인이 식초로 변하면 1년의 노력이 헛수고가 되고 수입을 잃게 되므로, 반드시 필요한 양을 사용하는 것은 어쩔 수 없다.

하지만 인체에 유해하기 때문에 세계보건기구(WHO)가 권장한 SO_2의 1일 허용 섭취량은 체중 1kg당 0.7mg이므로 60kg인 사람은 42mg이다. 그런데 EU에서 유기농 와인(Vin Biologique)으로 인정하는 와인 1병당 SO_2의 양은 드라이 레드와인이 100mg, 드라이 화이트와인과 로제와인이 150mg이어서, 와인 1병을 마시는 것은 상당히 위험하다고 할 수 있다.

"SO₂를 사용하면 셀러 안에서 호흡이 곤란해져서 사용하기 싫다"는 생산자가 많다. 실제로 시험 삼아 액체 상태인 SO_2의 냄새를 맡아보니, 병뚜껑을 여는 순간 숨이 막힐 듯했고 잠시 후에는 극심한 두통을 느꼈다.

많은 내추럴 와인 생산자가 등록된 내추럴 와인 협회(AVN)는 화이트와인 40mg/ℓ, 레드와인 30mg/ℓ, 스위트와인 80mg/ℓ(당이 남아있어서 재발효하기 쉽다)라는 기준을 정했고, 페스티뱅에서는 이를 따르고 있다.

또한 SO_2를 첨가하는 타이밍도 중요하다. 생산자들을 취재하면서 많이 들은 이야기가 "운송 중에 품질이 저하되지 않도록 병입 전에 SO₂를 첨가하는 것은 이해하지만, 수확 직후나 발효 전에 포도에 SO_2를 뿌리는 것은 그 포도가 건강하고 온전하지 않다(=포도 재배과정에 문제가 있었다)는 명백한 증거"라는 것이다. 랑그도크의 디디에 바랄(Didier Barral)*은 "발효 전에 SO₂를 넣으면 발효 중에 생성되는 아로마가 사라진다"고 이야기한다.

반면 앞에서 이야기한 토양학자 부르기뇽은 일본을 방문했을 때 개최한 세미나에서 "발효 전에 첨가한 SO_2는 점점 사라져 수치로는 검출되지 않는다. 오히려 병입 전에 SO_2를 첨가하는 것을 피해야 한다"고 이야기했다. 여러 가지 의견이 있는 것이 당연하겠지만, 첨가하는 양과 타이밍도 생산자 자신이 과학적으로 판단해야 한다.

오가닉 와인,
바이오다이나믹 와인과의 차이

이 책에서 소개하는 생산자 대부분은 자신들이 만드는 와인을 내추럴 와인이라 부르며, 오가닉 와인이나 바이오다이나믹 와인과 구별하고 있다.

오가닉 와인이나 바이오다이나믹 와인이 내추럴 와인과 크게 다른 점은 내추럴 와인이 재배와 양조에서 모두 자연적인 접근을 지향하는 데 비해, 오가닉 와인과 바이오다이나믹 와인은 유기농 재배, 바이오다이나믹 농법(p.15 참조) 등 재배에 중점을 둔다는 것이다.

서양에는 다양한 유기농인증기관이 있지만, 원료인 포도에 대한 규정은 있어도 기계에 의한 (난폭한) 수확이나 보산(補酸), 보당(補糖), 배양효모, 상당량의 SO₂ 사용 등에 대해서는 문제 삼지 않는 경우가 많다. 실제로 EU의 유기농업상설위원회에는 2012년까지 와인 원료인 포도에 대한 규정은 있었지만, 양조과정에 대한 규정은 없었다. 새로운 조례에서는 소르빈산(미생물의 생육을 억제하여 가공식품의 보존료로 사용하는 식품첨가물) 사용을 금지하고, SO₂의 허용량을 줄이기는 했지만, 여전히 배양효모나 효소 등 수십 종의 첨가물 사용이 용인되고 있다(출처: 프랑스식품진흥회 이메일 매거진).

내추럴 와인협회는 수작업으로 하는 수확과 야생효모에 의한 자연발효를 규정했고, 기준치 이하의 SO₂ 이외의 모든 첨가물, 역침투막, 유동식 필터, 순간 고온멸균, 가열 침용을 금지하고 있다.

여기서 프랑스의 농작물 인증제도인 AOC에 대해서도 소개한다.

프랑스에는 국립원산지명칭연구소(Institut National des Appellations d'Origine, INAO)가 정한 원산지통제명칭법(Appellation d'Origine Contrôlée, AOC)이 있어서 생산자는 해마다 검사를 받고 아펠라시옹을 취득한다. 내추럴 와인 생산자는 이에 구애받지 않고 뱅 드 타블(Vin de Table), 뱅 드 프랑스(Vin de France) 등 하위등급에 속하는 테이블와인으로 판매하는 경우도 많다.

토지의 개성이라는 명분으로 획일성을 추구하는 INAO와 독창성을 발휘하려는 내추럴 와인 생산자는 상반된 입장을 보이는 경우가 많다. 예를 들어 마크 앙젤리(Mark Angeli)*의 로제와인은 루아르 지방 앙주(Anjou)의 전형적인 로제와인에 비해 응축감이 과도하다(지나치게 맛있다)는 이유로 뱅 드 타블로 등급이 낮아졌고, 이에 대항하여 마크 앙젤리는 「Rose d'Anjou」라는 AOC 이름 대신 르네상스 시대의 시인 피에르 드 롱사르의 시에서 따온

〈Rose d'un jour〉라는 비슷한 이름의 와인을 만들어 2005년에 상표를 등록했다. 현재는 10명이 넘는 생산자가 〈Rose d'un jour〉를 만들고 있다.

AOC는 원래 토지와 와인의 개성을 보호할 목적으로 만들어졌지만, 이 인증으로 인해 와인이 비싸게 거래되면서 상황이 달라졌다. INAO가 발족한 1947년(개정 전 CNAO는 1935년)은 잡초도 손으로 제거하고 밭 경작은 말을 이용하는 등 트랙터도 없는 시대였다. 이때는 토지에서 유래된 효모균으로 와인을 만들었기 때문에 AOC가 의미가 있었지만, 만들어진 지 70년도 더 된 제도이기에 지금의 와인을 평가할 수 없다는 의견도 많다.

※ **바이오다이나믹(Biodynamic)**
비오디나미(Biodynamie, 프랑스), 비오디나미코(Biodinamico, 이탈리아)라고도 한다. 오스트리아의 인지학자 루돌프 슈타이너(Rudolf Steiner)가 1924년에 강의한 「농업 강좌」에 근거하여, 농사력(태음력)에 따라 우주의 리듬을 기준으로 농사를 짓는다.

기존 와인과
내추럴 와인을 비교해보면

「화학적 육수」와 「보글보글 끓인 수프」

기존 와인을 마시던 사람이 내추럴 와인을 처음 마시고는 「묽다」라고 감상하는 것을 여러 번 들었다. 확실히 포도 과즙 이외에 아무것도 더하지 않고 빼지 않은 와인은 목구멍으로 술술 넘어간다. 하지만 곧 과일이 본래 갖고 있는 진액에 의한 풍부한 감칠맛이 서서히 몸에 스며드는 것을 느낄 수 있다. 반면 기존 와인은 산, 당, 효모, SO$_2$(이산화황) 등을 더하거나 빼서 생산자가 원하는 맛으로 조절한다.

사람이 주가 되고 포도가 종이 되는, 본래의 주종관계가 뒤바뀌어 완성되는 인위적인 맛이다. 절대 자연적인 맛이라고는 할 수 없다.

「대기업」과 「가족 경영」

대기업의 와인생산자를 취재하러 가면 양복을 잘 차려입은 품위 있는 신사가 응대할 때가 많다. 이들은 생산이 아니라 홍보를 담당하는 사람이며, 밭에 나가지 않고 양조에 관여하지 않기 때문에 재미있

는 이야기는 별로 들을 수 없다.

　반면 내추럴 와인 생산자는 규모가 작아서 온갖 일을 다 한다. 많은 생산자가 "밭 면적은 3ha(30,000㎡/9075평)가 사람의 눈길이 닿는 범위의 한계"라고 하는데, 모든 일을 혼자서 하려면 2～3ha가 적합한 숫자일 수 밖에 없다.

　와인양조는 변혁의 연속이지만, 규모가 작을수록 새로운 시도(또는 옛날로 돌아가는 방법)를 하기 쉽다는 점은 말할 필요도 없다. 가족경영을 해도 부모와 자식의 사고방식에 차이가 있기 마련인데, 대기업은 말해 무엇할까. 대기업 와이너리에 내추럴 와인이 적은 이유는 이 때문인지도 모른다.

「대량 생산」과 「수작업 생산」

와인은 생산자가 1년 동안 작업한 결과이다. 기존 와인이 해마다 안정된 맛을 지향하는 상품이라면, 내추럴 와인은 빈티지마다 다른 차이를 즐기는 수제품이며, 와인은 생산자 자신의 철학과 인생의 결정체이다.

　단, 와인은 철학만으로는 완성되지 않는다. 와인양조는 농업이면서 동시에 과학이다.

　물론 내추럴 와인의 양조과정에서 조금씩 결함이

발견되던 시기도 있었다.

마구간 냄새, 삶은 달걀 냄새, 마우지니스(Mousiness, 쥐 냄새) 등은 에틸페놀, 메르캅탄, 테트라하이드로피리딘 등의 물질에서 비롯된 변질된 냄새다.

　비뉴롱(Vigneron, 포도재배자이자 와인생산자)은 산화나 품질 저하와 종이 한 장 차이의 위험한 줄타기를 하면서 화학적 개입을 최대한 배제하고 포도 본래의 개성을 표현하고자 한다. 양쪽으로 흔들리던 추가 긍정적인 쪽으로 기울었을 때 말로 표현하기 힘든 맛과 향이 나타난다. 내추럴 와인이 탄생한 지 20여 년이 지나, 최근에는 기술적인 면과 관능적인 면에서 균형을 이루기 시작했다.

　또한, 내추럴 와인이 다루기 어려운 것도 사실이다. 특히 온도 관리를 제대로 하지 않은 상태로 바다를 건너오면, 생산자의 의도와는 전혀 다른 와인으로 바뀔 때도 있다.

　수입사, 와인숍, 레스토랑, 와인바에서의 관리도 와인의 품질을 좌우한다. 다시 말해 내추럴 와인은 채소 등의 신선 식자재와 같아서, 온도 변화(특히 더위)로 인한 품질 저하는 당연하다. 일반적으로 15℃ 이하의 장소에서 보관하는 것이 바람직하다.

포도 그 자체,
내추럴 와인은 오감으로 즐긴다

혼탁함

내추럴 와인 중에는 뿌옇고 탁한 와인도 있다. 포도 추출물을 남김없이 병에 담을 목적으로, 성글게 아주 최소한만 여과하거나, 아예 여과하지 않는 방법을 쓰기 때문이다.

쥐라(Jura)의 생산자 필립 보르나르(Philippe Bornard)*는 "와인의 혼탁함은 품질과는 전혀 관계가 없다"고 말하는데, 이 상태를 바람직하게 여기는 생산자가 많다.

오렌지주스 같은 과일주스를 생각하면 이해하기 쉽다. 즉석에서 짠 주스는 슈퍼마켓에서 파는 주스에 비해 과육을 함유하여 과즙이 탁하지만, 과일 그 자체의 추출물이 가득하고 신선하다. 탁한 것은 감칠맛이다. 여과하지 않은 (또는 최소한으로 여과한) 내추럴 와인은 농산물 = 포도 그 자체인 셈이다.

생산자의 생활방식

유럽에서는 재배와 양조학을 배우면 에놀로그(Oenologue, 와인전문가)라는 자격을 딸 수 있는데, 내추럴 와인 생산자 중에는 이에 구애받지 않는 사람이 많다. 그보다 그들은 비뉴롱(직접 키운 포도로 와인을 만들고 판매하는 사람. 요즘 말하는 6차 산업이라고 할 수 있다)임을 자랑스럽게 내세운다. 이를 보면 얼마나 포도밭을 중요하게 생각하는지 알 수 있다.

영어권 산지에서는 양조자를 와인메이커, 재배자를 빈야드 매니저라고 한다. 대기업이 많고, 와인생산이 재배와 양조로 확실하게 구분되기 때문이다.

일본 야마나시현에 있는 도멘 오야마다(Domaine Oyamada)*의 오야마다 고키는 농가의 생활방식을 소중히 여긴다. 자신이 먹을 것(포도 포함)을 직접 생산하는 것은 매우 당연한 일이고, 그것과 더불어 잘 하는 일을 해서 살아가는 데 필요한 것을 얻는 것은 인간 본래의 모습일 것이다. 포도재배는 자연을 상대하는 일이라 해프닝의 연속이어서 학교보다는 현지의 믿을만한 농가에서 배우는 사람이 많다. 그렇게 한 해 한 해 그들의 와인은 진화하고 맛있어진다.

내추럴 와인 생산자에게 포도를 재배하고 와인을 만드는 것은 일이 아니라 인생 그 자체이다.

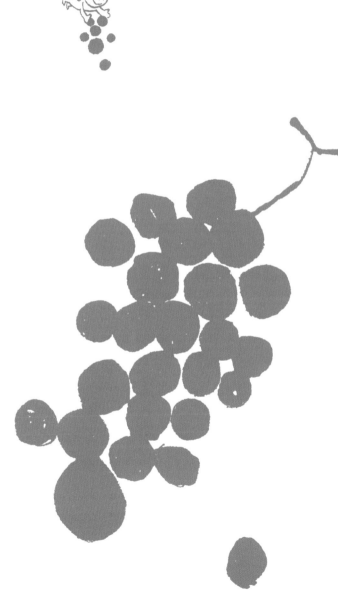

서브컬처

이런 와인을 즐기기 위해 필요한 것은 깊은 지식이
아니다.

와인은 어렵고 알아야 되는 것이 많다고 생각하
는 사람도 있겠지만, 내추럴 와인은 오히려 와인 관
련 경험보다 영화, 음악, 미술, 책, 여행 등을 좋아
하는 사람이 더 즐기기 좋다. 생산자 중에도 음악
애호가, 록 뮤직 팬이 많으며, 와인 라벨에서도 생
산자의 센스를 많이 엿볼 수 있다. 예를 들어 루아
르 파스칼 시모뉘티(Pascal Simonutti)의 〈옹 상 바
레 쿠유(On s'en bat les couilles)〉라는 퀴베(한 포도
원에서 생산된, 명칭과 생산연도가 같은 와인)는 "네
멋대로 해라"라는 뜻으로, 섹스 피스톨즈의 앨범
「Never mind the Bollocks」에서 영감을 받아 라벨
도 앨범 재킷을 모티브로 만들었다. 서브컬처 정신
을 생산자와 공유하다니 얼마나 멋진 일인가.

어떤 와인을 마실지 망설여진다면, 내추럴 와인
이야말로 라벨만 보고 고르는 것을 추천한다. 라벨
센스가 맞지 않는 사람이 만든 와인은 맛도 마음에
들지 않는 경우가 많기 때문이다. 자신의 오감을 최
대한 사용하여 즐겨보자.

내추럴 와인 축제
FESTIVIN

2017년 교토에서 열린
페스티뱅의 행사장 풍경.

「페스티뱅」이란 축제를 의미하는 '페스티발'과 프랑스어로 와인을 뜻하는 '뱅'을 합친 단어로,
일본의 와인 수입사 라신(Racines)의 쓰카하라 마사아키가 붙인 이름이다.
모두 함께 내추럴 와인을 즐기는 자유롭고 개방적인 이벤트이다.

해마다 여름이 지날 무렵이면「올해 페스티뱅은 언제 열리나요?」라는 질문을 자주 받는다. 내추럴 와인 관련 이벤트가 상당히 늘었는데, 일본에서는 언제부터 페스티뱅이 원조이자 동시에 최대 행사(?)로 정착되었을까?

페스티뱅은 내추럴 와인을 일본에 소개한 선구자 가쓰야마 신사쿠(와인바 SHONZUI의 오너. 2019년 1월 타계)를 중심으로 수입사, 레스토랑과 와인바의 오너와 스태프, 크리에이터 등이 모여 2010년부터 시작한 내추럴 와인 축제이다.

1회에 900명이던 참가자가 점점 늘어 시부야 히카리에에서 열린 3회에는 2,200명에 이르렀다. 지나치게 혼잡했기 때문에 2013년에는 마땅한 장소를 찾기 위해 행사를 열지 않았고, 이듬해인 2014년에는 공백을 보충할 겸 크고 작은 행사를 2번 열었다. 그 뒤 교토, 후쿠오카, 다시 교토, 그리고 센다이로 장소를 옮기면서 행사를 개최하여 어느덧 10년째를 맞았다.

페스티뱅의 아이디어가 나온 것은 2007년 무렵으로, 늘 만나는 술친구들이 한 달에 한 번 함께 나누고 싶은 와인을 지참하고 일요일에 문을 여는 가게에서 늦은 오후에 모여 밤늦게까지 줄곧 와인이야기를 하는 모임에서였다. 언젠가 이 분위기를 좀 더 많은 사람들이 함께할 수 있다면 근사하겠다는 것이 참석자 모두의 생각이었다. 와인전문가들로부터 "탁하고 이상한 냄새가 난다"라는 이유로 배척받던 내추럴 와인이, 순수하게 맛있는 것을 좋아하는 일반인을 중심으로 급격하게 지지를 얻기 시작한 시기와 맞아떨어진 덕분인지도 모르겠다.

「시음회」나「와인 모임」으로 불리는 이벤트는 있었지만, 우리가 추구하는 것은 그런 딱딱한 형태가 아니었다. 내추럴 와인이 몸을 통과하는 감각은 단

순한 음료와는 다르다. 그보다는 음악, 영화, 또는 이국적인 장소를 여행했을 때와 비슷한 느낌이다. 근사한 음악과 맛있는 안주를 빼놓을 수 없으니, "그래, 축제를 하자!"라는 결론에 이르렀다.

모두가 맛보았으면 하는 내추럴 와인을 각 수입사의 협력으로 300종류 정도 모으고, 일본의 생산자도 항상 한 자리를 차지한다. 첫 회에는 프랑스 루아르의 생산자 마크 앙젤리*가 와주었고, 일본을 방문 중이던 조지아와 이탈리아의 생산자들이 총출동한 적도 있었다.

레스토랑과 와인바는 그날을 위한 특별 메뉴나 여러 점포의 콜라보 메뉴를 준비했고, 알 만한 사람은 다 아는 중후한 아티스트의 라이브나 훌라댄스 무대도 분위기를 달궜다.

나는 언젠가 이 이벤트의 가이드북을 만들고 싶었는데, 다양한 인연이 겹쳐 『뱅 나튀르 내추럴 와인이 맛있는 이유』의 초판이 2013년에 나왔다. 내추럴 와인 생산자들은 직접 키운 포도로 와인을 만드는 1차산업 종사자이다. 그래서 나도 책에 등장하는 인물을 만난 적이 있는 사람이나 편지와 이메일을 직접 주고받은 사람으로 한정했고, 인터넷 등에서 얻은 2차 정보는 쓰지 않기로 했다.

비용과 시간의 제약이 있어서 인물 선정이 균형 잡히지 않고 치우치기는 했으나, 이런 치우침 또한 내추럴 와인의 가이드북답다고 생각한다.

출판 후 첫 페스티뱅에는 클로드 크루투아*와 시릴 르 무앙*이 왔다. 그곳에서 나는 방문객들이 줄을 서서 내 책 속에 있는 생산자들의 이야기에 사인을 받는, 상상조차 하지 못했던 멋진 광경을 보았다. 가이드북은 사인수첩으로도 안성맞춤이었다.

이 책을 출간하기 두 달 전, 구름 하나 없는 파란 하늘 아래 가쓰야마 신사쿠의 고별식이 아오야마 장례식장에서 열렸다. 연이어 제공되는 고인이 좋아하던 와인과 인연 있는 사람들의 얼굴에 페스티뱅의 10년이 투영되고 있었다.

FESTIVIN

2017 in Kyoto

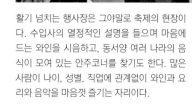

활기 넘치는 행사장은 그야말로 축제의 현장이다. 수입사의 열정적인 설명을 들으며 마음에 드는 와인을 시음하고, 동서양 여러 나라의 음식이 모여 있는 안주코너를 찾기도 한다. 많은 사람이 나이, 성별, 직업에 관계없이 와인과 요리와 음악을 마음껏 즐기는 자리이다.

「내추럴 와인의 매력을 이야기하다」

내추럴 와인을 널리 알리기 위해 노력하는
페스티뱅의 음식점, 주류판매점 팀의 이야기

Message from Restaurants & Bars

페스티뱅에 참여하는
레스토랑과 와인바에서 전하는 메시지 ①

이타가키 다쿠야

cave et restauvin, épicerie BATONS (센다이) 오너

사실 나는 와인을 잘 못 마셨어요. 그런데 오오카 히로타케(라 그랑드 콜린)*의 〈Sc 2002〉는 1병을 다 비울 수 있었지요. 뭐지, 이 와인? 하고 알아보다가 내추럴 와인에 매료되었습니다. 브라세리(비싸지 않은 프랑스풍 식당)와 크레페리(크레이프나 갈레트 등을 판매하는 음식점)에 이어 2010년에 「자연주의 와인과 숯불 비스트로 가게 노트」를 열었습니다. 가게 이름은 바이오 와인을 넣어서 지으려 했는데, 오오카 씨에게 상담하니 "이타가키 씨가 취급하는 와인은 바이오 와인이 아니에요. 재배뿐 아니라 양조과정에서도 첨가물을 넣지 않는 뱅 나튀르예요"라고 알려줘서 바꿨습니다. 와인양조와 만드는 사람에 대해서도 흥미가 생겨 생산지를 방문하기도 했어요. 내가 좋아하는 와인은 포도의 에너지가 넘치면서도 목넘김이 좋은 것으로, 예를 들어 알랭 카스텍스(Alain Castex), 카제 코리니*, 르 탕 데 세리즈(Le Temps des Cerises) 등의 와인입니다.

2015년에 그때까지 운영하던 3개의 점포 중 2곳을 스태프에게 넘겨주고, 같은 해에 나머지 1곳을 와인을 중심으로 한 음식 셀렉트숍 「바통」으로 오픈했습니다. 숍 형태의 와인 소개소인데, 나는 사실 고객을 상대하는 것이 서툴러서 고객들 중에는 바통이 무섭다고 하는 분도 있어요. 그저 믿을 수 있는 사람에게 와인을 시집보내려는 생각이 강해서 그렇지요. 시집보내려면 혼처를 잘 골라야 합니다. 사랑이 없는 곳에 소중한 와인을 보낼 수는 없으니까요. 매장에 오기 불편하다 해도 괜찮습니다. 신부의 아버지는 어려운 법이니까. 나 대신 여러분이 와인의 매력을 알려주면 시장은 확대될 것입니다.

내추럴 와인의 매력은 「사람」이라고 생각합니다. 나는 와인의 맛을 정확히 전달할 수는 없지만, 그 맛을 마음속 깊이 좋아한다는 것은 전달할 수 있습니다. 그러면 "그렇게 좋아한다니 마셔볼까"라고 생각하게 되지요. 맛 속에서 사람을 보는 것입니다.

2011년 동일본대지진 후 가마쿠라에 있는 「비노」의 아베 쓰요시, 「소산」의 이시이 히데후미와 인연이 닿아 「만월 와인바(전국의 10여 개 와인바가 보름달이 뜨는 밤에 건배하는 이벤트)」에 참가했는데, 내추럴 와인에는 사람과 사람을 이어주는 힘이 있다는 것을 실감했습니다.

동일본대지진 후 내추럴 와인으로 사람들을 이어주고 싶어서, 해마다 3월 11일 전국의 와인바와 와인숍에서 일제히 해금(판매 개시)하는 〈뱅 드 미치노쿠(Vin de Michinoku, 야마가타현 다케다 와이너리 양조)〉와 〈퀴베 도호쿠(Cuvée Tohoku, 프랑스 루아르의 피에르 올리비에 보놈* 양조)〉를 만들어 볼 기회를 얻었습니다.

이렇게 동료가 생기면서 처음으로 내추럴 와인을 소개할 자신이 생긴 기분이 들었습니다. 많은 사람의 도움으로 여기까지 올 수 있었습니다.

FRANCE

프 랑 스

와인명 표기에서 VdF는 Vin de France(뱅 드 프랑스)인데,
2009년부터 테이블와인을 의미하는 VdT(뱅 드 타블)를 대체한다.
빈티지 표기는 의무가 아니지만, 표기하는 생산자도 있다.
AC는 AOC 인증이 있는 와인이다.

Regions viticoles en France
프랑스 와인 생산지

Champagne
샹파뉴

Alsace
알자스

Paris

F R A N C E

Bourgogne
부르고뉴

Jura
&
Savoie
쥐라 & 사부아

Loire
루아르

Beaujolais
보졸레

Bordeaux
보르도

Côtes du Rhône
코트 뒤 론

Provence
프로방스

Sud-Ouest
쉬드웨스트

Languedoc=Roussillion
랑그도크 루시용

전설이 될 운명으로 태어난
내추럴 와인의 아버지

도멘 라피에르 / 마티외 라피에르(마르셀 라피에르)
Domaine Lapierre / Mathieu Lapierre

많은 사람에게 영향을 준 마르셀. 마르셀을 빼고는 내추럴 와인을 이야기할 수 없다. 생산자는 물론, 저널리스트, 와인애호가 등 모두가 존경하는 존재이다. 페스티뱅 스태프 중에도 마르셀의 와인으로 내추럴 와인에 눈을 떴다는 사람이 많다.

내추럴 와인의 계보는 마르셀로부터 시작되었다

제1회 페스티뱅의 준비가 한창이던 2010년 10월, 마르셀 라피에르의 부고가 전해지자 모든 스태프가 깊은 슬픔에 잠겼다. 진정한 비뉴롱답게 수확을 끝내고 숨을 거둔 마르셀. 빌리에 모르공(Villié-Morgon) 마을의 교회에서 치러진 장례식에는 와인 관계자와 레스토랑 셰프, 저널리스트 등 마을 인구보다 훨씬 많은 사람들이 방문하여 조문이 끝없이 이어졌다.

이번에 이 책을 만들기 위해 생산자들에게 보낸 앙케트에서 "영향을 받은 생산자는?"이라는 질문에 가장 많이 거론된 사람도 마르셀이었는데, 역시 내추럴 와인은 마르셀로부터 시작되었다는 사실을 다시금 실감했다.

딸기가 터지는 듯한 과일맛과 신선한 투명함, 뿌리채소와 버섯 같은 흙향이 느껴지는 톤. 미생물이 자유롭게 활동해서 만들어진 여러 가지 감칠맛 성분에서 비롯된 점도가 느껴지는 걸쭉한 점성. 내추럴 와인을 접해보지 못한 사람이 추천해달라고 하면 가장 먼저 권하고 싶은 와인이 마르셀의 〈모르공〉이다.

마르셀의 미국 수입사인 커미트 린치(Kermit Lynch)는 자사 웹사이트에 "마르셀이 1973년 아버지로부터 도멘을 물려받았을 때, 그는 이미 '전설'이 되는 길 한가운데에 서 있었다"라고 소개하였다.

제2차 세계대전 뒤 화학약품이라는 요물이 포도밭과 셀러에 나타나기 전에는 와인이라고 하면 내추럴 와인이었다. 하지만 단순한 뱅 드 수아프(Vins de Soif, 갈증 해소용으로 가볍게 마시는 와인)를 영혼이 떨릴 정도로 맛있는 예술로 완성하기 위해, 사람의 지혜를 초월한 거대한 힘이 이 세상에서 단 한 명 선택한 생산자가 마르셀 아니었을까.

나는 아슬아슬하게 마르셀을 직접 만날 수 있었던 것을, 운명에 감사한다. 2009

화강암 대지가 이어지는 모르공의 밭. 가메 품종이 가장 우아하게 개성을 발휘하는 땅이다.

년 3월, 마르셀의 도멘에서 2년 동안 일한 도쿄의 히로오의 비스트로 오너가 일본을 방문한 마르셀의 와인메이커스 디너에 나를 초대하였다. 뜻밖에도 내 자리는 마르셀의 바로 맞은편이었다. 수염이 덥수룩한 얼굴에 눈은 항상 부드러워서, 성실하고 따스한 인품이 전해졌다.

그날 나는 긴자의 와인숍에서 우연히 발견한 마르셀의 〈모르공 2001〉을 가져갔고, 그 와인을 마르셀 본인과 마주 앉아 마시는 행운을 누렸다(주변에 많은 사람이 있긴 했지만). 너무나 긴장해서 "왜 당신 와인은 그렇게 맛있나요?"라는 얼빠진 질문을 하자, "특별한 것은 전혀 없어요. 나의 할아버지가 해온 것과 같은 일을 할 뿐이죠. 원한다면 보러 와도 좋아요. 언제든 환영입니다"라고 대답해주었다.

마르셀이 있는 곳은 내추럴 와인을 만들고 싶어하는 사람들이 끊임없이 찾아오기 때문에, 레콜(학교) 라피에르라고 불렸다. 그 레콜의 우수학생인 티에리 퓌즐라*는 마르셀이 와인양조뿐 아니라 인생의 스승이라고 말했다.

마르셀은 그로부터 1년 반 뒤 60세의 젊은 나이에 세상을 떠났다. 장남 마티외가 이어받은 도멘을 내가 방문한 것은 3년이 지난 뒤였다. 아기자기한 붉은 지붕이 이어지는, 한가로운 마을의 변두리에 있는 도멘의 뒤에 곧 꽃이 필 가메(Gamay)를 심은 붉은색 화강암 토양의 밭이 있고, 모두 웃통을 벗은 채 진지하게 작업을 하고 있었다.

마티외에게 "많이들 물어봐서 곤란하겠지만 위대한 아버지에게 물려받은 가장 소중한 것은 무엇인가요?"라고 묻자, 마티외는 해맑은 얼굴로 "간단해요. 아버지의 철학과 보졸레의 전통인 세미 탄산 침용(semi macération carbonique. p.29 참조)을 물려받아 그대로 하고 있습니다"라고 답했다.

내추럴 와인 역사에 남을 마르셀의 공적을 본인 입으로는 듣지 못하게 되었으므

(semi macération carbonique. p.29 참조)

AC 모르공 2008
AC Morgon 2008

수령 70년의 올드 바인에서 수확한 포도를 사용해서 세미 탄산 침용으로 완성한 모르공의 진수. 발랄하고 활기찬 과일맛과 흙향이 느껴지는 톤은 마르셀 특유의 풍미이다. 세상을 떠나기 2년 전 빈티지로, 발견하면 반드시 손에 넣자.

레젱 골루아 VdF 2009
Raisins Gaulois VdF 2009

AC 모르공 구획의 어린나무에서 수확한 가메로 만든다. 예전에는 〈VdT 드 골(De Gaulle)〉로 출하되던 퀴베가 2008년 와인법 개정으로 VdF가 되면서 이름이 바뀌었다. 라벨은 유명화가 모리스 시네(Maurice Sine)가 그렸다.

로, 도멘의 홈페이지와 《뉴욕타임즈》 등의 기사를 인용하여 소개한다.

1969년 마르셀이 포도재배와 양조를 가르치는 직업고등학교를 졸업했을 무렵, 2차례의 세계대전으로 피폐해진 프랑스의 농지에 「노동력 절감에 효과 최고!」라는 유혹의 문구와 함께 화학적인 제초제, 살충제, 비료를 파는 영업사원이 찾아왔다. 같은 시기에 보졸레 누보가 대대적으로 히트하여 11월의 셋째 목요일에 고객 앞에 와인이 도착하도록 수확이 앞당겨졌고, 덜 익은 포도를 발효시키기 위해 당을 보충(보당)하고 배양효모를 사용하는 것이 일반화되었다.

마르셀이 할아버지와 아버지가 남긴 7ha의 밭과 셀러를 물려받은 것은 1973년. 당시에는 마을의 동료들과 마찬가지로 신기술을 사용하여 효율을 중시한 와인양조를 하였으나, 1978년 무렵 회의를 느끼기 시작했다.

마르셀은 나중에 그 이유에 대해 "내가 만든 와인에 만족할 수 없었고, 다른 어느 곳에서 양조된 것이든 내가 좋아하는 와인은 모던한 스타일이 아니었습니다. 할아버지와 아버지가 만들던 와인으로 돌아가야 한다고 깨달았어요. 다만 요즘은 할아버지나 아버지보다 조금 더 좋은 와인을 만들고 싶다고 생각합니다"라고 2004년 미국의 요리 잡지 《The Art of Eating》에서 이야기했다(출처:2010년 10월 1일 《뉴욕타임즈》).

그 뒤에 만난 사람이 와인상이자 비뉴롱이며, 노벨상을 받은 물리학자 오토 발부르크(Otto Wallburg)의 연구실에서 미생물학을 연구하던 과학자 쥘 쇼베(Jules Chauvet, 1907~1989)였다. 말로락틱(malo-lactic, 포도에 있는 사과산이 유산으로 바뀌는 작용) 발효와 탄산 침용의 전문가이며 저서도 많다.

내추럴 와인에 정통한 와인 저널리스트 앨리스 페링(Alice Feiring)이 마르셀에게

듣기로는, 쥘 쇼베를 처음 만났을 때 "보졸레의 2가지 폐해는 당(보당)과 이산화황(SO₂)"이라는 이야기를 했다고 한다(2010년 10월 11일《Feiring Line》). 마르셀은 쥘 쇼베와 의기투합하여 1981년부터 유기농 재배로 전환하는 동시에 셀러에서 화학물질을 배제하고, 밭과 저장고에 존재하는 야생효모에 의한 자연발효를 시작해서 SO₂도 사용하지 않게 되었다.

이듬해 82년은 드물게 더운 해여서 동료들의 와인 중에 휘발산이 증가하거나(매니큐어 같은 냄새) 식초처럼 변해버린 것이 많았는데, 쥘 쇼베와 그의 제자 자크 네오포르(Jacques Néauport)에게 가르침을 받아서 마르셀이 만든 와인은 완벽했다고 한다. 기본은 세미 탄산 침용이라는 방법이다. 포도를 송이째 발효조에 넣어 밀폐시키면, 포도가 자체 무게로 으깨져서 야생효모에 의한 발효가 시작된다. 이때 과즙이 와인이 되는 동시에 자연적으로 발생한 이산화탄소(Carbonique)의 침용(Macération) 효과로 포도알 하나하나에서 효소반응이 일어난다. 이 작용으로 잡미가 없는 풍부한 과일맛과 신선한 투명함이 생긴다. 타닌도 순하게 추출되어 질감이 부드러워진다. 참고로 세미가 아닌 일반적인 탄산 침용 과정에서는 탄산가스를 주입한다.

그러나 그해는 좋았지만 이듬해에는 나무통째로 폐기해야만 했던 적도 있고, 시행착오를 반복하면서 점점 와인의 완성도를 높여갔다. 이처럼 고전으로 회귀하는 와인양조 방법이 오히려 혁신적이어서 마르셀은 "SO₂없이 와인을 만들다니 미친 짓이다"라고 비난받았지만, 파리의 인기 와인숍 오너가 높이 평가한 것을 계기로 1989년 무렵부터 인기에 불이 붙기 시작했다.

마르셀은 쥘 쇼베에게 전수 받은 아이디어와 기술을 독점하지 않고, 빌리에 모르공의 비뉴롱 동료인 장 포이야르*, 기 브르통*, 장 폴 테베네(Jean-Paul Thévenet)

「내추럴 와인의 아버지」로 불리는 마르
셀은 양조철학뿐 아니라 인품으로도 많
은 이들의 존경을 받았다.

요리사에서 와인양조의 길로 전업한 아
들 마티외. 마르셀의 생각은 가족에 의
해 이어지고 있다. 딸 카미유도 세계 각
지에서 경험을 쌓은 뒤 도멘 일에 합류
했다.

셀러의 천정 한쪽에는 태양, 다른 한쪽에는 달을 이미지화한 그림이 그려져 있다. 루아르의 생산자 마크 페노(Marc Pesnot)의 동생으로, 화가 드니 페노(Denis Pesnot)가 그린 그림이다.

와 공유했고, 이들은 보졸레의 갱 오브 포(Gang of Four)로 불리며 단순한 누보가 아닌, 토지의 개성을 반영한 크뤼(밭 이름이 붙은) 보졸레의 생산자로 주목받고 있다.

마르셀은 또한 쥐라의 피에르 오베르누아*, 프로방스에 있는 샤토 생트 안(Château Sainte Anne)의 프랑수아 뒤테이유(François Dutheil), 코트 뒤 론에 있는 도멘 그라므농의 필립 로랑(Philippe Laurent)과도 산지를 초월해 와인양조 이론을 공유하며 내추럴 와인 1세대가 되었다. 진정한 와인을 만들고 싶다는 비뉴롱들이 마르셀을 찾아왔고, 티에리 퓌즐라나 카트린 에 피에르 브르통*은 그의 철학을 이어받은 2세대가 되었다.

시간이 흘러 2004년, 장남 마티외가 마르셀의 일을 돕기 시작했다. 사실 마티외는 전직 요리사이다. "모두가 얼굴을 아는 작은 마을에서 학교를 졸업하고, 곧바로 위대한 아버지 밑에서 일하기는 싫었습니다. 아버지 주변에는 레스토랑 셰프들이 많

셀러의 모습. 셀러 안쪽에는 맛있어 보이는 수제 소시지가 매달려 있다.

아서 요리에 흥미를 갖는 계기가 되었어요"라고 한다. 그래서 파리의 호텔「르 브리스톨(Le Bristol)」과 미국, 캐나다 등지에서 경험을 쌓은 뒤 노인이 된 아버지 곁으로 돌아왔다.

요리는 취미로 계속하고 있어서, 셀러에서는 온도와 습도가 딱 알맞다며 직접 만든 소시지를 말리고 있고, 셀러 옆 오두막에는 레스토랑을 개업해도 될 만큼 현대적인 설비를 완비한 부엌이 있다. 해마다 7월 14일 프랑스 대혁명기념일에는 도멘 마르셀 라피에르가 주최하는 축제가 열리는데, 그곳에서 마티외도 현지 셰프들과 뒤섞여 요리 솜씨를 뽐낸다.

현재 밭은 13ha로 늘어났고, 수령이 어린 나무로 만드는 캐주얼 브랜드 〈레젱 골루아〉, 장 클로드 샤누데(Jean Claude Chanudet)와 협업한 〈샤토 캄봉(Château Cambon)〉도 판매량이 늘고 있다. 마르셀의 부인 마리와 아들 마티외, 그리고 딸 카미유가 이어받은 도멘 마르셀 라피에르는 착실하게 앞으로 나아가고 있다.

DATA ● Domaine Lapierre
http://www.marcel-lapierre.com/

레니에의 바이오다이나믹 선구자는
고고한 언성 히어로

크리스티앙 뒤크루
Christian Ducroux

여름에는 일출과 동시에 밭에 나간다는 크리스티앙 뒤크루. 유기농법은 1980년부터 도입했고, 1985년부터는 바이오다이나믹 농법을 실천하고 있다. 밭은 전부 말로 경작하며, 자연과 올곧게 마주하는 생산자이다.

내추럴 와인의 요람 보졸레에서 마르셀 라피에르*를 필두로 한 모르공 지구의 갱 오브 포(p.32 참조)로 불리는 생산자 4명의 활약이 주목받던 때와 거의 같은 1980년대 후반, 모르공에서 5㎞도 떨어지지 않은 레니에(Régnié) 지구(보졸레 10대 크뤼 중 하나)에서 바이오다이나믹 농법을 적용한 재배와 상 수프르(Sans Soufre, SO₂무첨가) 양조에 몰두한 사람이 있었다.

바로 랑티니에(Lantignie) 마을의 크리스티앙 뒤크루이다. 그의 와인은 오랜 경력과 높은 수준에 비해 일본에서는 별로 알려지지 않았다. 나 역시 2013년 3월, 어떤 비뉴롱이 소개해 줄 때까지 그 존재조차 알지 못했는데, 그때 마신 〈파샹스 2011〉은 지금까지 접해본 가메 중 가장 우아한 가메였다. 마르셀 라피에르의 〈모르공〉이 베리류의 과일맛이 터져 나오는 것처럼 싱싱하고 야성적이라면, 크리스티앙 뒤크루의 〈파샹스〉는 결이 고운 직물처럼 촉촉하게 완성되어 수수하면서도 깊은 여운을 남긴다.

크리스티앙은 데메테르(유기농) 인증을 받았으면서도 해마다 루아르에서 열리는, 뜻을 같이하는 동료들이 모이는 살롱(시음회)「르네상스 데 자펠라시옹(Renaissance des Appellations)」이나 내추럴 와인 살롱「디브 부테유(Dive Bouteille)」에 참여하지 않는다. 왜 그런지 묻자 "대대적으로 판매할 정도의 생산량이 아니어서"라고 답한다. 크리스티앙은 오렌지색 티셔츠에 헐렁한 붉은색 바지 차림 때문인지 태국의 수도승이 연상되는 우아한 미소를 보여주었다.

빛바랜 흰색 화강암 대지가 이어지는 좁은 시골길을 벗어나 크리스티앙의 도멘에 다다르자, 크리스티앙이 급하게 아들 마중을 나가서 늦는다고 이웃이 전해준다. 밭에서 기다리니 날씬하고 두상이 예쁜 실루엣이 천천히 언덕을 내려와 덤불모양으로 작게 가지치기한 포도나무 이랑 사이에 멈춰서서 밭의 모든 생물과 아름답게 조화를 이

울창한 나무와 산울타리, 초록으로 뒤덮인 와이너리.

루었다.

크리스티앙은 이 4.3ha의 밭을 쌍둥이 암말인 카이나, 에반과 함께 관리한다. 아버지에게 밭을 물려받았을 때는 7.5ha였으나 1985년에 바이오다이나믹으로 전환할 즈음 제대로 관리하기 위해 절반 정도를 처분했다.

생산량이 매우 적다는 것은 사실이다. 가메를 심은 밭은 1ha당 1만 그루로 빽빽이 심었는데 수확량은 25～35㎡(1㎡＝100ℓ)/ha에 불과하다.

말을 이용한 경작은 20년 전에 시작했다. "말을 이용하면 흙을 단단하게 만들지 않기 때문에, 땅속 미생물의 호흡을 촉진시켜 포도에 붙어 있는 야생효모의 활동을 활발하게 만듭니다"라는 것이 그의 설명이다.

토지의 개성을 모두 담은 와인을 만들기 위해서는 야생효모에 의한 발효를 빼놓을 수 없다. 말을 이용한 경작이 이를 활성화시킨다는 논리인데, 원점으로 돌아간 경작 방법이 가장 과학적인 내추럴 와인 양조방법이 되는 셈이다.

말들이 끄는 경운기가 자유롭게 돌아다니도록 일곱 이랑 중 무려 두 이랑의 포도나무를 뽑아냈다(이 때문에 수확량이 더 줄어들었을 것이다). 이랑 옆에 장미나무를 심은 이유는 말들이 한 이랑의 경작을 끝내고 되돌아올 때 장미 가시를 피하느라 포도나무도 건드리지 않아 상하지 않기 때문이다.

"기계를 쓰면 면적을 2배로 늘릴 수 있지만 암말들이 잘해주고 있습니다. 덕분에 포도나무가 2배로 커졌어요. 말과 함께 일하는 것은 즐겁습니다. 때로는 포도를 먹어버리기도 하지만, 그 정도는 애교로 봐줘야지요."

7년 전부터 수소 코케도 합류하여 현재 훈련 중이다. 소의 보행 속도가 말의 절반이어서 흙을 위해 더 좋으리라 생각했기 때문이다. 하지만 코케가 맛있는 샘물만 마

파샹스 VdF
Patience VdF

출하하자마자 완판되는 크리스티앙 뒤크루의 최상급 퀴베. 병입은 2012년 12월에 했지만, 포도는 아마도 2010년에 수확한 것이다. 대형 나무통에서 서서히 숙성시킨 와인 특유의 부드럽고 촉촉한 풍미가 특징이다.

AC 크뤼 레니에 2007
AC Cru Régnié 2007
도멘의 스탠더드 퀴베. 잘 익은 과일맛
과 품위 있는 여운이 있으며, 출하 직후
에도 맛있지만 숙성도 기대할 수 있다.

에스키스 로제 VdF
Esquisse Rose VdF
일반 보졸레보다 고급와인을 생산하는
보졸레 빌라주(Beaujolais Village) 밭의
포도로 만든 로제와인. 라즈베리향이 매
력적이며, 가볍지만 진하다.

시고 일을 전혀 배우지 않아 경작은 포기했는데, 대신 코케가 공급하는 소똥이 퇴비
로 활약하고 있다.

뒤크루가는 대대로 포도를 재배해온 농가이며, 현재의 자택은 프랑스혁명 때 절반이
몰수되었다.

크리스티앙의 아버지도 처음에는 옛날 그대로 자연재배를 했지만, 1960년대에
주위 동료들처럼 화학합성비료와 제초제를 사용하기 시작했다. 크리스티앙이 가업
을 이어받은 것은 1970년인데, 점차 자연재배로 전환했고 10년 뒤에는 완전히 유기
농재배로 바꾸었다. 그 이유는 "자연스럽고 솔직한 것이 최고입니다. 인간 역시 그래
요. 화장으로 속이는 것보다 자연스러운 아름다움이 낫지 않습니까?"라고.

얼마 지나지 않아 바이오다이나믹을 시작하고 데메테르 인증을 받았다. 지금은 이
를 기본으로 유기적인 방법을 다양하게 도입하고 있다. 덧붙이자면 바로 가까이에서
마찬가지로 와인을 만들고 있는 남동생은 관행농법으로 포도를 재배하고 있어서, 크
리스티앙은 이를 거울 삼아 자신의 방식을 항상 되돌아본다고 한다.

밭에는 숲에서 자라는 호두나무와 밤나무, 그리고 배나무와 사과나무 등의 과일나
무를 함께 심어 식물의 다양성을 갖추었기 때문에, 포도나무에 병해가 집중되지 않는
다. 참고로 이랑 옆에 심은 장미나무는 포도나무보다 병해에 약해서, 장미나무에 이
상이 발생했을 때 대처하면 포도나무의 피해를 최소한으로 억제할 수 있다.

이처럼 해충이나 질병을 대증요법으로 처리하지 않고 생태계에서 공존시키면 포
도 상태도 좋아진다고 한다.

셀러는 대대로 물려받은 오래된 것으로, 바스켓 프레스(나무압착기)는 1830년대
것이고 시멘트 탱크는 1970년대부터 사용하던 것이다.

밭을 경작하는 말과 소. 카이나, 에반, 코케
라는 이름을 붙이고 애지중지하고 있다.

포도는 알이 작을수록 껍질에 함유된 폴리페놀이 많아서 야생효모 활동에 좋다. 보통은 1그루에 5송이 정도 남기고 솎아내며, 과즙보다 껍질성분이 중요하기에 줄기를 제거하지 않고 송이째 발효시킨다.

5~6년 전부터는 세미 탄산 침용(발효로 발생하는 탄산가스를 이용하여 포도의 산화를 막고, 포도알 속에서 효소반응을 일으킴으로써 신선하고 건강한 와인이 된다)의 진화형이라 할 수 있는 새로운 발효방법에 도전하고 있다.

포도를 발효시킬 때 일반적으로 하듯이 탄산가스를 주입하는 것이 아니라, 작은 프레스기로 3~4일 전에 압착해서 발효가 시작된 과즙 300~400ℓ를 스타터로 넣어 발효를 촉진시킨다. 이렇게 하면 탄산가스 효과와 함께 무게에 의해 포도가 으깨어지면서 일반적인 발효가 시작되어, 세미 탄산 침용의 이점을 살리면서 전통적인 풍미로 완성된다. 누구에게 배운 것이 아니라 시행착오를 하며 찾아낸 방법이다. 재배와 양조는 보주(Beaujeu) 마을의 양조 강좌를 다니며 배운 것 외에는 거의 독학으로 깨우쳤다고 한다.

"처음에는 모르공 사람들이 하는 방법을 따라했지만 한 번도 성공하지 못했습니다. 결국 10㎞, 아니 5㎞만 떨어져도 테루아(토지의 특징)가 다르다는 것을 깨닫고, 제 밭을 더 자세히 관찰해서 포도의 목소리를 듣게 되었지요. 올해(취재 당시 2013년)는 1983년과 비슷해요. 겨울에서 갑자기 여름이 되고, 비가 많이 오며, 춥습니다. 하지만 포도 열매는 작아서 매우 좋은 해죠."

최근 10년 정도는 노균병과 관련하여 유일하게 데메테르에서 인정한 보르도액(과수나 화훼작물에 쓰는 살균제)도 거의 쓰지 않았는데, 처음 4년 정도는 피해가 심했다고 한다. 현재는 훼이(whey, 유청)와 점토, 실리카(silica, 이산화규소), 호로파(fenugreek, 장미목 콩과의 한해살이풀)라는 허브를 희석하여 섞은 것 등을 사용하는데, 아직 큰 효과는 보지 못했다고 한다.

와인은 누보(Nouveau)처럼 그해에 처음 출시되는 〈프롤로그(Prologue)〉, 로제와인 〈에스키스〉, 원래 AOC 레니에 〈엑스펙타티아(Exspectatia)〉, 3년

셀러에서는 1830년대의 구식 압착기인 바스켓 프레스가 아직 현역으로 활약하고 있다.

정도의 숙성을 거쳐 출하되는 〈파샹스〉 등 4종의 퀴베가 있다. 유일하게 재고가 있던 〈프롤로그 2012〉를 시음했는데, 이는 크리스티앙 뒤크루의 가장 기본적인 와인이다. 우아한 산딸기향과 버섯 같은 흙향. 그리고 짭조름한 미네랄(광물적인) 톤, 부드럽게 입에 닿는 감촉과 목넘김. 이렇게 진솔한 맛이라니.

테이스팅에는 11살(2013년 당시)인 아들 레오도 합류하여 와인을 홀짝홀짝 마셨다. 아이가 마실 수 있을 정도로 자연적인 와인인 것이다. 와인은 그 옛날 포도를 보관하기 위해 만든 장아찌나 절임과 비슷하다고 새삼 생각했다.

크리스티앙은 돈을 벌거나 유명해지려는 생각이 전혀 없다. 크리스티앙을 생각하면 언성 히어로(Unsung hero), 시와 노래로 불리지 않은 영웅, 앞에 나서지 않고 뒤에서 노력하는 사람이라는 생각을 하게 된다.

"아직도 와인이란 무엇인지 탐색하는 중이지만, 내 와인이 좋다고 말해주는 사람이 있는 것만으로 충분하다고 생각합니다"라고 하기에, 소비자로서 좋아하는 생산자는 누구냐고 물었더니 「실패를 두려워하지 않고 내추럴 와인을 추구하는」 생산자로 필립 장봉*, 도멘 라 보엠의 파트리크 부주*와, 「진심으로 와인을 즐기는 것이 느껴지는」 생산자로 2세대 정도 아래의 신인인 보졸레 플뢰리(Fleurie)의 줄리 발라니(Julie Balagny)를 꼽았다.

"이름에 샤토가 붙어있다고 해서 반드시 맛있다고는 할 수 없어요."

나이도 경력도 상관없이 와인 그 자체를 평가하는 성실한 자세는 그의 와인양조철학과도 겹친다. 자연을 올곧게 마주하는 정직한 비뉴롱이다.

DATA ● Christian Ducroux

애마 비스테르와의 완벽한 신뢰관계,
성실한 인품이 만드는 기품 넘치는 보졸레

미셸 기니에
Michel Guignier

취미는 와인 마시기와 자전거라는 미셸 기니에. 시간이 된다면 다시 경기용 자전거를 타고 프랑스의 사이클 대회 투르 드 프랑스에 나가고 싶다고 한다.

시릴 르 무앙*의 친구이자 브르타뉴에서 와인상 트링크(Trink, 브르타뉴어로 마신다는 뜻)를 운영하는 아르노 디트리쉬(Arnaud Dietrich)로부터 "시릴의 와인을 좋아한다면 분명 마음에 들 것"이라며 추천받은 것이 보졸레의 미셸 기니에가 만든 와인이다.

2013년 봄 일본에는 미셸 기니에의 보졸레 누보밖에 수입되지 않았는데, 수입사가 시험적으로 들여온 크뤼 보졸레(Cru Beaujolais, 보졸레 북부에 있는 10곳의 최우수 마을)의 〈물랭 아 방 퓌 드 셴(Moulin à Vent Fût de Chêne) 2006〉을 나누어 받았다. 체리 브랜디 같은 화려한 향과 반짝반짝 빛을 발하는 미네랄 뉘앙스, 단단한 골격에서는 중후한 기품이 느껴졌다. "이렇게 훌륭한 생산자의 와인이 누보밖에 안 들어온다고?"라고 유감스럽게 생각한 지 몇 달 뒤, 수입사가 바뀌면서 모든 라인업을 즐길 수 있게 되었다. 경력 20년 선수가 만든 새로운 와인과의 만남이다.

이 정도로 완성도가 높은 와인을 만들면서 특별히 홍보도 하지 않는 것을 보면, 미셸 기니에는 놀랄 만큼 겸손한 사람이다.

도멘이 있는 보르나르(Vauxrenard) 마을은 크뤼 보졸레 중 하나인 플뢰리 마을에서 10㎞ 정도 동북쪽의, 근래에 보기 드물게 외진 산속에 있다. 프랑스를 남북으로 종단하는 마시프 상트랄(Massif Central)의 산기슭에 있는데, 꼬불꼬불한 산길을 끝까지 올라간 표고 500m의 고지대에 자리 잡은 13㏊의 농원은 주위로부터 완전히 고립된 존재이다.

작은 몸집에 마른 체형, 검게 탄 얼굴에 짙은 눈썹이 인상적인 미셸은 말과 함께 한창 밭일을 하던 중이었다. 이 지역은 원래 곡물 재배와 낙농을 하던 전통이 있어서, 도멘에서도 육우용 품종인 샤롤레(Charolais)종을 사육하고 있다.

포도밭은 7㏊(모두 가메). 화강암으로 이루어진 보졸레 빌라주의 밭이 눈앞에 펼쳐

농원 자체의 면적은 약 13ha이지만 포도
밭은 7ha이고, 남은 토지에서는 곡물을
재배하고 소를 키우며 목초를 기른다.

졌다. 남동향은 경사면이 굉장히 가팔라서 가장 심한 경사가 45°나 된다. 발을 헛디
뎠다가는 굴러떨어질 것 같아, 성큼성큼 걸어가는 미셸보다 한참 뒤처져서 따라갔다.

　6월 초순 풀을 막 베어낸 밭 주위에는 허브향과 닮은 향기가 가득했고, 미셸이 흙
을 파내자 알맞은 습도를 유지하고 양분이 가득한 부엽토 냄새가 피어올랐다. 포도나
무의 수령이 높은 것도 미셸의 재산인데, 어린나무는 25년, 가장 오래된 나무는 무려
100년이다.

기니에 가문은 원래 포도재배도 함께했던 낙농 중심의 농가로 미셸이 4대째이며, 이
땅은 1949년에 할아버지가 사서 개간했다. 미셸은 재배·양조학교를 졸업하고, 알
자스와 보르도에서 경험을 쌓은 뒤 1981년부터 가업에 합류했다.

　1956년에 아버지가 대를 이었고, 그 뒤 1988년에 아버지은 은퇴했다. 프랑스혁
명 후 제정된 나폴레옹법에 의해 부모의 재산을 자식들이 균등하게 물려받게 되어서,
미셸과 형이 밭을 양분해서 받았다(이렇게 해서 밭은 점점 작은 구획이 된다).

　처음에는 관행농법을 적용했으나, 주변 농가에서 다들 믿고 쓰던 다국적 농업기업
「몬산토(Monsanto)사」가 강력하게 안전성을 주장한 제초제에 의심을 품게 되었다.
약을 뿌릴수록 밭이 생기를 잃었기 때문이다.

　"예상대로 결국 97~98년에 그 제초제가 몸에 해롭다는 사실이 보도되기 시작했
습니다. 내가 인체실험의 피해자가 되는 것도, 소비자에게 거짓말을 하는 것도 싫어
서, 제초제뿐 아니라 화학비료 사용도 그만두고 유기농 재배를 시작했어요."

　유기농 재배를 시작하고 그때까지 몰랐던 포도와 흙 냄새의 향기로움에 마음이 설
레게 된 것은 커다란 발견이었다. 죽은 밭이 다시 숨을 쉬기 시작하였다.

AC 물랭 아 방
프티트 오제유 2016
AC Moulin à Vent
Petite Oseille 2016

미셸 기니에가 자랑하는 크뤼 보졸레.
미네랄 성분이 많이 함유된 토양에서 자
란 수령 50년의 포도나무에서 수확한
포도로 만든, 볼륨감이 느껴지는 와인.
지금도 맛있지만 몇 년 더 숙성시키면
기막힌 세계가 기다리고 있을 것이다.

"먼저 건강한 흙을 봐주세요"라며 흙을 파내는 미셸. 흙이 건강해야 건강한 포도가 자라기 때문이다.

루주 몽카이외 VdF 2014

Rouge Moncailleux VdF 2014

물랭 아 방에 있는 프티트 오제유 밭의 수령 60년이 넘는 올드 바인의 포도만을 사용한 특별한 퀴베.

AC 플뢰리 오 봉 그레 2014

AC Fleurie au bon grès 2014

메마른 화강암에 편암 토양이 섞여있기 때문인지 물랭 아 방보다 가벼우면서 단단한 풍미.

더 큰 변화가 찾아온 것은 2000년이다. 도멘에서 약 10㎞ 남쪽에 있는 레니에 지구(마찬가지로 보졸레 크뤼)의 존경하는 생산자 크리스티앙 뒤크루*의 권유로 바이오다이나믹을 시작했다.

"크리스티앙은 이미 15년의 경험이 있고 몇 차례나 실패를 반복했기 때문에, 그의 조언은 정말 큰 도움이 되었습니다."

야생효모만으로 발효시키려면 포도에 폴리페놀이 많이 함유되어 있어야 한다. 그러기 위해 껍질(폴리페놀이 많이 함유된) 부분의 비율이 높은, 즉 알이 작은 포도를 재배하는 것이 미셸의 목표가 되었다.

이를 위해 그가 택한 방법은 포도나무를 빽빽이 심어 땅속에서 뿌리끼리 경쟁하게 하는 것이었다. 덤불모양으로 가지치기한 포도나무의 식재 밀도는 1m×1m. 트랙터가 들어오는 것은 무리여서 애마인 비스테르가 활약한다. 미셸과 비스테르의 신뢰관계는 "이 녀석이 없으면 나도 일을 그만둘 것"이라고 말할 정도로 돈독해서, 보고 있으면 흐뭇해진다.

마찬가지로 밭을 물려받은 미셸의 형은 관행농법을 적용해 농약, 제초제, 살충제를 듬뿍 사용하는데, 노균병이 퍼져서 유기농과 바이오다이나믹 재배를 선택한 생산자의 수확량이 거의 절반이었던 2012년에도 평소만큼 수확했다고 한다(품질은 알 수 없다). 미셸은 "사람마다 사고방식은 다르니까"라고 하는데, 사실 이렇게 경사가 가파른 밭에서 바이오다이나믹으로 포도를 재배하기는 너무 힘들기 때문에 다른 사람에게 권할 수 없다고 한다.

"열정이 없으면 해도 의미가 없습니다. 좋아하지 않으면 지속할 수 없는 일이니까, 아들 둘에게 뒤를 이으라는 말은 할 수 없어요."

미셸의 단짝 애마 비스테르. 미셸과 비스테르는 이인(?) 육각으로 밭을 경작한다. 서로의 믿음이 느껴진다.

셀러는 아버지 대부터 사용한 것으로, 콘크리트 삽입식 탱크를 부수고 7,000ℓ짜리 대형 나무통을 설치했다. 이 나무통은 발효뿐 아니라 숙성에도 사용된다. 가메 품종의 경우 천천히 숙성되는 대형 나무통이 적합하다고 한다. 미셸이 만든 와인의 부드러운 산미나 섬세한 타닌은 이렇게 천천히 만들어지는 것이다.

상 수프르에 몰두하기 시작한 때는 2004년. 크리스티앙 뒤크루 등과 다양한 실험을 통해 만든 와인으로 블라인드 테이스팅을 했더니, 상 수프르 와인이 단연코 맛있었다. 이듬해인 2005년에 전체의 1/3, 2006년에 2/3, 2007년부터는 100%를 상 수프르 와인으로 만들었다.

"마을사람 모두가 '미친 짓이다', '작황이 나쁜 해에는 망할 각오를 해라'라고 했죠. 다행히 판매할 와인이 없었던 적은 없지만, 처음에는 실패도 많이 했습니다."

셀러에서 뭔가 문제가 생기면 바로 밭을 점검한다. 포도가 제대로 발효되지 않는 등 문제가 생기는 원인은 포도의 상태, 즉 재배 단계에 있기 때문이다.

"포도에 붙어 있는 야생효모와 박테리아의 관계는 모노폴리(보드게임)와 마찬가지로 종이 한 장 차이입니다. 야생효모를 늘리려면 밭을 잘 관리하는 수밖에 없어요. 지금 실험 중인데 실리카를 뿌리면 좋은 효과를 얻을 수 있다고 합니다."

날마다 자연과 진지하게 마주한 결과, 와인에 땅속 미네랄(미량영양소) 성분이 반영되어 싱싱한 풍미가 나타나기 시작했다. 일이 아무리 고되어도 관행농법으로 돌아가지 못하는 이유는 이 풍미에 도달했기 때문이다. 분명 돈을 엄청나게 많이 벌지는 못하겠지만, 자기 자신, 포도, 그리고 소비자와 정직하게 마주하는 삶의 방식에서는 본질적인 풍요로움이 느껴진다.

셀러 한쪽에는 작은 와인바 같은 테이스팅 룸이 있다. 나무 그루터기를 재활용한 스툴은 미셸이 직접 만들었다. 미셸의 취미는 와인 마시기. 특히 보졸레에서는 재배할 수 없는 흥미로운 화이트품종으로 만든 와인을 즐겨 마신다. 좋아하는 와인은 루아르에 있는 레 비뉴 드 바바스의 슈냉 블랑과 쥐라에 있는 도멘 데 미루아르(가가미 겐지로)의 샤르도네이다.

아펠라시옹으로는 「플뢰리」, 「물랭 아 방」, 「보졸레 빌라주」가 있다. 그 외에는 뱅 드 프랑스(VdF 등급)이지만, 오래 숙성시켜서 출하하는 프리미엄 등급의 퀴베가 몇 가지 있다.

보졸레 빌라주 〈라 본느 피오슈(La Bonne Pioche)〉와 같은 구획의 수령이 높은 포도를 대형 나무통에서 숙성시킨 〈VdF 레 그루모(Les Grumeaux) 2006〉은 5년 숙성을 거쳐 출하된다. 딸기의 매력적인 과일맛에, 정향과 리코리스, 인센스 등의 향기, 자스민의 흰꽃 같은 향과 미네랄 톤이 뒷맛에 섞이고, 목넘김은 매우 부드럽다. 〈VdF 몽카이외 2009〉는 물랭 아 방, 프티트 오제유의 올드 바인에서 수확한 포도로 만든다. 블랙베리에 검은 후추와 보이차, 포트 와인 등의 향이 복잡하게 섞여 있고 혀에 닿는 느낌이 부드럽다.

가메 러버를 자청할 정도로 가메를 각별하게 사랑하는 나이지만, 이 품종에 이만큼 복잡한 맛을 느낀 것은 처음이다. 가메를 별로 좋아하지 않는 사람도 꼭 마셔보았으면 한다. 분명 생각이 달라질 것이다.

시간이 멈춘 것처럼 오래된 셀러.
한쪽 구석에는 와인바 같은 테이스팅
코너가 준비되어 있는데, 분위기가 좋다.

DATA ● Michel Guignier
http://www.vignebioguignier.com/

3억 년 전 로슈 프리 토양이 낳은
우아한 가메가 나의 자산

장 포이야르
Jean Foillard

성실한 성품의 장 포이야르. 보졸레의 동료들 외에도 루아르의 티에리 퓌즐라, 쥐라의 피에르 오베르누아와 사이가 좋다.

빌리에 모르공 마을에서 유난히 눈에 띄는, 마당을 둘러싸고 있는 멋스러운 농가가 장 포이야르의 도멘이다. 포도 울타리가 햇빛을 가려주는 나무테이블 주위에는 정성껏 가꾼 장미와 허브가 가득하다. 옛날 집이라 넓어서 빈방을 민박집으로 운영하고 있다.

재배 면적 16ha의 1/3 이상이 크뤼 보졸레(AOC 등급을 가진 10개의 마을)에 있으며, 특히 모르공 지구 남부에 있는 표고 300m의 코트 뒤 피(Côte du Py) 밭은 포이야르 가문의 비장의 무기이다. 보졸레의 전통인 덤불모양으로 작게 가지치기한 오래된 포도나무가 자라는 토양은, 썩은 암석이라는 뜻의 「로슈 프리(roche pourrir)」라고 불리는 독특한 편암이다. 3억 년 전에 깊은 지층에 생성된 화강암이 부르고뉴와의 경계에 있는 모르방(Morvan)산맥의 융기로 지표면에 드러나고, 고대의 용암과 화산재가 쌓인 지각층에 흘러들어 어두운 잿빛으로 바뀌고 풍화한, 어마어마하게 오래된 땅이다. 흙은 촉촉하지만 손에 쥐어도 달라붙지 않고 보송해서 건강한 흙임을 바로 알 수 있다. 이 밭에 있는 수령 80년 이상의 포도나무에서 수확한 포도로 작황이 좋은 해에만 만드는 톱 퀴베인 코트 뒤 피 퀴베 π(3.14)(프랑스어로 피인 원주율 파이와 코트 뒤 피

AC 모르공 코트 뒤 피 2015
AC Morgon Côte du Py 2015

장 포이야르의 대표 와인. 오렌지와 앵두 같은 과일 풍미에 광물질 향이 섞이고 매끄러운 목넘김이 특징이다. 바디도 묵직하다. 「가메는 묽다」라는 이미지를 깬다.

AC 모르공 퀴베 코르슬레트 2015
AC Morgon Cuvée Corcelette 2015

코트 뒤 피에서 2~3km 밖에 떨어지지 않았는데도, 모래땅이어서인지 전혀 다른 개성을 보여준다. 출하 직후부터 부드럽고 섬세하다.

코트 뒤 피는 모르공에서 가장 높은 평가를 받는 밭이다. 숙성할 때 새로운 나무통은 사용하지 않으며, 퀴베 π의 나무통은 도멘 프리외레 로크(Prieuré Roch)에서 물려받은 것(1~8년 사용한 통)을 사용한다.

의 피를 연결)의 균형 잡힌 과일맛과 철 같은 단단한 느낌은 이 흙에서 유래된 것이다. 출하 직후에도 맛있지만, 3~4년 정도 숙성시키면 피노 누아처럼 더없이 우아하게 변모한다.

장 포이야르는 날 때부터 비뉴롱이었을 듯한 풍모이지만, 와인양조의 시작은 운명의 장난 때문이었다고 한다.

아버지 모리스가 4대째 이어온 포도재배 농가의 딸과 결혼하면서, 포이야르 가문에서도 본격적으로 와인양조를 시작했다. 그런데 1981년 수확기에 아버지가 갑자기 병에 걸리셨고, 도멘을 이을 예정이었던 형 레지는 군 복무 중이어서 돌아올 수 없었다. 그래서 모터크로스 바이크 엔지니어였던 당시 23세의 장이 느닷없이 그 임무를 맡게 되었다.

재배나 양조를 전문적으로 공부하지 않았던 그에게 손을 내민 것은, 같은 마을에 사는 8살 위의 마르셀 라피에르*였다.

"마르셀이 따라준 〈모르공 1979〉는 마르셀의 내추럴 와인 중 매우 초기의 것인데, 내가 처음으로 감동한 와인이었습니다."

당시 마르셀이 스승으로 삼았던 사람은 과학자 쥘 쇼베(p.29 참조)로, SO₂를 비롯한 화학물질을 최대한 배제하고 자연적으로 와인을 양조할 방법을 모색하던 무렵이다.

마르셀은 쥘 쇼베로부터 얻은 지식을 장을 비롯한 모르공의 동료 비뉴롱들과 나누었고, 여기에 기 브르통*, 장 폴 테베네이 등이 가세하여 보졸레의 갱 오브 포(4인방)로 불리면서 크뤼 보졸레의 생산자로 주목받게 되었다.

장은 전문적인 지식은 없었지만, 원래 양조학교에서 배우는 지식이 쇼베의 사고방식과 정반대였기 때문에 과거의 악습이 없는 점은 오히려 잘된 일이었다.

"처음에는 실패도 많이 해서 나무통째로 와인을 버린 적도 많았습니다. 그런 포도를 사용하는 생산자도 많지만"이라고 할 정도로 품질에 대해서는 절대 타협이란 없다. 관행농법으로 재배하던 밭을 유기농법으로 바꾸고 야생효모로 발효시키기 시작하자, 와인양조가 즐거워졌다.

"포도의 행복이 가장 중요합니다. 특히 생육기인 여름에 스트레스 없이 자라도록 잘 보살피고 완전히 익으면, 포도의 정체성이 길러집니다. 그런 포도로 만든 와인은 감동을 주지요. 나는 보졸레의 생산자로서 가메라는 우아하고 싱싱하며 훌륭한 포도의 혜택을 받았어요. 이 자산을 잘 살리고 싶습니다."

2017년에 새로운 셀러가 완성되었고, 아들 알렉스도 2017년에 도멘을 설립했다.

AC 모르공 코트 뒤 피 퀴베 π(3.14) 2014
AC Morgon Côte du Py Cuvée π 2014
80년 이상의 올드 바인에서 수확한 포도로, 작황이 좋은 해에만 만드는 톱 퀴베. 바디감과 단단한 골격이 인상적인 품격 있는 와인.

DATA ● Jean Foillard

대표 와인은 무려 7년 숙성,
무엇 하나 소홀하지 않은 파격적인 맛

필립 장봉
Philippe Jambon

소믈리에로 일한 경력이 있는 필립.
그가 만드는 내추럴 와인의 품질은
크리스티앙 뒤크루의 영향을 받아
진화했다고 한다.

"납득할 수 있는 와인을 만들고 싶다"라는 것은 모든 비뉴롱의 이상이지만 어쩔 수 없이 눈물을 머금고……, 라는 경험은 어느 생산자에게나 있지 않을까?

이 사람 필립 장봉을 제외하고 말이다! 2010년은 우박 때문에 괴멸에 가까운 피해로 포도에 만족하지 못해 수확이 거의 없었는데도, 모든 밭의 포도를 블렌딩해서 만든 〈디스 Disse(2010에서 '10'의 발음과 같다)〉는 마시는 사람의 마음을 울리는 깊은 풍미가 있다. 이렇게 해서 생활이 가능할지 걱정이 되었는데, "어떤 와인이 될지는 와인이 태어난 장소만이 알고 있습니다. 생산자는 생태계 안의 한 요소일 뿐이라는 것을 겸허히 받아들여야 해요. 불필요한 사람 손을 더해서는 안 됩니다"라고 진지하게 이야기한다.

그 와인이 태어나는 장소는 보졸레의 가장 북부, 마콩과의 경계에 있는 샤슬라(Chasselas) 마을이다. 부르고뉴의 석회암과 보졸레의 화강암, 두 가지 토양이 섞인 축복 받은 토지이다.

필립은 스위스의 유명 레스토랑 지라르데(Girardet)에서 소믈리에로 일했는데, 어느 날 시큼한 그라므농*의 와인을 계기로 내추럴 와인에 눈을 떴다. 리용의 비스트로로 옮겨 다르에 리보* 등과 교류하면서 와인을 만들 토지를 찾은 끝에, 보졸레 빌라주의 밭 1ha를 얻은 것이 1997년이었다. 개간부터 시작해서 현재 5ha의 밭을 소유하고 있다.

"내 와인은 세상의 규격에서 벗어나 있습니다"라고 겸손하게 말하지만, 티끌만한 소홀함도 없이 완성된 와인은 고고하게 빛난다. 파격적인 스케일이 느껴지는 보졸레의 보배 〈레 발타이유(Les Baltailles)〉를 꼭 체험해보기 바란다.

윈느 트랑슈 플뢰리 VdF
Une Tranche Fleurie VdF
젊은 생산자의 와인을 장봉 브랜드로 판매하는 시리즈. 플뢰리의 기대주인 릴리앙 보셰(Lilian Bauchet)의 와인.

바타유 쉬르 라 로슈 누아르 VdF
Batailles sur la Roche Noire VdF
수확량이 급감해서 예외적으로 08년 바타유와 09년 로슈 누아르, 2구획의 포도를 블렌딩했다.

DATA ● Philippe Jambon

25년의 경험이 「부족하다」는, 겸손한 자세가 맛의 비결

기 브르통
Guy Breton

보졸레의 「갱 오브 포」 중 한 사람으로 높이 평가되는 생산자.

모르공 출신으로 할아버지 때까지는 포도를 재배하여 협동조합에 납품했지만, 부모는 밭일을 업자에게 맡겼기 때문에 와인과 관계 없이 자랐다고 한다. 밭이 있으니까 라면서 와인 양조를 권한 사람이 마르셀 라피에르*. 그와 함께 2년 동안 쥘 쇼베의 이론을 공부했다.

와인은 모르공, 레니에, 보졸레 빌라주의 세 아펠라시옹에서 만드는데, 모두 「로슈 프리(썩은 암석이라는 뜻)」라는 스모키 그레이의 편암 토양이어서 섬세한 풍미의 가메가 자란다고 한다. 그 개성을 살리기 위해 낮은 온도에서 천천히 부드럽게 발효시킨다.

"나는 아직 경험이 25년밖에 안 되서 부족합니다. 내가 개입하기보다 모든 것을 포도에게 맡기는 편이 낫다고 생각해요. 좋은 와인은 마시기 편한 와인입니다. 무심코 한 잔 더 마시게 되는 와인을 만들고 싶어요."

데뷔는 늦었지만 경력은 충분 동료들의 신망도 두터운 실력파

카림 비오네
Karim Vionnet

2005년에 설립한 와이너리. 성실하고 밝은 카림 비오네는 동료들의 신망도 두텁다. 원래는 빵을 만들었는데 친구 중에 비뉴롱이 많아서 자연스레 와인에 흥미를 갖고 양조학교에 다니다가 점점 빠져들었다. 마침내 빵집을 그만두고 보졸레의 「갱 오브 포」 중 한 사람인 장 폴 테브네의 형이 하는 도멘에서 일하기 시작했다. 이때 농번기에는 마르셀 라피에르*, 기 브르통* 등의 밭에서 일하며 몸으로 내추럴 와인을 체득했다.

빌프랑슈(Villefranche) 마을에서 서쪽으로 7km 떨어진 비탈진 산길 중턱의 캉시 앙 보졸레(Quincie-en-Beaujolais) 마을에 있는 2ha의 밭은, 250m 이상의 표고와 보졸레에서는 보기 드문 가파른 경사의 혜택을 누리고 있다. 대표작인 〈퀴베 KV(카베) 스페셜〉은 산미와 볼륨감을 겸비한 균형 잡힌 와인이다.

AC 보졸레 빌라주 마리루 2017
AC Beaujolais Villages Marylou 2017
과일의 단맛이 기분 좋고, 유연해서 매력적이며, 어깨의 힘을 뺀 와인. 마리루는 딸의 이름.

AC 모르공 프티 막스 2017
AC Morgon P'tit Max 2017
막스는 기 브르통의 애칭. 탄산 침용으로 발효시킨 뒤 나무통에서 6개월 동안 숙성.

AC 보졸레 빌라주 퀴베 카베 2017
AC Beaujolais Village Cuvée KV 2017
카림이 직접 디자인한 라벨과 자신의 이니셜 「KV」를 이름에 붙인 대표작. 랑시에(Lancié)의 포도로 만든다.

AC 보졸레 빌라주 뒤 뵈르 당 레 피나르 2016
AC Beaujolais Village Du Beur dans les Pinards 2016
내추럴 와인의 선구자 쥘 쇼베의 밭에 있는 수령 약 45년의 포도나무에서 수확한 포도로 만드는 퀴베.

DATA ● Guy Breton

DATA ● Karim Vionnet

보기 드문 재능과 도전자 정신이 낳은 살아 있는 와인「뱅 비방」

도멘 드 샤소르네 / 프레데릭 코사르
Domaine de Chassorney / Frederic Cossard

친근한 성격으로 언제나 유머가 넘치는 프레드. 두뇌 회전이 빠르고 놀라울 정도로 정확한 기억력을 자랑한다. "와인을 많이 마시면 기억력이 좋아져요"라는 것이 그의 지론이다.

"처음 뵙겠습니다"라고 인사하는 카메라맨에게 "파리에서 만난 적 있어요. 10년 전인가"라며 개구쟁이처럼 웃는 얼굴로 대답한 프레드(프레데릭 코사르). 10년 전 일을 되짚어보니 확실히 두 사람의 인생이 한 지점에서 겹쳐졌고, 그 경이로운 기억력에 새삼 놀랐다.

어떻게 이처럼 기억력이 좋은 걸까. 우리가 이야기하는 일본어도 분위기를 읽고 금세 이해한다. 이런 두뇌라면 쿠르티에(courtier, 와인 중개업자)로 일하던 시절에 부르고뉴에 있는 모든 생산자의 와인을 마시고 기억했다는 터무니없는 이야기도 진짜일지 모른다.

도멘 드 샤소르네는 생 로맹 수 로슈(Saint Romain Sous Roche), 사비니 레 본 레 골라르드(Savigny Les Beaune Les Gollardes), 볼네 프르미에 크뤼 레 롱스레(Volnay 1er Cru Les Roncerets) 등 폭넓은 아펠라시옹을 관리하는데, 공통된 특징은 갓 딴 산딸기 같은 과일맛에 녹차나 고급 다시마 국물 같은 감칠맛, 빠르게 스며드는 듯한 순한 목넘김으로, 그야말로 프레드가 모토로 하는「vin vivant(살아 있는 와인)」이다.

도멘은 코트 드 본(Côte de Beaune) 지구의 생 로맹(Saint Romain) 마을에서 2km 정도 오지로 들어간 외딴 암자 같은 곳에 있다. 원래 돼지우리였다는 셀러는 뒤에 있던 언덕을 뚫어서 만들었는데, 벽에 샘물이 방울져 떨어지는 동굴이라는 이상적인 구조이다.

프레드가 와인을 만난 것은 어린 시절이었다. 프레드는 생 로맹에서 10km 정도 남서쪽에 있는 놀레(Nolay) 마을에 0.5ha의 포도밭을 갖고 있던 할아버지가 취미로 집에서 마시려고 만든 와인을 무척 좋아했다. 와인을 만드는 사람이 되고 싶었으나 낙농 관련 회사를 경영하던 아버지의 가업을 이으려고, 국립유산업학교를 졸업한 뒤

생 로맹에서 가장 건강하고 온전하다고
자부하는 밭. 프레드의 이 밭을 보고 자연
농법으로 전환하는 생산자도 늘고 있다.

2년 예정으로 보스턴의 유업회사에 연수를 받으러 갔다가 3주 만에 그만두었다. 역
시 자신이 살 길은 와인이라 생각하고, 집을 나와 본(Beaune)과 사부아(Savoie)의 양
조학교에서 공부한 뒤 맨몸으로 쿠르티에 일을 시작했다. 더불어 뉘 생 조르주의 네
고시앙(와인상)에서도 매입 포도의 아상블라주(assemblage, 블렌딩) 담당으로 10년
동안 날마다 시음을 하면서, 부르고뉴에서 재배되는 포도와 밭의 성격을 자세히 알게
되었다.

이윽고 1996년, 만반의 준비를 하고 도멘을 설립한 뒤 생 로맹, 오트 코트 드
본(Hautes Côte de Beaune), 오세 뒤세르(Auxey-Duresses) 등에 조금씩 밭을
샀다. 저명한 와인평론가 미셸 바탄(Michel Battane)이 감수한 2002년판 『Le
Classement(프랑스 와인 가이드북)』에 "샤소르네의 〈뉘 생 조르주 클로 데 자르질리
에르(Clos des Argillières)〉는 DRC(도멘 드 라 로마네 콩티)의 그랑 크뤼에 필적한다"
고 실리면서 인기가 급상승했다. 2005년에 지금의 셀러를 짓고 현재 약 10㏊를 관
리하며 와인을 만든다. 2006년부터는 부인 롤과 함께 네고시앙 브랜드 「프레데릭
코사르(Frederic Cossard)」도 시작했다.

샤소르네의 한없이 순수한 맛의 비밀은 의외로 프레드가 다닌 유산업학교에서 배
운 지식에 있었다.

"SO₂ 없이 만드는 와인은 이론적으로는 가열처리하지 않은(unpasteurized) 우유로
만든 치즈와 같지만, 우유가 미생물을 다루기는 훨씬 어렵습니다. 어느 쪽이든 대량생
산이나 작업효율 등을 고려해서 작업하기는 힘들어요. 하지만 완성되었을 때의 기쁨
은 헤아릴 수 없습니다. 그리고 이를 실현하려면 무엇보다 위생관리가 중요해요."

셀러는 철저하게 청결을 유지하고 있다. 발효용기 등을 세척하는 물은 특수 기계

AC 생 로맹 수 로슈 2015
AC Saint Romain Sous
Roche 2015

평균 수령은 약 68년. 이 빈티지는 수확
량이 불과 37㎘/㏊이다. 산딸기의 과일
맛에 중국차와 다시마 국물 같은 풍미가
은은하게 섞인, 샤소르네 피노 누아의
특징이 아낌없이 표현된 퀴베.

**AC 볼네 프르미에 크뤼
레 롱스레 2015**

AC Volnay 1er Cru
Les Roncerets 2015

볼네의 유명한 밭 샹팡(Champans)의
아래쪽에 붙어 있는 우수한 밭. 프레드
자신도 "남성적이며 여유롭다"라고 마
음에 들어 한다.

AC 생 로맹 콩브 바쟁 2015

AC Saint Romain
Combe Bazin 2015

2009년 지질조사에서 그 유명한 몽라셰
와 같은 지층이 있다는 사실이 밝혀진 도
멘 드 샤소르네의 대표작. 블루베리, 블
랙베리, 카시스 등의 과일맛과 함께 정향
과 시나몬 등 스파이스의 향이 특징.

를 사용하여 잡균과 염소를 제거한 뒤, 최신 기술인 벡퇴르(Vect'oeur)의 산소 클러스터 이온으로 살균한다. 일부러 유해 전파가 닿지 않는 곳을 골랐기 때문에 셀러에서는 휴대전화도 터지지 않는다고 한다.

재배와 양조는 기본적으로 마리아 툰(Maria Thun)의 달력(달의 항성주기와 별자리를 이용해 포도나무 재배과정을 관리하는 달력)을 바탕으로 하지만, 바이오다이나미스트는 아니다.

프레드가 하고 있는 방법은 호메오파티(homeopathy) 농법이다. 동종요법으로 번역되는 호메오파티는 대체요법 중 하나인데, 「호메오」는 동종, 「파티」는 병이라는 뜻으로 환자에게 「레머디(remedy)」라는, 병의 증상을 일으키는 물질(독)을 희석하여 백신처럼 준다. 그 물질은 여러 가지가 있는데, 10년 정도 전에 내가 루마니아인 호메오파티 의사에게 치료를 받았을 때 처방받은 레머디는 마음이 불안했던 그때의 나에게 가장 필요하다는 「암염」이었다. 희석 비율은 상당히 고배율로, 묽게 만들수록 효과가 높아진다고 한다. 이상한 요법으로 보일지 모르겠지만, 영국 왕실의 주치의가 호메오파티 의사라고 한다(출처: 일본 호메오파티 진흥회 홈페이지).

프레드가 하고 있는 호메오파티도 주로 노균병에 백신처럼 사용해서 자연치유력을 높이는 방법이다. 원래는 프레드의 본가에서 도입한 방법이라는데, 2000년 마콩에 사는 친구인 생화학자 필립 세크의 협력을 받아 포도재배에 응용했다고 한다. 우선 프레드의 밭에 있는 노균병 균을 채취하여 에센셜오일로 희석한다. 균이 위력을 잃은 이 액체에 건강한 포도잎을 넣으면, 노균병에 대한 항체가 생긴다. 이를 잘 섞어서 활성화(dynamiser)시켜 뿌리는 양은 1ha당 3mg 정도. 같은 구획에서 채취한 균을 사용하지 않으면 효과가 없지만, 2003년 무렵부터 효과가 나타나기 시작하면서 보르도액을 살포하는 횟수가 크게 줄었다.

베이스로 사용할 흙을 만들 때는 소똥을 사용한다. 같은 농원에서 자란 소의 분변에는 포도 생육에 필요한 정보가 가득하다. 소똥에 흙을 더해 상자 속에 넣어두면 발효가 시작되고, 약 35℃에서 미생물 활동이 활발해진다. 여기에 에센셜오일을 섞어서 활성화하고, 1ha당 10mg을 뿌린다. 그밖에 포도껍질을 증류한 그라파(grappa, 포도를 압착하고 남은 찌꺼기로 만드는 이탈리아의 전통 증류주) 같은 것도 필요에 따라 뿌린다.

생 로맹 수 로슈의 피노 누아 밭

"이제 겨우 밭이 제가 원하는 대로 되었습
니다"라고 콩브 바쟁 밭에서 이야기하는
프레드.

"많이 마시기 때문에, 두통이 생기는 와인은 만들고 싶지 않습니다"라고 프레드는 웃으면서 이야기한다.

와인양조를 시작할 무렵에는 시행착오의 연속이었다. 1998년부터 2001년까지 바이오다이나믹 조제 500번(뿌리에 작용한다), 501번(성장에 작용한다), 505번(식물의 치유력을 높인다)을 시험해보았으나 만족할 만한 결과를 얻지 못했다. 루돌프 슈타이너의 이론은 원래 농업 전반에 대한 것이어서 단일 생산물인 포도재배에 적합하다고 할 수 없다는 것이 프레드가 내린 결론이다.

수확한 포도는 송이째 CO_2(탄산가스)와 함께 나무를 번갈아 쌓아서 만든 개방 발효조에 넣고, 산화를 막기 위해 상부를 비닐 시트로 덮어 탄산 침용(p.29 참조)을 촉진시킨다. 산소가 공급되지 않는 혐기적 환경에 놓인 포도는 효소작용으로 껍질 안쪽부터 발효되기 시작한다. 이렇게 해서 포도의 아로마와 과일맛이 추출되는데, 자체 무게로 탱크 하부의 포도가 점점 으깨지면서 과즙의 양이 늘어난다. 그런 다음 르몽타주(remontage, 발효조 하부의 배수구로 액체를 빼낸 뒤 다시 위에서 끼얹어 균일화하는 작업)와 풀라주[foulage, 포도를 으깨는 것. 프레드는 밟는다는 뜻의 피자주(Pigeage)라 하지 않고 이렇게 부른다]를 한다.

SO_2를 넣지 않기 때문에 산화나 미생물 오염의 위험이 항상 존재하지만, 세심하게

신경써서 CO$_2$를 포도송이에 뿌리면서 작업한다. 알코올 발효가 끝난 뒤에도 약 2주 동안 침용을 계속한다. 침용기간이 상당히 길기 때문에 포도 조직이 부드러워지고, 뉴매틱 프레스(pneumatic press, 공기압에 의한 압착)로 가볍게 압착하면 자연스럽게 와인이 흘러나온다. 남는 찌꺼기의 양은 불과 10% 정도. 깨끗하고 과일맛이 풍부한 와인이 되는 이유는 이 때문이다. 이를 한나절 정도 두어서 앙금과 불순물을 자연스럽게 가라앉혀 맑게 만든(청징) 다음 나무통에 옮긴다. 와인 속에 CO$_2$가 충분히 녹아들어서 산화에도 강하다.

생 로맹 AOC「콩브 바쟁」(샤르도네)의 밭에도 함께 가보았는데, 표고 400m에 위치한 남동향의 석회점토질로 이루어진 완만한 경사면이었다. 클로(Clos, 돌담)에는 생식용 포도나무를 심어서 개화 등을 예측한다고 한다. 건강한 밭에 산다는 달팽이를 발견하고는 "에스카르고 아 라 부르기뇨느(Escargots à la Bourguignonne, 부르고뉴 달팽이를 파슬리 버터로 익힌 요리)"라고 익살을 떠는 프레드. 땅을 파자 포도나무 뿌리에 덩어리 흙(떼알)이 잔뜩 붙어 있다. 건강한 흙이라는 증거다.

"이것이 저의 삶입니다. 이 밭이 내가 원하는 대로 되는 데 3년이 걸렸고, 저쪽의 (서쪽에 펼쳐진) 생 로맹 수 로슈(피노 누아)의 밭은 10~15년이 걸렸습니다. 무엇보다 밭을 잘 관찰하는 것이 중요해요. 포도나무는 질병의 싹을 갖고 있을 수도 있지만, 면역력이 높으면 돌이킬 수 없을 정도로 심해지지는 않습니다. 질병은 발견한 뒤에 대처하면 됩니다."

또한 네고시앙 브랜드「프레데릭 코사르」에서는 퓔리니 몽라셰(Puligny Montrache), 보졸레, 쥐라의 포도로도 와인을 양조하고 있다. 2018년에는 조지아의 크베브리 (Qvevri, 와인의 저장 및 숙성에 사용하는 달걀모양의 전통 항아리)를 10개 사들여 사용하고 있다. "꿈은 반드시 이루어집니다"라고 말하는 프레드. 그래서 다음 꿈은?

"캐비아를 만드는 일이려나(웃음)." 꿈을 말하는 시점에 이미 그 성공을 확신하는 이 사람, 몇 년 뒤에는 비뉴롱 겸 캐비아의 장인이 되어 있을 듯해서 조금 무섭다.

DATA ● Domaine de Chassorney
http://www.chassorney.com/

셀러브리티 혈통과 화려한 커리어
내추럴 와인계 최고의 엘리트 양조가

필립 파칼레
Philippe Pacalet

풍부한 과학적 지식과 이론을 바탕으로, 완성된 풍미의 내추럴 와인을 만들어내는 필립. 존경하는 생산자를 물으니 앙셀므 셀로스(Anselme Selosse), 제롬 프레보(Jerome Prevost) 등을 꼽았다.

필립 파칼레는 2001년 빈티지로 데뷔할 때부터 스타였다.

그의 경력은 셀러브리티 그 자체로, 외숙부가 마르셀 라피에르*여서 수확시기에는 늘 마르셀이 함께 있었다고 한다. 디종 대학에서 양조학을 배울 때(졸업논문은 「야생효모에 대하여」), 마르셀의 소개로 알게 된 쥘 쇼베를 스승 삼아 3년 동안 함께 연구했다. 이 내추럴 와인 대가의 책을 항상 곁에 두고 길잡이로 삼는 생산자는 많아도, 그와 직접 숙식을 함께 하며 몸으로 그 이론을 체득한 사람은 달리 없을 것이다.

그 뒤로 유기농법 인증단체인 「나튀르 에 프로그레(Nature et Progrès)」에 취직했고, 1991년부터 10년 동안 도멘 프리외레 로크*에서 양조책임을 맡아 도멘을 확고한 위치에 올려놓았다.

모든 준비를 끝낸 그가 만든 와인은 당시 내추럴 와인에서 조금씩 발견되던 환원취나 휘발산 등의 결함이 전혀 없는 완벽한 품질로, 안티 내추럴 와인파에게도 극찬을 받았다.

2008년부터 12ha 밭의 작업은 경작업체에 맡기고(세부 지시는 한다) 양조에 집중하고 있다. 와인양조철학을 물으니, 「양조와 숙성은 SO₂없이」, 「야생효모, 송이째 발효」, 「오랫동안 앙금과 함께 둔다」, 「여과하지 않는다」, 「수작업으로 병입한다」라고 명쾌하게 대답했다.

뒷라벨에 Ec=1/2MV2라는 아인슈타인의 에너지 법칙이 적혀 있는 것에서 알 수 있듯이 필립 파칼레는 과학자이다. 한때는 운에 좌우되던 내추럴 와인을 과학적으로 규명하여, 포도를 와인이라는 본질에 충실한 매체로 재생시키는 슈퍼 양조가이다.

**AC 코르통 샤를마뉴
그랑 크뤼 2011**
AC Corton-Charlemagne
Grand Cru 2011
우아함과 리치한 스케일을 겸비한 인기 퀴베. 되도록 숙성시켜서 마시길 권한다.

AC 에셰조 그랑 크뤼 2011
AC Echezeaux Grand Cru 2011
유난히 훌륭한 빈티지였던 2009년부터 등장. 균형이 잘 잡히고 품격이 느껴지는 와인이다.

DATA ● Philippe Pacalet
http://www.philippe-pacalet.com

1년의 작업이 전달되는 와인을 만들고 싶다
좋은 일만 있는 것은 아니지만 진실을 표현하고 싶다

알리스 에 올리비에 드 무르
Alice et Olivier de Moor

1989년에 와인양조를 시작한 알리스와 올리비에. 이들이 만드는 와인은 해마다 완성도가 높아지며 좋은 평가를 받고 있다. 알리스는 주로 셀러를 맡고, 밭은 주로 올리비에가 담당한다.

AC 샤블리 코토 드 로제트 2011
AC Chablis Côteau de Rosette 2011
1억 3천만~9만 년 전의 고대 토양에서 비롯된 샤블리 특유의 미네랄 톤이 매력적이다.

AC 부르고뉴 시트리 2015
AC Bourgogne Chitry 2015
시트리는 샤블리와 이웃한 아펠라시옹이다. 2015년은 특히 축복받은 해로, 부드러운 과일맛이 특징이다.

DATA ● Alice et Olivier de Moor

샤블리(Chablis) 남쪽 7㎞에 있는 쿠르지(Courgis) 마을에서 샤블리 AOC를 비롯하여 샤르도네, 알리고테, 소비뇽 블랑으로 싱싱한 와인을 만드는 알리스와 올리비에.

쿠르지 출신 올리비에와 쥐라 출신 알리스는 디종의 양조학교 출신인 에놀로지스트(Oenologist, 와인 전문가)이다. 대형 도멘에 근무하던 두 사람이 자연농법으로 키운 포도로 와인을 만들게 된 이유는 "맛있는 와인을 만들려면 건강하고 온전한 포도가 필요하다고 생각했고, 포도나무를 심는 것부터 병입까지 전부 직접 하고 싶었습니다"라고 입을 모았다.

와인양조를 시작하자 곧 교과서 지식이 실전에 반드시 적합한 것은 아니라는 사실을 깨달았다. 예를 들어 〈로제트〉의 밭은 남동향의 40° 급경사면에 있어서 오후에는 금세 그늘이 된다. 학교에서는 「일조량이야말로 생명」이라고 배웠지만, 오히려 아침과 밤의 일교차가 포도의 아로마를 유지시켰고, 이 포도로 만든 와인은 이들의 톱 퀴베가 되었다.

서늘하고 강수량이 많으며 오랜 관습이 남아 있는 샤블리에는 자연농법을 채택한 생산자가 적지만, 이들은 2000년에 루아르의 클로드 쿠르투아*와 교류하면서 나아갈 방향을 확실히 정했다고 한다.

"생산자가 1년 동안 해온 작업이 전달되는 와인을 만들고 싶습니다. 내가 무슨 생각을 했는지 표현되는 와인이었으면 좋겠어요"라는 알리스. "고전악기를 사용한다고 해서 음의 기원에 가까워지는 것은 아니잖아요. 그래서 우리는 그때그때 상황에 맞게 포도와 마주하는 방법을 선택합니다"라는 올리비에. 네고시앙 브랜드 「르 방당죄르 마스크(Le Vendangeur Masque)」에서는 지인들의 포도를 사들여 양조하고 있다.

현대적인 기술에 의존하지 않는 와인양조에는 생산자의 성품이 반영된다

도멘 도미니크 드랭
Domaine Dominique Derain

독특한 성품으로 인기가 많은 도미니크. 그를 흠모하는 이들이 도멘을 많이 찾는다고 한다. "좋은 와인은 어릴 때부터 맛있습니다. 나이가 들면 더 맛있지요"라는 말대로, 그의 와인은 어릴 때부터 충분히 즐길 수 있다.

코트 드 본의 최남단, 생 토뱅 마을의 바이오다이나미스트 도미니크 드랭. 자연재배를 선택한 이유는 "코트 샬로네즈(Côte Chalonnaise)에 작은 밭을 갖고 있던 할아버지가 하던 방법이어서"라고 명쾌하게 이야기한다.

와인양조가 가업으로 이을 정도의 규모는 아니어서 농업전문학교를 졸업한 뒤 나무통 공방에 취직했다. 그 뒤 각지의 도멘에서 경험을 쌓고 명문 샤토 드 퓔리니 몽라셰(Château de Puligny-Montrachet)에서 양조책임자로 근무했는데, 줄곧 자신의 도멘을 갖는 것이 꿈이었다.

기회는 1989년에 찾아왔다. 생 토뱅 마을의 교회 뒤에 있는 셀러와 12ha의 밭이 적당한 가격의 매물로 나와 당시 부인이던 카트린느(지금은 비즈니스 파트너)와 함께 조금씩 밭을 사들였고, 현재는 메르퀴레(Mercurey), 포마르(Pommard) 등 13개 아펠라시옹에 구획을 소유하고 있다.

그중에서도 화이트와인 〈생 토뱅 프르미에 크뤼 앙 레미(Saint-Aubin 1er Cru En Remilly)〉는 몽라셰로 이어지는 바위투성이 급경사면에 있는 최고의 밭에서 생산된다. 다른 지역에 비해 서늘하고 일조량이 풍부해, 포도가 천천히 숙성되면서 산미와 아로마를 유지하고 장기숙성이 가능한 잠재력이 생긴다.

과학적인 연구 결과에 따라 양조할 때도 야생효모만 사용하고, 청징 및 여과를 하지 않으며, SO_2도 병입할 때까지 첨가하지 않는다.

"현대적인 기술에 기대지 않는 와인양조에는 포도의 품질과 함께 생산자의 성품이 반영됩니다"라고 이야기하는 도미니크. 2017년부터 애제자인 도멘 섹스탕(Sextant)의 줄리앙 알타베르(Julien Altaber)가 파트너로 함께하고 있다.

AC 생 토뱅 르 방 2010
AC Saint Aubin Le Ban 2010
와인 이름은 수확 시작을 의미한다. 옛날에는 이 구획이 포도의 익은 정도를 측정하는 기준이었다. 도멘의 대표 와인.

AC 생 토뱅 프르미에 크뤼 앙 베스보 2010
AC Saint Aubin En Vesvau 2010
완숙과일의 아로마와 훌륭한 산미, 파워풀한 골격의 퀴베. 미국과 북유럽에서도 인기가 많다.

DATA ● Domaine Dominique Derain
http://www.domainederain.fr

부르고뉴 마이너 지역의
록 스피릿이 넘치는 도멘

레크뤼 데 상스 / 얀 뒤리외
Recrue des Sens / Yann Durieux

내추럴 와인 시음회 「디브 부테유」 행사장에서 가장 북적이는 얀 뒤리외의 부스. 어두운 클럽의 DJ 부스에 어울릴 듯한 레게 헤어에 멈칫했지만, 필립 장봉*이 맛있게 마시는 모습을 보고 무리에 합류했다. 록 스피릿이 느껴지는 빨강과 검정 라벨의 〈러브 앤 피프(프랑스 속어로 와인)〉는 반짝이는 청량감과 깊고 긴 여운이 이어지는 압도적인 존재감의 알리고테이다.

얀은 2010년 오트 코트 드 뉘(Hautes Côte de Nuits)의 빌레 라 페이(Villers-la-Faye) 마을에서 샤르도네와 피노 누아를 포함한 3ha의 밭을 일궜다. 사실 당시에 프리외레 로크*의 재배 담당으로 근무하면서, 양립할 수 없는 두 가지 일을 동시에 해낸 것이다. 수확은 불과 25㎗/ha. 페놀 성분의 숙성을 위해 수확을 최대한 늦추는데, 동시에 산미가 떨어지지 않도록 생육 초기단계부터 균형을 맞추기 위해 고심한다. 양조할 때는 사람의 개입을 최소한으로 줄이고 SO_2도 첨가하지 않는다. 마이너로 취급되는 땅에서 테루아의 가능성에 도전하고 싶다는 그의 모습에서 기개가 느껴진다.

부르고뉴 와인의 원류인,
시트파 수도사의 유기농 재배

도멘 프리외레 로크
Domaine Prieuré Roch

1992년부터 도멘 드 라 로마네 콩티(DRC)의 공동경영자이기도 했던 앙리 프레데릭 로크(Henri Frederic Roch)가 1988년에 직접 설립한 도멘. 현재는 양조책임자이며 공동경영자인 야니크 샹(Yannick Champ)이 도멘을 책임지고 있다.

라벨에는 이집트의 상형문자가 그려져 있는데, 왼쪽(녹색)이 포도나무, 아래에 있는 3개의 붉은 동그라미가 포도 열매, 오른쪽에 나란히 있는 2개의 타원은 신과 사람을 나타낸다. 와인은 자연(신)과 사람이 빚어낸다는 것을 표현한 것이다.

뉘 생 조르주, 본 로마네를 중심으로 소유한 13ha의 밭 중 2/3 이상이 그랑 크뤼와 프르미에 크뤼이다. 뉘 생 조르주 클로 데 코르베(프르미에 크뤼)와 본 로마네 클로 고이요트(Vosne Romanée Clos Goillotte)는 모노폴(단독 소유).

현재 양조책임자는 야니크 샹으로 전임 필립 파칼레*의 방법에 따라, 양조할 때 SO_2는 사용하지 않고(병입 전에 극소량 첨가), 청징과 여과도 하지 않는 순수한 풍미로 완성한다.

블랙 피노 VdF
Black Pinot VdF
피노 누아 100%. 매혹적이고 복잡한 맛과 친숙함이 뒤섞이는 독자적인 세계관.

러브 & 피프 VdF(14)
Love & Pif
편안하게 느껴지는 이름이지만, 수령 40~45년의 알리고테가 선사하는 복잡한 맛과 품위 있는 산미, 품질이 장난이 아니다.

AC 뉘 생 조르주 프르미에 크뤼 클로 데 코르베 2015
Nuits-Saint-Georges 1er Cru Clos des Corvées 2015
단독 소유한 클로 데 코르베 밭에서 열매가 작고 당도와 아로마가 응축된 포도로 만든다.

라두아 르 클루 루주 2015
Ladoix Le Clou Rouge 2015
코트 드 본 라두아 마을의 밭에서 수확한 피노 누아로 만든 와인. 피네스(Finesse, 정교함과 우아함)가 풍부한, 부드러운 풍미가 특징이다.

DATA ● Recrue des Sens

DATA ● Domaine Prieuré Roch
http://domaine-prieure-roch.com/

눈길을 끄는 독특한 라벨과 순수한 맛
그 차이가 놀라운 마이크로 네고시앙

비니 비티 빈치 / 니콜라 보티에
Vini Viti Vinci / Nicolas Vauthier

반나체(나체도 있음)의 보통내기가 아닌 듯한 인물들이 그려진 라벨이 시선을 끈다!

독특한 예술적 센스를 가진 니콜라 보티에가 만드는 와인은 100% 알리고테의 〈올라지테(O l'Agite)〉, 가메 드 쇼드네(Gamay de Chaudenay, 가메의 친척), 가메, 세자르(César), 피노 누아의 4가지 품종을 블렌딩한 〈레 카트르 자미(Les 4 Z'amis)〉 등, 모두 포도를 그대로 담은 듯 순수한 맛이다.

니콜라는 샹파뉴 지방 트루아(Troyes)의 인기 와인바 「오 크리외르 드 뱅(Aux Crieurs de Vin)」에서 15년 동안 와인관리자로 일한 뒤, 2009년 친구인 필립 파칼레*의 조언을 받아 염원하던 와인양조를 위해 샤블리에서 남쪽으로 40㎞ 떨어진 아발롱(Avallon)에 자연재배 포도로 와인을 만드는 소규모 마이크로 네고시앙을 설립했다. 네고시앙이지만 포도재배와 수확에도 참여하고, 양조할 때는 되도록 인위적으로 손을 대지 않으며, 첨가하는 SO_2도 극소량이다. 와이너리 이름은 카이사르가 동료에게 전투의 승리를 알린 「Veni Vidi Vici(왔노라, 보았노라, 이겼노라)」에 빗대어 지은 것이다.

니콜라 보티에

AC 이랑시 2013
AC Irancy 2013
부르고뉴 북부다운 중후한 운치에 부엽토, 블랙베리류, 가금류의 향이 더해졌다. 한 모금 마실 때마다 달라지는 표정도 흥미롭다.

AC 부르고뉴 쿨랑주 라 비뇌즈 루주 2013
AC Bourgogne Coulanges la Vineuse Rouge 2013
피노 누아다운 품위 있는 과일맛과 섬세한 산미, 우아한 타닌이 매력적이고, 감칠맛이 느껴진다.

안 뒤리외(p.59)

DATA ● Vini Viti Vinci, http://vinivitivinci.com/

「내추럴 와인의 매력을 이야기하다」

내추럴 와인을 널리 알리기 위해 노력하는
페스티뱅의 음식점, 주류판매점 팀의 이야기

무나카타 야스오

Méli-Mélo(도쿄 이다바시) 오너 셰프

프랑스 체류 중이던 1990년 무렵, 요리를 배우던 레스토랑의 셰프가 내추럴 와인을 즐겨 마셨습니다. 당시에는 아무것도 몰랐는데, 처음에는 일반 와인과 마르셀 라피에르*의 와인을 비교하며 마셔보라 해서 "진한 쪽이 임팩트가 있습니다"라고 말했다가 혼난 적도 있습니다(웃음). 아직 생산자도 적었고 정보도 적었지만, 그 무렵에 내추럴 와인을 만난 것은 행운이었다고 생각합니다. 점점 내추럴 와인만 마시게 되면서 평일에는 레스토랑, 주말에는 여러 산지를 돌아다녔습니다. 95년에 귀국해서 2003년에 메리메로를 오

픈했는데, 망설임 없이 100% 내추럴 와인만 취급하기로 결정했습니다.

내추럴 와인의 매력은 마셔도 힘들지 않다는 것. 잡미가 없어서 몸에 흡수되고 남는 것이 없습니다. 요리도 마찬가지입니다. 좋은 재료의 맛을 살려서 요리한 것과 화학조미료에 기댄 맛을 먹었을 때 몸이 좋아하는 정도가 다릅니다.

최근 지방에서도 프티 페스티뱅 같은 모임이 많이 열리는데, 매우 바람직하다고 생각합니다. 각자의 지역에서 점점 더 많은 사람들과 함께할 수 있기를 바랍니다.

오카야 후미오

Rossi(도쿄 고지마치) 오너 셰프

나는 「내추럴 와인」이라는 카테고리 안에서 와인을 고르지는 않습니다. 맛있으면 됩니다. 원래 산미가 있는 와인을 좋아하는데, 이탈리아에서 안지올리노 마울레*의 와인을 접하고 "지금까지 마셨던 와인과 확실히 다르다"라고 생각한 것이 처음이었습니다. 내가 마셔서 맛있는 와인을 찾다보니 모두 내추럴 와인, 정성을 들이는 생산자의 와인들이었습니다.

기술이 발전했기 때문인지 양조방법이 안정되었기 때문인지 비슷한 맛의 내추럴 와인이 늘고 있는 점은 조금 걱정되지만, 얼마 전까지는 특수한 와인으로 취급되던 내추럴 와

인이 최근에는 마실 수 있는 가게가 많아졌습니다. 페스티뱅에서도 우리가 좋아하는 와인을 많은 사람이 맛있다고 말해줘서 기쁩니다.

내추럴 와인에는 보존을 위해 공기를 빼는 와인세이버(winesaver) 같은 것이 필요 없어요. 계속 달라지는 맛의 변화를 느끼면서 마셨으면 합니다. 포도의 잠재력이 높은 와인은 오픈하고 시간이 지나면 「변신」하는데, 이 타이밍을 발견하는 것도 내추럴 와인을 마시는 즐거움의 하나라고 생각합니다.

루아르에 정착한 켈트인 후예가 만드는
생명의 집합체 같은 와인

레 카유 뒤 파라디 / 클로드 쿠르투아
Les Cailloux du Paradis / Claude Courtois

"양조가이기보다는 계속 농부이고 싶어요"라고 말하는 클로드. 그의 와인은 열광적인 팬도 많고 높은 평가를 받지만, AOC에 속할 생각은 없어서 「뱅 드 프랑스」 등급으로 자신의 길을 가는 생산자이다. "프랑스의 행정 구분상 루아르 에셰르(Loir-et-Cher) 데파르트망이 41번째여서, 같은 수의 품종을 재배하는 것이 꿈입니다"라고 말한다.

프랑스어로 「뿌리」라는 뜻이 있는 〈라신〉이라는 레드와인을 알게 된 것은 10년도 더 된 일이다.

"여는 순간 산화한 듯한 냄새가 나서 셀러에 도로 갖다두었더니, 사흘째에 어마어마하게 맛있어졌어요. 신기한 일이에요." 일본 내추럴 와인의 선구자로 불리는 사람의 이 말이 나에게는 충격이었다. 이름처럼 라벨에 강인한 포도나무 뿌리가 그려진 그 와인을 발견하고 마셔봤더니, 산화취도 없지만 아무 개성도 없이 평범해서 솔직히 실망하는 마음으로 냉장고에 넣고 내버려 두었다.

거의 잊혀질 무렵 시험 삼아 마셔보자 놀랍게도 와인이 부활해 있었다. 코(Cot, 프랑스 남서지방에서 말벡을 부르는 이름), 피노 누아, 가메, 카베르네 프랑 등의 품종을 해마다 다른 비율로 블렌딩해서 만드는 이 와인은 과일바구니 같은 신선한 향기, 철과 같은 흙의 뉘앙스, 해초 무침 같은 부드러운 산미, 매끄러운 목넘김, 무거운 울림 같은 것이 있었다.

유기농 재배나 바이오다이나믹으로 재배한 포도로 만든 와인을 마신 적은 있었지만 이 와인은 뭔가 달랐다. 앞에서 이야기한 선구자에게 물으니 "재배뿐 아니라 오히려 양조가 중요합니다. 양조과정에서 인위적, 화학적 개입을 줄이기 위해 포도를 강하게 키우는 것이 내추럴 와인이예요"라고 말했다. 와인이 살아있다. 그래서 병마다 개성이 다르고, 오픈한 뒤에도 계속 달라진다. 그 뒤로 몇 번이나 겪었던, 와인이 이야기하고자 하는 「무엇」과 마주한 순간이기도 했다.

생산자는 클로드 쿠르투아, 와이너리 상호는 레 카유 뒤 파라디[파라다이스의 카유(석회질과 수정이 섞인 토양)]라고 한다. 사진을 보면 덥수룩한 머리와 수염 때문에 피부는 별로 보이지 않지만 눈빛만은 날카롭다. 키는 190㎝나 된다고 한다. 와인등급을 판단하는 INAO(국립원산지명칭연구소)와도 계속 싸우고 있다니, 무서울 것 같지만 만나보고 싶었다.

소설가 미시마 유키오가 그래픽 디자이너인 요코오 다다노리에게 인도에는 초대된 사람만 갈 수 있다고 했다는데, 내가 클로드의 초대를 받은 것은 그로부터 오랜 시간이 지난 2013년 2월이었다.

클로드의 도멘은 프랑스의 루아르강 좌안의 솔로뉴(Sologne) 숲 안에 있다. 가장 가까운 마을은 블루아(Blois)이지만, 길도 없는 길 끝에 있는 「middle of nowhere(외딴곳)」이다.

1991년 20ha의 광대한 토지를 부르고뉴 이랑시 출신의 외지 사람이 손에 넣을 수 있었던 이유는, 원하는 사람이 아무도 없었기 때문일 것이다. 7년 동안 방치되어 있던 이 밭은 그 전 20년 동안은 화학비료투성이였다고 한다. 그곳에 파라다이스의 카유라는 이름을 붙이고, 원래 부싯돌(silex)과 석영(quartz), 점토가 섞여 있던 토양을 클로드가 정성껏 손질해서 화학적인 요소를 제거해 나갔다. 퇴비와 바이오다이나믹 조제도 사용하지만, 이는 어디까지나 옛날부터 전해온 농부의 지혜일 뿐이다. 데메테르 인증을 받을 생각도 없다. 환경과 완전히 조화를 이루면, 작황이 좋지 않은 해에도 정직한 와인을 만들 수 있다고 한다.

클로드의 실제 풍모는 사진과 그리 다르지 않았지만, 농한기여서 쉬고 있었기 때문인지 온화한 할아버지 같았다. 예상과 달랐던 점은 밀을 재배하고 소와 양, 거위 등의 가축을 길러 자급자족한다고 들었는데, 농원은 고요하고 사람 이외의 동물은 찾아볼 수 없었다. 놀랍게도 3년 전에 새로운 셀러가 급하게 필요해서 가축우리를 부숴야 했기 때문에, 먹을 수 있는 것은 잡아먹었다고 한다. 레 카유 뒤 파라디는 클로드가 2ha, 23세인 3남 에티엔이 4ha의 밭을 관리하는데, 이를 2개의 다른 도멘으로 보는 바람에 법적으로 셀러를 공유할 수 없게 되었다고 한다. 그래서 클로드가 다른 셀러를 만들게 된 것이다.

생산자를 제어하고 규격에 맞는 와인을 대량으로 생산하여 재원으로 삼으려는 INAO와, 토지의 개성을 살린 와인을 만들고자 하는 클로드를 비롯한 내추럴 와인 생산자 사이에는 깊은 골이 있다. 그리고 클로드의 와인양조 역사는 그야말로 INAO와의 투쟁이라 해도 될 듯하다.

라신 VdF 2015
Racines VdF 2015

클로드가 관리하는 2ha의 밭에서 만들어진다. 가메, 카베르네 프랑, 피노 누아 등 다양한 품종을 해마다 다른 비율로 블렌딩하기 때문에 미묘하게 맛이 달라진다. 과일맛 속에 한약 같은 뉘앙스도 느껴진다.

쿼츠 VdF 2013
Quartz VdF 2013

석영이 섞인 부싯돌 토양에서 자란 소비
뇽 블랑으로 만든다. 레몬의 과일맛과
은은한 쌉쌀함이 기억에 남는다.

플림 당주 VdF 2013
Plume d'Ange VdF 2013

2개의 소비뇽 블랑 중 이 퀴베는 유연하
면서 중후한 인상. 음식과 잘 어울린다.

AOC로 보면 투렌(Touraine)이라는 이름을 사용할 수 있지만, INAO의 규정을 따르면 자유로운 와인을 만들 수 없기 때문에 일부러 뱅 드 프랑스 등급을 고집하고 있다. 현재 약 20품종을 재배하는데, AOC 투렌으로 인정된 것은 소비뇽 블랑과 가메뿐. 특히 〈쿼츠〉라는 퀴베에 사용되는 소비뇽 블랑은 비뉴 프랑세즈(Vignes Françaises)라는, 접붙이지 않고 100% 자신의 뿌리로 자란 포도이다.

해충 필록셀라는 19세기 말 프랑스의 포도나무를 궤멸시켰다. 해결책으로 미국산 바탕나무에 접붙이는 방법이 발견되어 프랑스의 포도밭은 부활했지만, 아주 드물게 필록셀라에 내성이 있는 토양이 있다. 이런 토양은 모래땅인 경우가 많은데, 클로드의 밭 중 일부는 부싯돌 속에 모래가 섞여 있어서, 접붙이지 않고 자신의 뿌리를 가진 포도나무를 재배할 수 있는 기적의 장소이다. 같은 품종으로 만든 〈플림 당주〉의 심상치 않은 강렬함과 부드러움도 포도의 태생에서 비롯된다. 그밖에 흥미로운 품종으로 고향 부르고뉴의 전통품종인 가스콩(Gascón)과 100년 전에는 루아르에서도 많이 재배되었다는 시라 등이 있는데, 두 가지 모두 클로드의 와인에 없어서는 안 될 품종들이다.

클로드의 와인은 왜 오픈한 뒤에 기막히게 다양한 변화를 보여주는지 묻자, "한마디로 설명할 수는 없지만, 양조학교에서 배운 지식으로 만든 와인에서는 확실히 불가능한 일입니다. 어쨌든 포도가 생명입니다. 그리고 내 혀가 실험실이지요. 자연적인 침전은 3년, 때로는 6년이 걸릴 때도 있는데, 그건 내가 정할 수 있는 것이 아닙니다"라고 답한다. SO_2를 거의 사용하지 않는 이유는 알레르기 때문이라고 하는데, 단 먼 곳으로 수출하는 경우에는 병입할 때 그 양에 따라 $10 \sim 20mg/\ell$ 정도 사용한다고 한다. 일본에 수출하는 와인의 경우 넣지 않거나 매우 적은 양만 사용한다.

부엌에 선 클로드. 대가족 속에서 자라 모두 함께 식사하는 것을 좋아한다. "새로운 셀러를 만들기 전에는 식재료도 거의 자급자족했어요"라고 한다.

"힘든 시기도 있었지만 지금은 아들들이 열심히 해주고 있어서 안심할 수 있어요."

도멘의 입구. 안쪽이 아들 에티엔의 셀러이고, 앞쪽은 식당으로 쓰고 있다.

"여기까지 오는 길은 결코 평탄하지 않았습니다." 그의 집안은 1700년까지 거슬러 올라가는 농가로, 와인양조를 시작한 사람은 아버지였다. 하지만 아버지가 갑작스레 세상을 떠나자, 형은 클로드를 쫓아냈다. 형은 충분히 거구인 클로드보다도 더 큰 몸집으로 키가 2m, 몸무게는 130kg이나 나가서 정말 무서웠다고 한다. 23세의 젊은 나이에 아내와 아이 둘을 부양해야 했던 클로드는 프로방스에서 새로운 세상을 찾았다. 화학비료가 유행하던 시기여서 처음에는 주위에서 내추럴 와인 양조를 이상한 눈으로 보았지만 서서히 높은 평가를 받기 시작했다. 하지만 큰 산불이 나서 다시 무일푼이 된 클로드는 땅값이 싼 루아르로 이주했다. 그리고 그야말로 맨바닥에서 밭을 개간하는 일부터 시작해 자신의 힘으로 셀러와 거처를 만들고, INAO와 공방을 반복하며 살아온 지 30년. 지금도 새로운 셀러는 미완성이다. 힘든 인생이었지만 고난을 즐기는 듯이 보이기도 한다.

"무엇이든 조금씩 알아가는 것을 좋아합니다. 여성도 그렇지요. 처음부터 모든 것

나카라 VdF 2011
Nacarat VdF 2011
가메를 메인으로 만든 와인으로 매력적인 향이 느껴지며, 여러 레드와인 퀴베 중에서도 투명감이 있고 신선한 과즙이 가득하다.

리코네 VdF 2012
L'Icaunais VdF 2012
클로드의 고향 부르고뉴에서 예전에 많이 재배하던 가스콩을 2002년에 심었다. 과즙이 가득한 깊은 풍미.

을 알 필요는 없어요. 게다가 화재로 힘들기는 했지만 잘 이겨낸 덕분에 이렇게 당신도 이곳까지 나를 찾아 왔잖아요."

그리고 "대가족 속에서 자라 모두 함께 식사하는 것을 좋아합니다. 이곳은 1년의 절반이 최저기온 0~5℃로 추운 곳이라 제대로 먹어둬야 해요"라며 가족식사에 초대해 주었다. 클로드의 도멘에서 몇 km 앞쪽에 「르 클로 드 라 브뤼예르(Le Clos de la Bruyère)」를 세우고 독립한 장남 줄리앙도 함께했다. 물물교환으로 얻었다는 야생 꿩 스튜와 감자가 한가득. 개인적인 이야기지만, 내가 좋아하는 아일랜드의 시골식사와 똑같다. 이 말을 전하자 놀랍게도 클로드가 믿을 수 없는 발언을 했다.

"나는 켈트 혈통을 매우 소중히 여깁니다."

그러고 보니 켈트인은 마지막으로 아일랜드에 다다랐는데 유럽대륙의 서쪽 끝, 그중에서도 프랑스에 커다란 발자취를 남겼다. 제임스 E 윌슨이 쓴 『테루아』에 의하면 프랑스 역사가 앙리 베르(Henri Berr)는 프랑스인의 피와 뼈는 주로 켈트인에게 물려받았다고 한다. 땅을 일구고 가축을 기르는 것을 무엇보다 사랑한 클로드가 켈트인의 후예라 해도 이상하지 않다.

"내가 먹을 것을 직접 만드는 것은 지극히 당연한 일입니다. 그리고 남는 시간에 잘 할 수 있는 일을 하는 것, 내 경우에는 와인 양조였지만, 그것으로 다른 사람을 기쁘게하는 것이 즐겁습니다. 인생은 그것만으로 충분합니다."

위대한 와인생산자는 모든 것을 포용하는 듯한 웃는 얼굴로 계속 좀 더 먹으라고 권했고, 점심식사는 3시간이나 걸렸다.

새로운 셀러는 2층 건물로, 위층에는 지인들이 묵곤 한다.

클로드는 2014년에 일본을 방문해서 페스티뱅에도 참석했다. 루아르에서 클로드의 인상은 「조용함」이었지만 일본에서는 「활발함」 그 자체여서, 와인애호가들과 적극적으로 교류했다. 클로드가 크게 웃고 눈물을 흘리고 진지하게 화내는 모습을 몇 번이나 봤지만, 어째서인지 양조에 대해서는 별로 이야기하려 하지 않았다. 집요하게 물어보는 나에게 "포도의 상태가 가장 중요하니 무슨 일이 일어날지 알 수 없습니다. 시간을 들여 당신이 직접 답을 찾아야 해요. 나 자신도 아무것도 모릅니다. 아무것도 모르는 채 죽겠지요"라고 대답했다.

에비당스 VdF 2007
Evidence VdF 2007

2개의 므뉘 피노(Menu Pineau) 퀴베 중 이쪽은 작황이 좋은 해에만 양조한다. 늦게 수확하고 양조기간도 길어서 응축감이 있다(500㎖).

오르 노름 VdF 2010
Or Norm VdF 2010

눈물모양의 라벨도 인기여서 출하와 동시에 완판된다. 루아르에서만 느낄 수 있는 므뉘 피노의 신선한 매력이 가득하다.

DATA ● Les Cailloux du Paradis
https://www.lescaillouxduparadis.fr

자신의 감성을 믿고 만드는
가식 없는 자유로운 맛

시릴 르 무앙
Cyril le Moing

프랑스와 일본을 넘나드는 시릴은 요리를 잘해서 도쿄에서는 그가 요리하는 「양조가 다이닝」과 같은 모임도 정기적으로 개최한다. 음악과 영화도 매우 좋아해서, 자유로운 감성으로 독자적인 와인을 만들어낸다.

시릴 르 무앙은 자유인이다.

　그 첫 번째 이유. 1년의 2/3는 프랑스에, 그 외에는 일본에 체류한다. 일본에서 아내 나오미를 만나 결혼한 것이 그 이유지만, 일본의 문화와 계절마다 바뀌는 자연의 색채가 마음에 들어서이기도 하다.

　두 번째 이유. 가장 규모가 큰 내추럴 와인 살롱인 「디브 부테유」나, 같은 시기에 파생적으로 열리는 젊은 생산자들의 살롱에도 나갈 생각이 전혀 없다. 대신 와인바나 레스토랑에서 누구보다 열심히, 그리고 즐겁게 와인을 마시는 모습을 자주 볼 수 있다.

　이 사람에게 있어서 일과 취미의 경계는 매우 모호하지 않을까. 하지만 애초에 일이란 것이 생활을 위해 힘들게 노동하는 것이 아니라, 자신의 재능을 살려 남에게 도움을 주고 얼마간의 보수를 받는 것이라면, 시릴은 그야말로 올바른 인생을 살아가고 있는 것이다.

　"좋은 와인을 만들고 싶다. 환경을 지키는 것은 인간의 사명이다. 내가 만든 와인뿐 아니라 진정한 와인의 매력을 사람들에게 전하고 싶다." 그가 생각하는 것은 이것뿐이다.

　쓸데없는 참견이지만 일본에 체류 중일 때는 밭일을 어떻게 하는지 물었다.

　"4월부터 7월은 하루도 쉬지 않고 해가 뜰 때부터 저물 때까지 계속 일합니다. 8월은 딱히 할 일이 없으니까 일본에 와요. 9월이 되면 수확을 준비하지요. 준비가 끝나면 2주일에 1번 하는 우야주(Ouillage, 나무통 숙성을 할 때 증발한 와인이 줄어드는 만큼 내부의 산소량이 증가하여 산화할 우려가 있으므로 와인을 보충하는 것. 우야주도 2014년 무렵부터 그만두었다)만 친구에게 부탁하고 다시 일본에 옵니다"라며 천진난만하게 웃는다. 그가 소비뇽 블랑으로 만드는 〈시스트(Schistes)〉의 계곡 바위에서 솟

시릴이 사는 집과 셀러는 이 성의 한 모퉁이에 있다.

아나는 샘물 같은 청량함, 가메로 만드는 〈르 퐁주〉의 매력적인 과일맛과 고운 타닌이 촉촉하게 스며드는 가식 없는 맛은 양조장을 지키고 있지 않아도 가능한 일일까?

시릴은 루아르 중부도시 앙제(Angers)에서 남쪽으로 30분 정도 차를 타고 가야 하는 마르티네 브리앙(Martigné Briand) 마을의 영주가 소유한, 13세기에 지어진 샤토 드 플린(Château de Fline)이라는 성에서, 문지기를 위한 오두막 같은 공간을 거처로 사용하고 있다. 혹한의 2월, 시릴을 찾아갔더니 예상대로 셀러의 나무통 위에는 곧 일본에 가 있을 동안 이루어질 우야주에 대한 지시가 적힌 종잇조각과 답례와인 1병이 놓여 있었다. 본채의 부엌에서는 장작을 지핀 난로가 타닥타닥 소리를 내며 서서히 공기를 데웠고, 화로에는 포테(potée, 고기와 채소 찜)가 보글보글 끓고 있는 큰 냄비, 빈티지 테이블에는 먹다 만 커다란 수제 시골빵이 놓여 있었다. 친구들을 불러서 와인을 마실 때 쓰려고 아무렇게나 세워둔 리델 글라스만이 유일하게 모던한 제품인 그 방은, 성실한 생활의 따스함으로 가득했다.

좋은 와인을 만들기 위해 그는 매우 구식의 라이프 스타일을 선택했다. 차가 없어서 셀러와 밭으로 이동할 때는 자전거(멀리 나갈 때는 버스)를 탄다. 유기농으로 재배하는 2.5ha의 밭은 거의 평지다. 잡초를 깎지 않아서 자연의 생태계가 유지되는 그곳은 벌레와 새의 안식처이다. 휘파람을 불어 들새와 대화하는 것이 그의 즐거움이다. 흙을 단단하게 만들고 배기가스를 배출해 포도의 호흡을 방해하는 트랙터는 사용하지 않고, 작은 경운기로 경작한다. 그가 재배하는 슈냉 블랑, 소비뇽 블랑, 그롤로 누아(Grolleau Noir), 가메, 카베르네 프랑, 카베르네 소비뇽의 수령은 20년부터 100년된 올드 바인까지 다양하다. 그리고 2007년에 심은 샤르도네는 접붙이지 않은 비뉴 프랑세즈(Vignes Françaises)이다. 특별한 토양이 아니면 재배하기 어렵다고 하는

르 퐁주 VdF 2017
Le Ponge VdF 2017

평균 수령 50년의 가메로 만든 와인은 시릴의 말대로 고운 타닌이 느껴진다. 산뜻한 과일맛의 풍미와 뚜렷한 구조감이 있어서 장기숙성도 가능하다.

프랑스와 일본을 바쁘게 넘나들면서도, 4~7월에는 하루도 쉬지 않고 밭일에 전념한다.

라 비자레리 VdF 2016
La Bizarrerie VdF 2016
슈냉 블랑 60%, 샤르도네 30%, 그롤로 누아 10%. 로제와인 같은 색감의 오렌지와인. 샤르도네에서 비롯된 홍차의 아로마가 퍼진다.

파차마마 VdF 2016
Pachamama VdF 2016
밭에 심은 레드 품종을 블렌딩한 것으로, 여동생 실비아와 함께 만드는 퀴베. 맛국물 같은 포도 농축액과 화려한 여운이 특징이다.

데, 모래땅에 석회가 섞인 이곳의 토양과 잘 맞는지 병해에도 강하고, 완숙시키면 껍질과 함께 침용해서 만드는 오렌지와인에도 적합하다는 것을 알고 그 가능성을 확인하고 있다고 한다. 마구간이던 셀러에는 작은 바스켓 프레스와 발효용 나무통 2개뿐, 현대적인 시설은 하나도 없다. "열매뿐 아니라 씨가 진한 갈색으로 익을 때까지 기다리는 것이 중요합니다."

"나의 와인양조는 정말 단순합니다"라고 시릴은 말한다. 수확은 아버지와, 오랜 친구인 8명의 정예팀이 한다. 수확량은 약 25㎘/ha로 매우 적은데, 포도는 줄기까지 익은 다음에 따기 때문에 줄기를 제거하지 않는다. 포도 자체에 폴리페놀이 풍부해서 색소 추출을 위한 피자주(와인을 양조할 때 위로 뜨는 포도껍질과 씨 등을 눌러서 밑으로 가라앉히는 작업)는 2일에 1번씩 약 10일 동안 한다. 발효 중인 가메를 시음했더니 확실히 과일맛이 풍부하고 입에 닿는 느낌이 가벼우면서도, 고운 타닌이 확실하게 느껴진다. 발효는 자연에 맡기기 때문에, 때로는 여름과 겨울을 넘겨 2년 가까이 걸릴 때도 있다. 아무리 기다려도 발효가 시작되지 않으면, 냉동보관한 전년도 와인을 「비책」으로 사용할 때도 있다고 한다.

"내가 와인을 만들게 될 것이라고는 사실 생각도 못했습니다"라는 시릴은 10년 전만 해도 전혀 다른 세계에 살고 있었다.

루아르 동쪽 끝에 있는 뱅돔(Vendôme) 마을 출신으로, 20대 초에는 아버지가 파리에서 운영하는 카페트 가게에서 일했다. 와인을 좋아해서 처음 감동한 와인은 클로드 쿠르투아*의 〈라신 1997〉.

사실 파리에서 하던 일은 별로 마음에 들지 않았고, 원래 도시를 좋아하지 않았다고 한다. 1998년에 일을 그만두고 포도밭에서 일하고 싶어서 좋아하는 생산자들에게 닥치는 대로 편지를 썼는데, 제일 먼저 승낙의 답신을 준 사람이 마크 앙젤리*였다. 처음에는 깊이 생각하지 않고 시작했는데, 점점 자신이 추구하는 것이 내추럴 와인이라는 사실을 깨닫게 되었다. 일이 한가해지는 겨울에는 모로코, 이집트, 베네수엘라 등 이곳저곳 여행을 다녔다.

재배부터 양조까지 혼자 해보자고 생각한 것은 마크 앙젤리 밑에서 함께 배우던 동료 2명이 밭을 사서 와인양조를 시작한 것에 자극을 받아서였다. 2003년 마침내 1ha의 밭을 손에 넣었다. 셀러 대여를 도와준 사람은 이웃인 올리비에 쿠쟁(Olivier Cousin)이었는데, 1960년까지 실제로 와인을 만들었던 전근대적인 시설은 그야말

셀러는 아담하다. 작은 유리병에 든 것은
실험적으로 만들고 있는 퀴베.

로 시릴이 추구하는 전통 양조법을 실천하기에 최적이었다.

시릴이 도전하고 싶었던 것은 상 수프르(SO_2무첨가) 와인. 그 풍미를 좋아했기 때문이다. SO_2를 넣으면 정도의 차이는 있어도 미생물의 자연스러운 활동을 방해하기 때문에, 와인에서 부드러움과 복잡한 맛, 치밀한 섬세함이 사라진다. 물론 SO_2에 기대지 않는다는 것은 부패나 산화의 위험에 노출된다는 의미로, 까딱 잘못하면 1년의 노력이 물거품(사실은 식초)이 된다.

시릴은 시음한 와인의 SO_2함유량을 조사해서, 자신이 맛있게 마실 수 있는 한계가 30㎎/ℓ라고 판단했다. 양조학적인 한계가 아니라 감각으로 SO_2첨가량을 판단한 것이 자신의 감성을 중시하는 시릴답다. 처음에는 발효가 끝나면 20㎎/ℓ 정도의 SO_2를 넣었고, 화이트와인은 거기에 병입 전 10~15㎎/ℓ 정도를 추가했다. 2006년에는 작정하고 SO_2 없이 레드와인을 만들었더니 훨씬 맛있었다. 이듬해에는 모든 종류의 레드와인, 그리고 일부 화이트와인도 SO_2없이 만들었다. 맛있는 데다 기술적으로도 문제가 없었다. 2008년부터는 자신감을 갖고 상 수프르로 만들었다. 불순물을 제거할 뿐 아니라 과일 추출물까지 감소시키는 청징이나 여과도 하지 않았다.

"흔히들 내추럴 와인과 오가닉 와인을 혼동합니다. 유기농 재배로 포도를 기르기만 하면 오가닉 와인이라고 하는데, 배양효모를 사용하여 발효시키면 공산품과 같습니다. 그리고 내추럴 와인이라 해도 미생물 오염을 우려해 SO_2를 소량이라도 첨가하는 생산자도 많아요. 각자의 생각에 따라 와인을 양조하지만, 나는 SO_2를 넣지 않은 와인이야말로 진정한 내추럴 와인이라고 생각합니다."

진정한 와인을 알리고 싶다는 시릴의 이야기를 듣고, 그가 도쿄에 체류할 때 전체를 상 수프르 와인으로 구성한 「시릴 월드」라고 이름 붙인 와인모임을 연 일이 있다.

행사장을 제공해 준 이다바시 메리메로의 무나카타 야스오 셰프와 함께, 와인

레 겐 드 말리네 VdF 2016
Les Gains de Maligné VdF 2016
100% 슈냉 블랑으로 만든 와인. 색깔도 맛도 그레이프프루트 같은 대표 퀴베. 2016 빈티지는 알코올도 산미도 부드러운 편이다. 신선하고 부드러운 여운이 기분 좋다.

영향을 받은 생산자로 에릭 칼퀴(Eric Callcut)를 꼽았다. 생산량이 적어 환상의 루아르라고 불렸으나, 현재는 와인을 만들지 않는다고 한다.

에 대해서는 타협이 없는 시릴의 지시와 잔소리에 따라 와인을 조달하느라 바빴다. 그 보람이 있어서 페이스북으로만 알렸는데도 70명 이상이 찾아왔고, 시릴은 "도쿄에 진정한 내추럴 와인의 씨앗이 뿌려졌습니다"라며 기뻐했다. 이 모임은 나 자신의 기호를 확인한 체험이기도 했다. 처음 마셔본 도멘 드 몽트리외(Domaine de montrieux)의 〈르 베르 데 포에트 2008(Le Verre des Poetes 2008, 피노 도니스)〉, 장 프랑수아 셰네(Jean François Chéné)의 〈로 두 비뉴 2008(L'02 Vigne 2008)〉, 크리스티앙 뒤크루*의 〈파샹스 2011〉」, 미셸 기니에*의 〈물랭 아 방 퓌 드 셴 2006〉 (이상 모두 가메), 그리고 다시 마셔본 도멘 드 벨 에르(Domaine de Bel Air)의 카베르네 프랑과 카베르네 소비뇽으로 만든 〈오닉스(Onyx) 2008〉은 모두 포도와 성실하게 마주한 솔직하고도 치밀한 풍미로, 시릴의 와인과 공통되는 개성이 있었다.

DATA ● Cyril le Moing
http://www.lemoing.tokyo/

페티앙 연구부터 내추럴 와인의 진수까지,
크리스티앙의 정신을 이어받아 새로운 단계로

도멘 르 브리소 / 나탈리 고비셰르(크리스티앙 쇼사르)
Domaine Le Briseau / Nathalie Gaubicher

2012년 9월 불의의 사고로 세상을 떠난 크리스티앙 쇼사르. 천재 양조가로 칭송받으면서 한때는 와인양조를 멀리하기도 했지만 2002년에 부활. "나의 와인양조철학은 단순할지 모르지만, 자연계의 모든 것을 존중하는 것입니다."

와인 이름은 기억에 없어도 라벨을 본 사람은 많을 것이다. 대표적인 레드와인 〈파타퐁〉의 라벨은 창업자 크리스티앙 쇼사르(Christian Chaussard)의 자화상인 남자가 깔때기를 거꾸로 쓰고 있고(프랑스에서는 이상한 사람이라는 뜻이라고 한다), 깔때기 위로 뻗어 나온 5개의 선에는 $C_{12}H_{22}O_{11}$(자당의 분자식, 당을 보충한다는 뜻), AOC(원산지통제명칭), SO_2, Levures(배양효모), Syndicat des Vins(INAO)이라고 쓰여 있다. 즉 그의 와인에 불필요한 5가지 키워드가 머리에서 밀려나와 있는 것이다. 유머러스해 보이는 이 라벨은 사실 생산자의 와인철학을 그대로 드러낸다.

슈냉 블랑(화이트)을 연구하기 위해 루아르 북단의 자니에르(Jasnieres)에 온 크리스티앙과 부인 나탈리가 우연히 매혹된 레드품종 피노 도니스로 만든 이 와인(2002)은, 그가 보기엔 부당한 이유로 AOC로 인정받지 못하고 뱅 드 타블로 등급이 낮아졌다. 피노 도니스는 색이 옅은 로제와인을 만드는 경우가 많은데, 크리스티앙은 다양한 방법으로 침용을 연구해 색과 맛에 응축감을 살렸다. 그런데 그 높은 완성도 때문에 오히려 등급이 낮아진 것이다. 라벨 그림은 그 분노를 원동력 삼아 시각예술로 완성한 걸작이다. 이 와인 덕에 처음으로 내추럴 와인은 라벨을 보고 고르면 의외로 실패하지 않는다는 것을 알게 되었다. 와인은 패키지까지 생산자의 작품이다. 라벨 센스에 동감할 수 있으면 내용물도 마음에 들 때가 많다.

하지만 파타퐁이 탄생한 지 10년 뒤인 2012년 9월, 이 와인의 창시자는 돌연 세상을 떠났다. 원인은 지병인 암이 아니라 밭일을 하던 중 일어난 트랙터 사고로, 나탈리와 함께 일본을 방문한 지 불과 3개월 뒤의 일이었다.

그해의 수확이 염려되었는데 남편을 잃은 슬픔과 와인양조의 중요한 고비를 함께 겪고 있는 나탈리를 돕고 싶다며 티에리 퓌즐라*, 노엘라 모랑탱*, 미셸 오제* 등 루

일본을 매우 좋아한다는 크리스티앙과 나탈리. 2012년 일본을 찾았을 때의 모습이다. 많은 일본 팬과 교류했다.

아르의 40명이 넘는 생산자들이 자신들의 수확을 뒤로 한 채 달려온 덕분에, 나탈리는 무사히 작업을 끝냈다.

이듬해 2월, 나탈리를 찾아갔더니 얼굴은 야위었고 몸집은 다소 작아졌지만, "크리스티앙의 몸 상태가 나빠지고부터는 내가 중심이 되어 일했으니까 요령은 알고 있었어요. 중요한 결단을 해야 할 때 갈피를 잡지 못하면, 신기하게도 크리스티앙이 머릿속에 떠오르면서 올바른 판단을 하도록 이끌어줍니다. 그는 지금도 커다란 존재이며 나와 르 브리소의 와인을 지켜주고 있습니다"라고 말했다.

크리스티앙의 갑작스러운 죽음은 큰 손실이지만, 그 철학을 이어받아 오너가 된 나탈리는 자신의 개성을 담은 와인을 만들고 있다. 대표 와인 중 하나인 〈레 모르티에〉는 크리스티앙과는 다른 개성을 보여줬다. 같은 피노 도니스 품종을 사용했는데도 〈파타퐁〉이 과일맛이 나고 마시기 편한 타입인 데 비해, 〈레 모르티에〉는 테루아의 개성을 표현하려는 의도여서 풀바디의 근육질 느낌이었다. 하지만 2011은 피네스와 섬세함이 뛰어나다. 나탈리의 제안으로 피자주를 적게 한 결과라고 한다.

그리고 크리스티앙의 공적은 많은 내추럴 와인 생산자들에게도 이어지고 있다.

최대 공적은 페티양 나튀렐(Pétillant Naturel, 약칭 Pet-Nat. 이하 PN)의「발명」이다. 메토드 트라디쇼넬(Methode Traditionnelle, 샹파뉴 방식)과는 달리 메토드 앙세스트랄(Methode Ancestral, 고전 방식)이라 불리는 방법으로, 2차발효에 필요한 자당(설탕과 효모)을 더하지 않고 1차발효 도중에 병입하여 기포를 발생시킨다. 기분 좋은 부드러운 기포가 특징인 이 스파클링와인은 이제 많은 생산자가 만들고 있고, 그 중에서도 레 카프리아드의 파스칼 포테르*는 직계 후계자이다. 자당을 더하지 않고 기포를 만드는 것은 상당히 어려운 작업이어서, PN을 개발하는 과정에서 그의 와인

파타퐁 VdF 2014
Patapon VdF 2014

해마다 사용하는 포도를 바꾸는 파타퐁은, 도멘의 대표 와인이자 작황의 바로미터이다. 2014년에는 레 모르티에에 사용하는 포도와 롱그 비뉴(Longues Vignes)에 사용하는 포도를 2개월 동안 장기 침용해서 만들었다. 인센스와 스파이스, 카테킨의 뉘앙스가 있는 이국적인 풍미.

새로운 재배방법을 모색하는 나탈리는
도멘 줄리앙 마이어 등에 조언을 구한다.

코 테 쾨르 VdF 2015
Côt et Cœur VdF 2015
가메와 코를 절반씩 블렌딩한 와인. 와인
이름은 「마음 곁에」라는 뜻. 크리스티앙
을 생각하는 나탈리의 마음을 담았다.

르 브리소 VdF 2015
Le Briseau VdF 2015
100% 슈냉 블랑으로 만든 와인. 나무
통을 사용하지 않고 유리섬유 탱크에서
12개월 동안 양조한다. 맛이 깊고 광물
적인 미네랄이 골격을 잡아준다.

양조철학도 분명해졌다고 한다. 58세의 젊은 나이에 고인이 되어버렸지만, 지금도 여전히 우리에게 감동을 주는 크리스티앙의 파란만장한 인생을 지금부터 소개한다.

루아르 출신 크리스티앙은 원래 토목 관련 일에 종사했지만 와인을 만들고 싶다는 오랜 꿈을 포기하지 않고, 소테른에 있는 유명 샤토 오너의 미망인이 연 포도재배 클래스와 양조학교에서 공부하고, 졸업 후에는 루아르로 돌아와 1987년 앙부아즈(Amboise)에 있는 직업고등학교 포도재배학과의 교사로 취직했다. 제자로는 티에리 퓌즐라와 레 풀라르 루주의 장 프랑수아 니크*도 있었다고 한다. 교직에 있으면서 부브레(Vouvray)에 밭을 소유하고 와인양조를 시작했는데, 슈냉 블랑이라는 품종에 점점 매혹되었다.

"슈냉 블랑은 산도가 높아서 장기숙성하는 드라이와인에 적합할 뿐 아니라, 당도를 조절하면 스위트와인이나 스파클링와인도 만들 수 있는 보기 드문 품종입니다. 그리고 다른 어느 품종보다도 테루아를 잘 표현합니다. 루아르라는 좁은 지역에서도 부브레, 앙주, 자니에르 등 장소가 바뀌면 테루아가 완전히 달라집니다. 하지만 슈냉 블랑이 완숙하지 않으면 소용없습니다. 성공하면 훌륭하지만, 안 될 때는 전혀 안 되는 품종이에요. 밭이나 셀러에서 조금이라도 소홀히 하거나 적당히 하면 잠재력을 끌어낼 수 없습니다."

크리스티앙은 슈냉 블랑의 개성을 표현할 방법을 찾으면서 1990년 무렵부터 자연스럽게 유기농으로 재배하게 되었고 SO₂사용량을 줄였다. 상 수프르로 맛있는 와인을 만드는 것은 커다란 도전이었지만, 1995년에 마침내 성공했다.

동시에 우연히 PN을 발견했다! 원래부터 병내 2차발효 때 베이스 와인(1차발효를 끝낸 와인)에 자당을 더하는 것에 늘 의문을 품고 있었는데, 어느 날 깜빡하고 자당을 첨가하지 않은 베이스 와인에 기포가 조금 발생했다. 그 모습을 보고 혹시 발효 중인 와인을 알맞은 타이밍에 병입하면 자당 없이도 기포가 생길지도 모른다는 생각에서, 그날부터 연구를 거듭한 끝에 결국 성공했다.

마르셀 라피에르*가 쥘 쇼베의 지도를 받아 상 수프르 와인을 만들기 시작한 때와 거의 같은 시기이지만, 크리스티앙은 그들과는 전혀 알지 못했고 저명한 선구자의 이름도 나탈리(양조기술자이며 소믈리에 자격도 갖고 있다)에게 듣기 전까지는 몰랐다고 하니 전부 독학으로 깨우친, 천재라고 할 수밖에 없다.

"포도 열매를 100% 살리면서 섬세한 기포를 만들려면 타이밍을 맞추는 것이 중요합니다. 일찍 병입하면 압력이 너무 세서 폭발하고, 그 반대로 하면 기포가 생기지 않아요."

성공의 열쇠는 처음부터 완성 상태를 생각하면서 작업하는 것이다. 「처음」이란 수확하기 전 포도의 상태라고 하니 엄청난 장기계획이다.

"PN을 만나기 전까지는 남과 다른 독특한 와인을 만들고 싶다는 생각뿐이었지만, 내가 무엇을 하고 싶은지는 정확히 몰랐습니다. 하지만 이러한 과정 속에서 아무것도 첨가하지 않는 와인을 만드는, 지금의 와인양조의 토대가 형성되었습니다."

이야기를 조금 되돌리면, PN을 완성한 무렵부터 교사로서의 입장이 애매해졌다. 그 무렵 학교에서는 기존의 관행농법을 가르쳤는데 자신은 자연재배를 하고 있어서, 가끔 수업시간에 자연재배에 대해 조금씩 다뤘더니 학부모들(대부분 와인생산자)로부터 항의가 밀려들었다. 또 밭을 넓혀 와인양조에 매진하고자 했지만, 좀처럼 진행이 되지 않아 모두 그만두기로 했다. 그 무렵부터 INAO와의 마찰도 생기고 프랑스라는 나라가 싫어져서 살길을 찾기 위해 미국에 갔는데, 와인양조를 시작한 지 12년이 지난 1999년의 일이었다. 그리고 2년 뒤 가끔 유럽에 돌아와 제네바의 시음회에 참여한 것을 계기로 미모의 희극 여배우 나탈리를 만났다. 크리스티앙이 나탈리에게, 나탈리가 크리스티앙의 와인에, 한눈에 반하면서 크리스티앙은 뉴질랜드로 가려던 예정을 변경하고 인생의 제2막을 시작했다.

크리스티앙의 바람은 위대한 화이트와인을 만드는 것이었다. 여러 후보지가 있었지만 정착한 곳은 루아르(Loire)강의 지류인 루아(Loir)강 근처, 마르송(Marson) 마을

레 모르티에 VdF 2015
Les Mortiers VdF 2015

100% 피노 도니스로 만든 와인. 과즙이 풍부한 과일맛이 부드러우며, 세련된 미네랄과 고운 타닌이 기분 좋은 여운으로 이어진다.

루아르의 토착품종인 피노 도니스를 수확하는 모습. 평균 수령은 45년.

페티양 나튀렐 버블리 VdF 2016
Pétillant Naturel Bubbly VdF 2016

브리소의 네고시앙 브랜드 「나나 뱅」의
100% 생소(Cinsault/Cinsaut)로 만든
로제 스파클링와인. 깔끔하게 올라오는
기포와 화려하고 부드러운 과일맛.

소 낫 VdF 2017
So Nath VdF 2017

「나나 뱅」의 화이트 스틸와인. 100%
테레 블랑으로 레몬을 짠 듯한 산미와
세련된 미네랄이 경쾌하게 목으로 넘어
간다.

의 레 네롱(Les Nérons)이었다. 슈냉 블랑에 뒤지지 않는 가능성을 느낀 피노 도니스 품종과의 행복한 만남도 있었고, 8㏊의 밭에는 이 2가지 품종 말고도 가메와 코(말벡)도 조금씩 심었다.

"좋은 와인을 만들려면 토양을 존중해야 한다는데, 그러려면 우선 품종에 맞는 토지를 정확하게 찾는 것이 중요합니다. 흙을 되살리고 함부로 기계를 사용해서 망가뜨리면 안 됩니다. 화학적인 것은 전혀 사용하지 않습니다. 내가 열심히 일하고 각각의 작업 타이밍을 잘 판단하면, 저절로 좋은 와인이 완성됩니다."

포도를 고를 때는 절대 타협하지 않기 때문에 2010년의 〈르 브리소 블랑(슈냉 블랑)〉은 60%를 버려서 수확량이 5㎗/㏊에 불과했다. 매우 응축감 있는 와인이 된 것은 말할 필요도 없다.

양조작업은 줄기가 충분히 익은 다음에 하므로, 기본적으로 줄기는 제거하지 않는다(2008년은 줄기가 다 익지 않아서 제거했다). 밭 구획별로 4~6시간에 걸쳐서 천천히 압착한다. 프리 런(Free run, 압착할 때 자연적으로 흘러내린 과즙)과 프레스 런(Press run, 압착한 과즙)은 일반적으로는 각각 발효시켜 다른 퀴베로 만드는 경우가 많지만, 크리스티앙은 합쳐서 발효시킨다. 이 방법이 균형이 잘 맞는다고 판단했기 때문이다. 몇 번 시험해 본 끝에 탄산 침용은 하지 않기로 했다.

2006년부터는 슈냉 블랑과 피노 도니스 이외의 포도 품종에 도전하고 싶다는 이유에서, 네고시앙 브랜드 「나나 뱅(Nana Vins)」을 시작했다. 〈버블리!〉가 로제와인, 〈소 왓(So What)!〉은 화이트 페티양 나튀렐. 〈소 낫!〉은 테레 블랑(Terret Blanc) 품종으로 만든 스틸와인인데, 「낫(나탈리의 애칭)답다」라는 뜻이다. 재배 농가의 포도는 성실하게 작업한 생산자의 수준 높은 포도만 사들인다. 이를 도멘의 포도와 같은 방법으로 작업하는데, 가격이 훨씬 낮아서 내추럴 와인 입문용으로 제격이다.

와인을 만들 뿐 아니라 내추럴 와인 생산자를 결속시켜 와인의 질을 높이기 위해서 내추럴 와인협회[L'Association des Vin Naturel(AVN)]라는 단체를 조직하고 의장

이 된 것도 그가 이루어낸 커다란 업적이다. 포도는 유기농으로 재배하고, 양조할 때는 야생효모로 발효시키며, SO$_2$ 이외의 첨가물은 금지하고, SO$_2$도 화이트와인 40mg/ℓ, 레드와인 30mg/ℓ, 스위트와인 80mg/ℓ로 상한선을 정했다. 일본에는 다른 나라와 같은 와인법이 없으므로, 페스티뱅은 이를 기준으로 삼고 있다.

2016년 나탈리는 루아르의 동료 생산자인 에밀 에레디아(Emile Hérédia)와 결혼해서 그와 함께 랑그도크에도 밭을 마련하고, 「도멘 르 브리소」의 와인은 루아르에서, 「나나 뱅」의 와인은 랑그도크의 밭에서 만들고 있다.

도쿄 체류 중 이벤트에 참여한 사람들의 요청에 따라 크리스티앙이 그린 파타퐁 라벨의 그림. 위의 사진은 파타퐁에 사용되는 포도를 재배하는 작은 성당의 밭.

DATA ● Domaine Le Briseau

미래의 아이들에게 빌린 땅에서
열정적으로 성실하게 와인을 만든다

르 클로 뒤 튀 뵈프
Le Clos du Tue-Bœuf

핸섬가이 티에리 퓌즐라. 환경을 배려하면서 매력적인 와인을 만든다. "지금은 특히 화이트와인 양조에 열정을 불태우고 있습니다"라고 한다.
※ 장 마리는 2018년에 은퇴.

AC 투렌 라 게레리 2017
AC Touraine La Guerrerie 2017
가메와 코를 블렌딩한 와인. 섬세한 아로마와 부드러운 질감이 특징이다. 예전에는 카베르네 소비뇽도 블렌딩했지만, 이 지역에서는 잘 익지 않아서 재배 자체를 중단했다.

장 마리(Jean-Marie, 1956년생)와 티에리(1966년생) 퓌즐라 형제가 만드는 르 클로 뒤 튀 뵈프의 단일 포도밭 와인 〈슈베르니 라 그라보트(Cheverny La Gravotte)〉와 〈슈베르니 라 카이에르(Cheverny La Caillère)〉는 루아르 피노 누아의 최고봉이다. 부르고뉴에서는 자존심 강한 여왕인 이 피노 누아 품종에 퓌즐라 형제의 손길이 닿으면, 친숙한 느낌의 자연미인으로 변모한다. 하지만 3년이나 숙성시켜야 꽃피는, 형언할 수 없이 매혹적인 매력의 수수께끼를 알고 싶어서 해마다 마시지 않고는 견딜 수 없다는 충성스런 팬도 많다. 게다가 부르고뉴에 비하면 파격적인 3만 원대의 가격으로 손에 넣을 수 있어서, 어떤 이는 「서민들의 로마네 콩티」라고 부르기도 한다.

장 마리는 건장한 체구에 올곧은 장인 기질이고, 티에리는 로버트 드 니로의 분위기가 살짝 느껴지는 미남으로, 다른 사람의 마음을 사로잡는 오라가 있다. 모든 것이 대조적인 두 사람이지만, 형제의 관계는 매우 좋다.

티에리는 스무 살 아래인 피에르 올리비에 보놈(Pierre Olivier Bonhomme, 애칭 피에로)과 함께, 매입한 포도로 와인을 양조하는 네고시앙 「퓌즐라-보놈」을 운영하다가 2014년에 피에르에게 물려주고, 이후로는 도멘에 전념하고 있다. 한편으로는 이탈리아, 칠레, 조지아에서 와인을 수입하기도 하며, 매일 밤 와인을 마시는 「취미」에도 열심이어서 상당히 바쁘지만, 늘 밝고 에너지가 넘친다.

퀴즐라 가문은 15세기부터 이어져온 루아르 동부 레 몽티(Les Montils) 마을의 유서 깊은 농가로, 재배한 포도를 협동조합에 판매했지만 형제의 아버지가 자체 병입을 시작했다.

1990년에 장 마리가 도멘을 이어받았고, 그로부터 4년 뒤 보르도와 마콩, 생 테밀리옹에서 실습한 다음 캐나다에서 마케팅을 배우고 방돌(Bandol)에서 경험을 쌓던 티에리가 합류했다. 그의 머릿속에는 처음부터 내추럴 와인밖에 없었다.

그렇게 된 계기는 91년에 마신 마르셀 라피에르*의 〈모르공〉. 그때의 감동을 "마치 성모 마리아를 만난 듯했습니다"라고 이야기한다. 방돌에서도 바이오다이나믹을 시도했지만, 마르셀의 와인에는 그 방법만으로는 도달할 수 없는 매력이 있었다. 그래서 양조과정에서 쓸데없는 것, 특히 SO$_2$를 배제해야 된다는 것을 깨달은 티에리는 마르셀의 와이너리에서 지도를 받아, 이듬해 처음으로 상 수프르 와인을 만들었다.

"마르셀에게 배운 가장 중요한 점은 포도의 개성을 표현하는 것입니다. 그것을 이해하는 데 10년이 걸렸어요. 젊었을 때는 나 자신의 개성을 표현하려고 필사적이었지요. 로버트 파커나 미셸 베탄(Michel Bettane)의 평가에 얽매이지 말고, 좀 더

정직하고 겸손해야 합니다. 재배할 때는 포도의 개성, 우리 땅, 그리고 빈티지를 표현하는 것만 고민합니다. 그리고 셀러에서는 이 요소들을 잃지 않기 위해 필사적으로 노력합니다."

포도의 힘을 최대한 표현하려면, 단지 유기농이나 바이오다이나믹으로 키우는 것만으로는 안 된다고 티에리는 말한다. "2012년은 서리와 노균병 때문에 수확량이 절반으로 줄어서, 할 수 없이 처음 거래하는 농가의 가메로 와인을 만들었습니다. 물론 유기농 포도였지요. 하지만 완성된 와인은 그저 과일맛이 강할 뿐이었습니다. 열정을 갖고 키운 포도가 아니면 와인에 아로마의 기억을 남길 수 없다고 생각했습니다."

르 클로 뒤 튀 뵈프는 밭 주위의 숲과 휴경지도 사들여서, 전체를 하나의 생태계로 소중하게 관리한다. 토지를 건강하게 유지하고 싶다는 티에리. "우리가 살아 있는 시간은 우주의 흐름에서 보면 찰나에 불과합니다. 지금 클로 뒤 튀 뵈프가 소유한 밭도 언제 어떻게 될지 알 수 없어요. 나는 미래의 아이들로부터 와인을 양조할 권리를 빌렸다고 생각합니다. 잘 관리해서 좋은 모습으로 남겨주고 싶습니다."

피노 드 라 루아르 앙 크베브리 블랑 VdF 2016
Pineau de la Loir en Qvevri Blanc VdF 2016

100% 슈냉 블랑으로 만든 와인. 300년 전에 만들어진 스페인산 암포라(amphora, 양쪽에 손잡이가 있고 목이 좁은 큰 항아리)를 사용하고, 프레스 주스(압착한 과즙)만 발효·숙성시킨다. 풍미가 풍부한 화이트와인.

로모랑탱 프릴뢰즈 VdF 2016
Romorantin Frileuse VdF 2016

100% 로모랑탱으로 만든 와인. 1/3은 수령 100년이 넘는 포도나무에서 수확한 포도를 사용한다. 투명한 느낌의 부드러운 과일맛과 스며드는 듯한 산미가 융합된 풍미.

AC 코토 뒤 제누아 루주 2015
AC Coteaux du Giennois Rouge 2015

피노 누아 80%, 가메 20%로 만든 와인. 촉촉하고 우아한 과일맛과 풍부한 미네랄, 그리고 섬세한 타닌이 맛을 잡아준다.

뱅 로제 가메 VdF 2013
Vin Rosé Gamay VdF 2013

100% 가메로 만든 와인. 연하고 아름다운 색감과 청량감 넘치는 목넘김. 가격도 적당해서, 무심코 한 병을 비워버릴 것 같다.

네고시앙은 2014년에 공동경영에서 피에르의 단독 경영으로 전환. 그러나 두 사람의 강한 연대는 지금도 변함없다.

DATA ● Le Clos du Tue - Bœuf
http://www.puzelat.com

포도의 상태를 잘 살피면서
깨끗한 산미의 와인을 만들고 싶다

노엘라 모랑탱
Noëlla Morantin

커리어우먼에서 와인생산자로 변
신한 노엘라. 주목받는 여성 생산
자이다. 좋아하는 생산자로는 마리
티보(Marie Thibault), 엘로디 발므
(Elodie Balme) 등 여성 생산자들의
이름을 꼽았다.

마리 로즈 VdF 2015
Marie Rose VdF 2015
100% 카베르네 소비뇽으로 만든 와
인. 체리와 장미꽃, 인센스(향) 등의
향기가 섞인 복잡한 풍미. 와인 이름
은 경애하는 친할머니 마리와 외할머
니 로즈의 이름을 합친 것이다.

아무런 사전 정보 없이 마셔도 여성이 만들었을 거라고 짐작
할 수 있는 부드러운 풍미와, 하트 위에 튤립을 올린 귀여운
라벨(셀러 앞에 있는 낡은 우물의 무쇠 펌프가 모티브)로, 파리의
와인바에서 인기 높은 노엘라 모랑탱.

셰르(Cher)강을 내려다보는 푸이에(Pouillé) 마을의 조
금 높은 언덕 위에 노엘라가 거주지 겸 셀러를 마련한 것은
2008년이었다. 1896년에 문을 연 이래 자연농법으로 일
관한 명문 클로 로슈 블랑슈(Clos Roche Blanche)의 오너
카트린 루셀(Catherine Roussell)과 디디에 바루예(Didier
Barrouillet)가 고령의 나이 때문에 도멘 크기를 줄이려고 9ha
의 밭을 빌릴 사람을 찾는다는 소식이, 도멘 데 부아 뤼카
(Domaine des Bois Lucas)에서 일하며 독립을 준비하던 노엘
라에게 날아들었다.

브르타뉴(Bretagne) 출신으로 서른 살까지 마케팅 회사에
서 디렉터 일을 했지만, 좀 더 열정을 쏟을 수 있는 일을 하고
싶어서 회사를 그만두고 좋아하는 와인양조를 배우기로 결심
했다. 뮈스카데(Muscadet)의 양조학교에 다니면서 시간이 나
는 대로 앙주의 르네 모스(Rene Mosse) 밑에서 경험을 쌓은
뒤 몇 년 만에 겨우 구한 부아 뤼카의 일자리이지만, 독립은
생산자라면 누구나 원하고 바라는 꿈이었다.

기반암은 튀포(Tuffeau)라고 부르는 다공질 석회암이고, 겉면의 흙은 규석(silex)이 섞인 점토질의 「페르슈(Perche)」 토양이 주요 토양이다.

2011년에 3ha의 밭을 사서 모두 12ha를 관리했는데, 2015년에 빌린 땅에서는 손을 떼고 자체 밭에만 집중하여, 현재 모두 6ha(5곳)를 소유하고 있다. 모두 셰르강을 내려다보는 경사면에 있으며, 점토와 부싯돌이 섞인 토양은 소비뇽 블랑과 가메 품종에 최적이다.

2016년에 강 건너 테제(Taizé) 마을에서 동굴 셀러를 발견하고 사들여 입구로 이어지는 와이너리를 세우고, 여러 곳에 분산되어 있던 셀러와 와이너리를 하나로 합쳤다.

"1년 내내 10~16℃가 유지되니까 양조와 숙성에도 좋고, 무엇보다 모두 한곳에 있으니 와인도 나도 편해졌어요!"

그녀의 와인양조철학은 재배부터 식탁 위에 오를 때까지 모든 과정에서 화학적인 요소를 배제하는 것이다. 밭에서는 포도의 기분을 해치지 않으면 깔끔한 산미의 포도로 자란다고 한다. 수확부터 숙성까지는 SO_2를 전혀 사용하지 않지만, 병입 직전에 소량($10~15mg/\ell$)을 첨가한다.

"아무리 소량이어도 SO_2를 첨가한 와인은 내추럴 와인이 아니라고 말하는 사람도 있습니다. 그렇게 해서 건강하고 온전한 와인이 완성되면 좋지만, 명백하게 미생물에 오염된 와인도 자주 봅니다. 과거에 상 수프르 와인을 만든 적이 있지만, 그보다는 아주 조금 SO_2를 첨가한 것이 맛있었어요. 예를 들어 내가 만든 〈셰 샤를(소비뇽 블랑)〉이 오픈한 뒤 1주일이 지나도 풍미가 유지되는 이유는, 이 와인이 산화에 강하다는 증거라고 생각합니다."

노엘라는 지금까지 단일 품종 와인(다른 품종을 블렌딩하지 않는다)에 초점을 맞춰 왔다. 게다가 구획별로 개성을 나타내고 싶어서, 예를 들면 소비뇽 블랑은 〈셰 샤를〉, 〈레 피시오(Les Pichiaux)〉, 〈LBL〉의 3종류, 가메는 〈몽 셰르〉와 〈라 부디네리(La Boudinerie)〉의 2종류를 만든다.

하지만 2016년 노균병 피해로 〈라 부디네리〉는 수확이 없었고 〈몽 셰르〉도 소량밖에 수확하지 못해서, 라 부디네리의 구획에서 매입한 포도와 몽 셰르의 포도를 각각 양조하고 숙성시켜 블렌딩했더니, 매우 품위 있고 윤기 있는 가메가 되었다. 그 결과에 만족하여 처음으로 카베르네 소비뇽과 코를 블렌딩한 〈탕고 아틀랑티코(Tango Atlantico)〉를 출하했다. 원래는 각각 따로 와인을 만들 예정이었으나, 시험 삼아 나무통에서 숙성 중인 와인을 블렌딩해서 마셔보았더니 그야말로 절묘한 맛! 블렌딩 비율을 몇 차례나 조절하고, 두 품종이 잘 어우러지도록 2년 동안 숙성시켰다. 촉촉하고 부드럽게 스며드는 듯한 와인에서 노엘라의 새로운 경지가 느껴진다.

몽 셰르 가메 VdF 2015
Mon Cher Gamay VdF 2015
수령 35년 가메의 매실과 흑후추 향이 고혹적이다. 와인 이름은 「사랑하는 사람(mon cher)」과 근처에 있는 셰르강을 의미한다.

테르 블랑슈 VdF 2015
Terre Blanche VdF 2015
밭의 전 소유주인 클로 로슈 블랑슈에게 물려받은 샤르도네에 경의를 표하며, 퀴베 이름도 그대로 사용했다. 입체감이 절묘하다.

작업은 늘 꼼꼼하게 정성을 들여
서 하고, 사석에서도 상대를 세
심하게 배려한다(위). 와인과 함
께 나온 안주는 치즈와 메추리알
카레피클 등이다(아래).

셰 샤를 2016
Chez Charles 2016

수령 30년의 소비뇽 블랑은 녹황색 사
과의 풍미에 은은한 민트향이 있다. 와
인 이름은 밭의 예전 소유자 이름에서
따왔다.

DATA ● Noëlla Morantin

운명에 농락당한 천재 양조가가
마지막으로 좋은 와인을 만들고자 부활

니콜라 르나르
Nicolas Renard

"스스로 맛있다고 생각하는 포도로만 와인을 만듭니다. 결함이 있는 와인은 밭에 문제가 있는 경우입니다"라고 말하는 니콜라. 셀러는 밝고 깨끗한 분위기였다.

고고한 천재 양조가 니콜라 르나르(1964년생)의 인생은 파란만장하다. 1999년에 그가 만든 와인을 티에리 퓌즐라*가 네고시앙을 통해 발표하여 단번에 그 재능이 세상에 알려진 뒤 2년이 지난 일이었다. 니콜라 와인의 엄청난 팬이자 평범한 회사원인 마리 아니크 푸르니에(Marie-Annick Fournier)가 30억 원짜리 복권에 당첨되었다고 소문이 났고, 2001년 거액의 현금으로 40ha의 밭을 사들인 그녀는 니콜라를 양조책임자로 앉히고 와이너리를 시작했다. 이듬해부터 니콜라가 만든 일련의 슈냉 블랑은 그야말로 신들린 듯한 수준이었는데, 그중에서도 〈로트르(L'autre) 2002〉는 광물을 넘어서 보석처럼 반짝이는 듯한 미네랄 느낌, 부드러운 목넘김, 형용할 수 없는 오라가 있었다.

하지만 2005년 니콜라는 돌연 해고를 당했다. 결국 니콜라가 책임자로서 출하한 와인과 해고된 뒤에 병입된 와인(2003년 & 2004년 빈티지의 일부)은 하늘과 땅 차이로 평가가 갈려, 와이너리도 문을 닫았다.

니콜라의 부활 뉴스를 들은 것은 2015년 연말이었다. 니콜라는 "마지막으로 좋은 와인을 만들고 싶습니다"라며 심기일전해서 고향 자니에르 옆 앙부아즈에 있는 폐업한 네고시앙의, 동굴이 딸린 셀러를 구입했다. 2016년에 그곳을 찾았는데, 기인이라고 들었지만 성실하고 진중하게 일하는 자세가 느껴졌다. "밭일을 제대로 하면, 양조는 설거지만큼 쉽습니다"라는 그의 말이 인상적이었다.

AC 투렌 뤼뤼 2013
AC Touraine - Lulu 2013
니콜라 특유의 섬세하고 존재감 넘치는 슈냉 블랑. 뤼뤼는 딸의 애칭이다.

AC 투렌 잔 2014
AC Touraine - Jeanne 2014
기품 넘치는 소비뇽 블랑에는 자신이 직접 이름을 지어준, 친구 딸의 이름을 붙였다.

DATA ● Nicolas Renard

신세대 생산자가 선택한
구식 크래프트 와인

마이 에 겐지 호지슨
Mai et Kenji Hodgson

와인 저널리스트였던 겐지. 일본인 부인 마이와 함께 와인양조에 힘쓰고 있다. 테루아와 빈티지의 특징을 표현하고 싶어한다.

페스티뱅에서는 해마다 외국의 생산자들을 초대하는데, 2011년 게스트 목록에서 겐지의 이름을 발견했을 때는 눈을 의심했다. 루아르에서 온다고 되어 있었지만, 만난 적 있는 캐나다인 와인 저널리스트이기 때문이었다. 실제 양조현장을 보고 싶어서 와이너리에서 연수를 받는다고 들었는데, 정말 생산자가 된 걸까? 그리고 그의 부스에서 시음한 와인 맛에 또다시 놀랐다. 〈샤랑 포랑(Chalan Polan, 챠랑포랑이 아니라 프랑스식으로 샤랑 포랑이라고 읽는다)〉이라는 이름의, 100% 슈냉 블랑으로 만든 페티양 와인은 황도처럼 새콤달콤한 과일 맛이 신선해서, 어느새 한 병을 비울 정도로 매력적이었다.

겐지는 어머니가 일본계 3세, 아버지가 캐나다인의 혼혈로 밴쿠버에서 자랐다. 나와는 빈에서 취재하며 알게 되었는데, 그런 그가 비뉴롱으로 변신한 경위는 기적의 연속이었다.

와인에 대한 글을 쓰다가 직접 와인을 만들고 싶어진 겐지는 현지의 대형 와이너리에서 일을 돕는 동안, 원료인 포도재배에 관여할 기회가 없다는 데 회의를 느꼈다.

그러다가 인터넷에서 자신과 마찬가지로 북미권과 일본의 혼혈인 유카리 프랫(현재는 결혼하여 사카모토)의 블로그를 발견하고, 2005년에는 그녀와의 인연으로 도치기현의 코코

파이아 VdF 2015
Faia VdF 2015

100% 슈냉 블랑으로 만든 와인. 와인 이름은 이들이 사는 마을 이름의 일부를 라틴어로 표현한 것. 순수하고 뒷맛이 깔끔하다.

라 그랑드 피에스 VdF 2016
La Grande Pièce VdF 2016

앙주 지구의 토착품종인 그롤로 누아(수령 30~40년)의 깨끗한 산미와 과일맛을 듬뿍 담았다.

슈냉 블랑 밭은 물이 잘 빠지는 것이 특징이다(위). 마이는 요코하마에서 태어나 학창 시절부터 밴쿠버에서 살았다. 요리를 잘하는데 이날은 2종류의 키슈를 대접해 주었다(아래).

팜 와이너리(Coco Farm & Winery)에서 반년 동안 연수를 받게 된다. 주임 양조가는 캘리포니아 출신의 브루스 거트러브(Bruce Gutlove, 현재는 홋카이도 10R 와이너리의 오너)로, 마침 브루스가 내추럴 와인에 대해 관심을 갖고 시험 생산을 시작했을 무렵이었다. 일이 끝나면 동료들과 프랑스의 소규모 생산자들의 와인을 시음했다. 캐나다와는 정반대인 「Small is beautiful」의 세계를 발견한 겐지는 2009년, 아내와 함께 워킹 홀리데이 비자로 프랑스에 건너가 브루스가 추천한 비뉴롱들과 교류했고, 마크 앙젤리* 밑에서 경험을 쌓았다.

"마크의 방식은 그때까지 배운 양조방법과 전혀 달랐습니다. 마치 100년 전으로 돌아간 것처럼 심플했어요. 좋은 와인이 완성될지 의문이었지만, 그의 와인은 훌륭했습니다."

워킹 홀리데이가 끝났을 때 겐지와 마이는 그곳에 남기로 했다. 마크의 도움으로 체재허가증과 「능력과 재능(Compétences et talents) 비자」, 1ha의 밭(현재 3ha＋임차 1ha)을 취득했다. 밭은 앙제 도심에서 20km 정도 남쪽에 있는 페이 당주(Faye d'Anjou)의 작은 구획으로, 레용(Layon)강을 마주하는 남서향 경사의 메마른 편암 토양에서 슈냉 블랑을, 그보다 위에 있는 점토와 석회질의 비옥한 평지에서 카베르네

프랑과 그롤로 누아를 재배한다. 재배방법은 바이오다이나믹을 일부 도입한 유기농법으로, 날마다 하는 일의 90%가 밭일이고 10%가 셀러 작업이다.

밭이 있는 코토 뒤 레용(Coteaux du Layon)은 귀부와인의 산지로 알려져 있는데, 겐지와 마이는 순수한 화이트와인이 목표여서 귀부균은 알맹이 단위로 꼼꼼하게 골라낸다고 한다.

구식으로 와인을 양조하고 싶다는 말대로, 수동 줄기제거기와 바스켓 프레스를 쓰는 등 매우 전통적인 환경이다. 압착은 무려 10~24시간이 걸린다고 한다. 카베르네 프랑의 풋내 나는 맛을 피하기 위해 탄산 침용을 하지만, 그 뒤에는 청징도 여과도 하지 않는다. 그롤로로 만든 〈라 그랑드 피에스〉, 카베르네 소비뇽으로 만든 〈오 갈라르노〉는 모두 순수한 과일맛과 피네스의 균형이 절묘하여, 만들기 시작한 지 몇 년밖에 안 됐다고는 생각할 수 없는 완성도이다.

"루아르라는 마이너 지역이어서 우리를 받아줬습니다. 사람들 분위기도 어딘가 일본을 닮아서 마음에 듭니다"라는 마이.

마크 앙젤리 등이 가입한 「앙주 뱅(Anges Vins)」의 젊은이 버전 「앙 주 코넥시옹(En Joue Connection)」에도 참가하는데, 그런 교류가 이들의 와인세계를 더욱 넓혀주고 있다.

오 갈라르노! VdF 2016
Ô Galarneau ! VdF 2016
가장 좋은 구획의 카베르네 프랑으로 만든다. 다크 체리에 동양적인 향냄새가 섞인 풍부한 풍미.

DATA ● Mai et Kenji Hodgson
http://vinshodgson.tumblr.com/

정의감으로 가득한 정직한 생산자의
깃털처럼 우아한 세미 스위트와인

라 페름 드 라 상소니에르 / 마크 앙젤리
La Ferme de la Sansonnière / Mark Angeli

마크는 젊은 생산자들을 많이 가르쳤다. 늘 열심히 연구하는데, 요즘은 화산성 아황산의 효과를 실험하는 중이라고. 일본 아소산과 이탈리아 에트나산의 아황산이 좋다고 한다.

"와인을 둘러싼 상황을 원래대로 되돌리고 싶습니다"라고 말하는 마크 앙젤리의 와인양조의 바탕에 있는 것은 강한 정의감이 아닐까.

"루아르에서는 내추럴화가 엄청난 속도로 진행되어, 2012년에는 12명의 와인생산자가 내추럴 와인으로 전향했습니다. 멋진 일이지만 문제는 그렇게 단순하지 않습니다. 농약이나 화학비료를 배제하는 것도 물론 중요하지만, 유기농 재배만으로 내추럴 와인이라고 내세우는 생산자도 있습니다. 배양효모와 필요 이상의 SO_2를 사용하지 않는 등 양조도 제대로 해야 합니다. 하지만 와인이 식초가 되어버리면 소용없지요. 새롭게 시작한 사람들이 맛있는 내추럴 와인을 만들 수 있도록 이끌어줘야 합니다. 우리는 전투(아마도 INAO나 안티 내추럴 와인파와의 전투)에서 승리해야 합니다."

시릴 르 무앙*, 마이 에 겐지 호지슨* 등 마크에게 배운 생산자는 수없이 많다. 함께 연구하고 정보를 교환하는 기 보사르(Guy Bossard)나 니콜라 졸리(Nicolas Joly) 등의 거장을 대하는 태도와 신인을 대하는 태도에 차이가 없는 이유는, "가르치는 것이 곧 배우는 것"이라고 생각하기 때문이다.

레용강 부근에 있는 도멘 라 페름 드 라 상소니에르는 농장

라 륀 VdF 2015
La Lune VdF 2015
슈냉 블랑으로 만드는 상소니에르의 대표 와인. 입안에 닿는 느낌이 섬세하며 품위 있다. 참고로 라벨 그림은 마크의 뿌리인 아일랜드의 신화에 나오는 유니콘이다.

라 비에유 비뉴 데 블랑드리 VdF 2014
Les Vieilles Vignes des Blanderies VdF 2014
100% 슈냉 블랑으로 나무통에서 24개월 동안 숙성시켜 만드는 톱 퀴베. 압도적인 미네랄 느낌과 부드러운 단맛이 특징이다.

현재는 아들 마르시알(Martial)과 함께
와인을 양조한다.

(라 페름)이라는 뜻의 이름처럼 밀, 올리브, 사과, 해바라기 등
다양한 식물을 재배하고, 방목해서 키우는 닭과 소, 말도 있는
그야말로 이상적인 비오톱(biotope, 생태서식공간)이다. 트레
이드 마크인 헌팅캡을 눌러 쓰고 유창한 영어로 단어를 골라
가며 이야기하는 마크는 농부라기보다 학자 같다.

　무엇보다 이 도멘의 풍경이 인상적인 것은 포도나무를 고
정하는 와이어가 없다는 것. 와이어를 사용하면 나무는 똑바
로 자라지만 햇빛을 받는 부분이 제한된다. 그리고 와이어를
사용하지 않으면 바람이 잘 통해서 병충해도 막을 수 있다고
한다. 1989년에 프로방스에서 이주하고 2년 뒤에 트랙터가
부서지고 나서부터는 말로 경작하고 있다.

　"SO₂와 배양효모에 버금가는 문제는 기계에 의한 공기 오
염입니다. 체중이 가벼운 말로 경작하면 흙이 필요 이상 단단
해지지 않으며, 또한 호흡으로 배출되는 이산화탄소가 포도
의 광합성에 큰 도움이 됩니다"라고 이야기하듯이, 그가 하는
모든 작업과정에는 논리적인 이유가 있다. 마크가 누구 하나
아는 사람 없는 이 땅에서 와인양조를 시작한 것은 슈냉 블랑
으로 귀부와인을 만들기 위해서이다. 원래는 화학을 배우고
건설회사에서 일했지만, 와인에 대한 애정이 깊어져 소테른

에 있는 와인학교에서 세미용(Sémillon)으로 귀부와인 만드
는 방법을 배운 뒤, 좀 더 산미가 있는 슈냉 블랑이라면 더 좋
은 와인을 만들 수 있고, 특히 코토 뒤 레용 지구는 습기가 많
아서 귀부균이 잘 발생할 것이라고 판단했기 때문이다.

　바이오다이나믹을 도입한 이유는 소테른에서 배운 관행농
법과 비교하며 다양한 밭을 관찰한 결과, 포도의 품질을 높여
준다고 확신했기 때문이다. 그리고 와인을 만들기 시작한 지
2년째인 1990 빈티지의 〈본느조(Bonnezeaux)〉가 높은 평가
를 받아 단번에 화제가 되었지만, 와인을 양조하는 자세는 30
년 가까이 지난 지금도 변함없이 겸손하다.

　와인의 대부분은 앙주와 코토 뒤 레용 지구의 당도 높은 포
도로 만드는 세미 스위트와인이다. 완숙한 슈냉 블랑에서 비
롯된 사과와 서양배 등의 과일맛에 은은한 산미와 흑설탕 같은
섬세한 단맛이 기분 좋은 〈라 륀〉, 복숭아 같은 투명한 단맛에
은은한 쓴맛이 골격을 형성하는 〈로제 됭 주르〉 등이 있는데,
어느 와인이든 마시는 사람을 미소 짓게 하는 힘이 있다.

　라벨에 SO₂ 양을 표시하는 것도 정의감의 표현. 현재 약 50
mg/ℓ를 첨가하는데, 10~20mg/ℓ로 줄이는 것이 목표다.

　와인뿐 아니라 사과주스도 일품이다.

로제 됭 주르 VdF 2016
Rosé d'un Jour VdF 2016
카베르네 소비뇽과 그롤로 그리(Grolleau Gris)
를 블렌딩한 와인. 이 지역 특유의 기후 덕에
포도에 귀부균이 생겨 향기 좋은 로제와인으로
완성된다. 가벼우면서 기품이 있다.
※ 설명은 최신 빈티지에 대한 내용이다.

DATA ● La Ferme de la Sansonnière

와인양조는 가까스로 찾은 생활의 기반,
은혜에 감사하며 마음을 담아 만든다

레 메종 브륄레 / 코린 에 폴 질레(미셸 오제)
Les Maisons Brûlées / Corinne et Paul Gillet

미셸 오제의 7ha 농원에서는 꿀도 딴
다. 가까운 비뉴롱인 브뤼노 알리옹
(Bruno Allion)이 선생이다.

일본의 어느 젊은 생산자에게 가장 좋아하는 와인을 묻자, 미셸 오제(Michel Augé)의 1병을 꼽았다. "〈쉬아 비뇽(Sua Vignon, 소비뇽 블랑 100%)〉을 마시고, 이게 뭐지? 라고 생각했습니다. 학교에서 배운 지식으로 판단하면 잘못된 양조방법이지만 내 혀가 맛있다고 말했어요. 내추럴 와인으로 전환하는 계기가 된 와인이지요"라고 이야기했다.

"잘못되었다"라는 것은 화학적인 요소를 더하지 않았기 때문에, 효모가 아슬아슬하게 줄타기하듯이 (결함으로 바뀔) 위험 속에서 활동하여 만들어지는 고혹적인 향과 질감을 말하는 것이리라. 나 자신도 그 매력의 포로 중 한 명이다. 미셸 오제는 이 이야기를 흥미롭게 듣더니, "실험 삼아 SO_2를 각각 10g, 5g, 0g으로 다르게 넣고 양조했더니, 넣지 않은 와인이 압도적으로 맛있었습니다"라고 말했다. 품종 특성도 교과서 지식으로는 상대할 수 없을 정도로 개성적이다. 부드럽고 스파이시해서 슈냉 블랑인가 했던 페티양 〈르 프티 우첼로(Le Petit Uccello)〉가 샤르도네 100%라는 말을 듣고 놀랐다. 포도가 원하는 대로 양조한다. 이것이 미셸의 와인양조철학이다.

오제 가문은 19세기부터 와인을 만들었는데, 자체 병입은 2001년에 미셸이 처음 시작했으니 오래전 일은 아니다. 하지

에르되로 VdF 2013
R2L'O VdF 2013
폴 질레가 만든 첫 빈티지. 피노 누아,
피노 도니스, 가메를 1/3씩 블렌딩한
품종 구성은 변함없으나 좀 더 가볍다.

푸시에르 드 륀 VdF 2016
Poussière de Lune VdF 2016
「달의 티끌」이라는 뜻의 시적인 이름. 올드
바인 소비뇽 블랑을 평소보다 늦게 수확해
서 감칠맛이 응축되어 있다.

만 그가 재배해서 판매하는 포도는 티에리 퓌즐라* 등 지역의 생산자들 사이에서 주문이 쇄도했다. 덕망이 두터워 근무하던 농업협동조합의 조합장이 되었으나, "1980년대에 양조방법이 바뀌었습니다. 기계, 비료, 제초제로 흙이 단단해졌고 미생물이 죽었어요. 토지는 특징을 잃었고, 포도에서 과일맛이 사라졌습니다"라고 자연농법을 권유했지만 받아들여지지 않았고, 성공 사례를 보여주기 위해 독립했다.

미셸의 농원 메종 브륄레는 셰르강에서 불과 1㎞ 떨어진 푸이에(Pouillé) 마을에 있다. 13세기의 홍수로 지형이 바뀌었는데, 그래서인지 간선도로부터 부자연스러울 정도로 크게 커브를 그리며 구부러진 길 끝에 본채가 있다. 셀러는 미셸의 증조부가 석회암을 뚫어서 만들었다. 완만한 경사면인 밭을 포플러와 밤 나무가 울창한 숲이 보호하고 있다. 이랑 사이는 겨울에도 파릇파릇한 잡초에 덮여 있어서 걸으면 푹신하다. 풀은 미생물을 만드는 동시에 습도를 유지해 토양을 윤택하게 한다.

"내 땅은 예전부터 강 건너편의 테제(Thésée)에 비해 빈약했기 때문에, 땅을 비옥하게 만들어야 했습니다."

루아르 지방은 블루아(Blois) 왕조의 도읍으로, 중세부터 르네상스 시대까지 약 260년 동안 프랑스의 정치, 문화의 중심이었다. 근처에는 퐁르부아(Pontlevoy) 수도원 등이 있으며, 13세기에 이곳에 농학을 전한 것은 수도사들이었다고 한다.

"척박한 토지에서 호밀, 스펠트밀, 포도 등의 작물을 재배하기 위해서는 지식이 필요했습니다."

증조부는 토지의 소유자인 수도원에서 노동의 대가로 토지와 농기구 등을 받았다고 한다. 오제 가문 사람들에게 와인양조는 힘들게 찾은 생활의 기반이었고, 그 은혜에 감사하는 마음을 와인에 담았다. 아울러 탐구심은 미셸의 와인양조에서 수레의 다른 한쪽 바퀴이다. 바이오다이나믹은 아직 확립되지 않은 농법이어서 동료들과 모여서 공부한다. 양조 선생님은 필립 파칼레*. 그에게 배운 가장 중요한 것은 야생효모의 작용은 눈에 보이지 않지만, 포도에 함유된 메시지를 와인 속에 풍미로 반영한다는 것. 그래서 그 효모의 작용을 방해하는 SO_2는 사용하지 않는다. 다행히 셀러는 늘 15℃ 이하로 박테리아의 번식을 억제할 수 있다.

"와인은 누구라도 만들 수 있습니다. 하지만 만드는 사람에게 '마음'이 없으면 그 와인은 공산품과 같습니다."

2013년 미셸은 알자스 출신의 폴 질레에게 뒤를 맡기고 은퇴했지만, 지금도 동료 생산자들을 지원하고 있다.

에레베 VdF 2016
Érèbe VdF 2016
카베르네 프랑과 코를 세미 탄산 침용으로 발효시켰다. 산딸기의 풍미에 허브가 섞여 청량감이 가득하다.

DATA ● Les Maisons Brûlées

신비롭고 복잡한 맛에 빠져드는
조엘 러버 급증?!

도멘 드 벨 에르 / 조엘 쿠르토
Domaine de Bel-Air / Joël Courtault

과묵하지만 열심히 일해서 루아르의
동료들이 믿고 좋아하는 조엘.

조엘 쿠르토를 발견한 것은 나의 와인 역사에 남을 최대 수확 중 하나이다.

2013년 2월 루아르 푸이에 마을의 노엘라 모랑탱을 방문했을 때, 지인이 바로 근처에 흥미로운 생산자가 있다고 추천해서 방문했는데 그때는 조엘의 진수를 느끼지 못했다. 그도 그럴 것이 문을 활짝 열어둔 셀러는 얼어붙을 정도로 추워서 (생산자 본인은 별로 신경 쓰지 않았다), 여러 와인을 내주었지만 향도 맛도 느끼지 못한 채 서둘러 자리를 떴다.

하지만 며칠 뒤 루아르의 젊은 생산자를 중심으로 한 살롱 「아노님(anonymes)」에서 정상적으로 시음한 조엘의 와인은 매우 뛰어나서 단번에 팬이 되었다(「조엘 러버」를 자처하는 여성팬이 꽤 있다고 한다).

4~5년이 지난 빈티지는 매우 맛이 좋다. 〈에피도트 2009〉, 〈페리도트 2009〉는 모두 100% 소비뇽 블랑으로 만든 와인으로, 미생물이 자유롭게 움직여서 생긴 보이차 같은 신비로운 향은 같지만, 에피도트는 녹색 유자 같은 깔끔한 산미와 서서히 몸에 스며드는 부드러운 뒷맛, 페리도트는 해초무침 같은 아미노산 계열의 산미와 포도 추출물이 응축된 덩어리 같은 질감이 특징이다. 그 외에 페티양의 명인 파스칼 포

에피도트 VdF 2006
Epidote VdF 2006

수령 50년에 가까운 소비뇽 블랑은 수확량이 불과 20㎘/ha이다. 맛은 순수하고 포도 추출물이 듬뿍 들어 있다. 와인 이름인 에피도트는 짙은 녹색의 광석으로, 「해방」과 「초록의 매혹」이라는 의미가 있다.

페리도트 VdF 2011
Peridote VdF 2011

100% 소비뇽 블랑으로 만든 와인. 페리도트는 녹황색의 광석으로, 와인 색깔과 비슷해서 붙인 이름이다. 응축감 있는 퀴베.

테르*의 도움을 받아서 만든, 새콤달콤한 황도 같은 과일맛과 미네랄 톤이 특징인 페티앙 나튀렐 〈소다리트(Sodalite, 슈냉 블랑)〉와 산딸기의 매력적인 과일맛에 은은한 허브의 뉘앙스가 있는 〈오닉스(카베르네 프랑이 메인)〉 등이 있다.

순수한 투명함과 절대적인 무게가 느껴지는 응축감을 겸비한 독자적인 스타일은, SO₂를 전혀 첨가하지 않는 점도 크게 기여한다.

모든 와인을 상 수프르로 만드는 데 성공한 것은 2006년. 소량의 SO₂를 첨가했다는 슈냉 블랑으로 만든〈아메트린(Amétrine) 2005〉는 확실히 안정감은 있지만, 효모가 활동하며 생기는 심연의 복잡한 맛은 느껴지지 않았다. 물론 모든 내추럴 와인이 그렇지는 않겠지만, 오히려 화학적인 것을 더 하지 않아야 부드럽고 깊게 숙성되는 좋은 예를 조엘의 와인을 통해 알았다.

거주지 겸 양조장은 루아르강의 지류인 셰르강 우안의 테제 마을에 있는데, 본채 바로 뒤에는 주로 카베르네 프랑을 심은 남향의 밭이 있다. 토양은 석회질 점토 토양과 모래땅으로, 예전에 바다였는지 화석도 발견된다고 한다.

조엘은 광석수집 마니아여서(와인이름에 광물이 많은 이유),

"밭에 나가서도 흥미로운 돌이 없는지 찾곤 합니다. 매일 흙을 관찰하니까 포도의 병도 사전에 방지할 수 있습니다"라고 이야기한다.

쿠르토 가문은 조엘의 할아버지 대부터 포도를 재배해 협동조합에 팔았다. 조엘은 원래 엔지니어가 되고 싶었지만, 몇 년 뒤 은퇴를 결심한 아버지의 뒤를 잇기 위해 본의 재배·양조학교에 다닌 다음 1999년부터 가업에 합류했다.

이때 근처에 사는 브뤼노 알리옹, 미셸 오제*, 파스칼 포테르* 등 선배 비뉴롱들의 영향을 받아, 관행농법을 그만두고 유기농 재배로 바꿨다. 수확량이 많으면 좋은 와인을 만들 수 없기 때문에 화이트품종 약 20hℓ/ha, 레드품종 40hℓ/ha의 적은 양만 수확한다. 밭은 그야말로 매우 성실하게 가꿔서, 조엘의 포도는 높은 평가를 받고 티에리 퓌즐라* 등의 스타 생산자들이 즐겨 사용하게 되었다.

얼마 뒤부터 주위 비뉴롱들의 권유로 7ha 중 1ha의 포도를 사용하여 와인을 만들기 시작했다. 재배 선생님이 미셸 오제라면, 양조 선생님은 파스칼 포테르이다.

"거북한 것 없이 물처럼 스며드는 와인을 만들고 싶습니다"라는 조엘. 기회가 될 때마다 마시고 싶은 정직한 와인이다.

오닉스 VdF 2009
Onyx VdF 2009

카베르네 프랑을 메인으로 가메, 카베르네 소비뇽을 블렌딩한, 레드와인 중 가장 추천하는 퀴베. 칠흑의 오닉스는 「불교의 선(禪)」을 나타낸 것이다.

DATA ● Domaine de Bel - Air

푸이 퓌메의 개념을 뒤엎는
강렬하고 섬세한 소비뇽 블랑

알렉상드르 뱅
Alexandre Bain

"와인양조에서 중요한 것은 인내! 정성스럽게 보살피면 포도는 반드시 보답한답니다"라고 말하는 알렉스.

완숙한 소비뇽 블랑으로 강렬한 와인을 만드는 알렉상드르 (애칭 알렉스) 뱅. 루아르강 우안의 푸이 퓌메(Pouilly Fumé)는 산미가 강하고 신선한 풍미로 알려져 있지만, 키메리지세 (Kimméridgien), 티톤세(Tithonian) 등 중생대 쥐라기 후기의 오래된 지층에서 태어난 알렉스의 와인은 전혀 다르다. 제초제나 살균제 등의 화학합성약품은 전혀 사용하지 않고, 경작은 땅을 단단하게 만들지 않는 3마리의 말 페노멘, 비아다크, 티지와 함께한다. 수확시기를 최대한 늦추기 때문에 가끔 귀부균이 발생할 때도 있다. 귀부균이 생긴 포도도 함께 양조하기 때문에 농밀한 과일맛과 섬세한 질감이 생긴다. 70%는 SO_2도 첨가하지 않으며, 남은 30%도 10ppm 이하로 첨가한다. 하지만 그런 알렉스를 이단아로 본 INAO가 2015년에 그의 와인을 "영구적으로 아펠라시옹에서 제외한다"라는 불합리한 결정을 했다. 이 결정에 대해 알렉스는 INAO에 반론을 제기하지 않고, "아직 완벽하지 않은 부분이 있겠지만 생산자, 마시는 사람, 지구를 행복하게 해준다는 신념으로 정성껏 와인을 양조하고 있습니다"라는 메시지를 남겼다. 많은 와인 팬이 이 메시지에 감동해서 알렉스의 와인은 시장을 잃기는커녕 점점 더 인기가 높아졌고, 2년 뒤 디종(Dijon)의 지방재판소는 INAO가 알렉스에게 부과한 아펠라시옹 박탈 조치를 취소하는 결정을 내렸다.

　알렉스가 재배하는 포도는 모두 소비뇽 블랑이며, 딸 마들렌의 이름을 딴 리치하며 우아한 대표 와인 〈마드무아젤 M〉을 비롯하여 7가지 퀴베가 있다.

피에르 프레시외즈 VdF 2014
Pierre Precieuse VdF 2014
「소중한 피에르」라는 뜻의 이름은 포도를 낳는 돌(프랑스어로 pierre)인 토양과 아들의 이름을 따서 붙인 것이다.

마드무아젤 M VdF 2014
Mademoiselle M VdF 2014
첫 출하인 2007년의 포도 수확일이 딸 마들렌의 생일과 겹쳐서 딸의 이름을 붙인 스페셜 퀴베.

DATA ● Alexandre Bain

자연, 수작업, 식문화가 응축된
와인양조를 소중히 하고 싶다

실뱅 마르티네즈
Sylvain Martinez

어릴 때부터 자연을 좋아해서 농업을 목표로 삼았다는 실뱅. "말과 함께 경작하고 있으면 내가 자연과 하나가 된 것 같은 기분이 듭니다."

살구와 오렌지 향에 초록색 풀의 뉘앙스가 섞인 새콤달콤하고 깔끔한 뒷맛의 페티양 나튀렐 〈가주이(100% 슈냉 블랑)〉가 주목을 받아, 2010년 무렵부터 서서히 인기를 얻기 시작한 실뱅 마르티네즈.

타고난 곱슬머리, 다부진 체구, 부끄러운 듯 웃는 얼굴로, 늘 단어를 골라가며 신중하게 질문에 답한다.

실뱅이 루아르 중부 도시 앙제에서 동남쪽으로 약 20km 떨어진 곳에 있는 슈멜리에(Chemellier) 마을에 도멘을 설립한 것은 2006년. 와인병에 「vin artisanal」이라고 적혀 있듯이, 실뱅의 와인은 수작업을 중요시하는 수제 와인이다.

"와인양조에 뜻을 둔 이유는 자연을 존중하는 마음, 수작업, 그리고 식문화가 응축된 일은 와인 외에 달리 없다고 생각했기 때문입니다." 부모님은 교사였지만 할아버지가 작은 농원에서 가축과 채소를 기르면서 소량이지만 포도도 재배했는데, 실뱅은 휴가 때마다 방문해서 밭일 돕기를 즐겼다.

재배·양조학교를 졸업한 뒤 마크 앙젤리*, 르네 모스, 올리비에 쿠쟁 밑에서 계속 경험을 쌓았고, 특히 올리비에 쿠쟁에게는 말을 이용한 경작의 중요성을 배웠다. 동식물의 다양성을 중시하고 환경을 배려하면서, 와인양조 일을 자녀들(15세 오뱅과 13세 에밀리오)에게 물려주고 싶다고 한다. 가주이 외에 산미와 쓴맛의 균형이 잘 맞는 〈구트 도(Goutte d'O, 100% 슈냉 블랑)〉, 자두 조림 같은 과일맛이 가득한 〈코르보(Corbeau, 100% 그롤로 누아)〉 등의 퀴베가 있다.

가주이 VdF 2012
Gazouillis VdF 2012
와인 이름은 「지저귐」이라는 뜻. 정성껏 기른 포도가 와인이 되어 이야기하는 기쁨을 표현했다고 한다.

DATA ● Sylvain Martinez

포도의 힘을 믿는 와인양조로
50년 전의 상세르를 재현

세바스티앙 리포, 아라이 준코
Sébastien Riffault, Arai Junko

밭일을 무엇보다 중시하는 세바스티앙. 포도에 주는 스트레스를 최소화하기 위해 상급 퀴베용 밭에서는 트랙터를 사용하지 않고 말로 경작한다.

돌을 씹는 듯한 짭조름한 광물의 질감을 둥글둥글하고 부드러운 산미가 감싼다. 세바스티앙 리포의 소비뇽 블랑은 상세르 (Sancerre) 지역의 다른 와인들과 전혀 다르다. 이는 말로락틱 발효(2차발효)의 효과 때문이라고 한다. 상세르에서는 상큼한 사과산을 남기기 위해 1차발효가 끝난 시점에 SO₂를 첨가해서 발효를 멈추지만, 세바스티앙은 인위적인 조작을 꺼려서 자연에 맡기기 때문에 이런 부드러움이 생기는 것이다. 사실 이 방법은 50년 전 상세르의 스타일이다.

내추럴 와인에 뜻을 둔 것은 가업을 잇기 전에 내추럴 와인을 많이 취급하는 파리의 와인숍 라비니아(Lavinia)에서 일한 것이 계기가 되었다. 본가에 돌아와 서서히 유기농 재배로 바꾸었고, 아버지도 결과에 만족하여 2007년에는 바이오다이나믹으로 전환했다. 와인 이름은 리투아니아 출신인 아내를 위해 아내의 모국어로 밭의 특징을 표현한 것이다. 〈아크메니네〉는 돌투성이, 〈스케벨드라(Skeveldra)〉는 돌의 파편이라는 뜻이다.

2012년에 「도멘 데 부아 뤼카(Domaine des Bois Lucas)」의 오너이며 「코스모 준(Cosmo Jun)」이라는 수입사를 운영하는 아라이 준코가 세바스티앙의 소비뇽 블랑으로 만든 〈세바스티앙 리포 비니피에 파 준코 아라이(Sébastien Riffault Vinifie par Junko Arai)〉가 출하되었다. 소비뇽 블랑 밭을 전부 처분한 아라이가 "말로 경작한 세바스티앙 밭의 포도로 와인을 만들고 싶다"고 해서 시작된 콜라보 와인으로, 두 사람의 스타일 차이를 즐길 수 있다.

**AC 상세르
아크메니네 2014**
AC Sancerre Akmenine 2014
점토질 석회암 토양의 수령 30년된 포도나무의 포도를 여과하지 않고 완성하는 와인은, 농후하며 강렬한 풍미가 특징이다.

**상세르 비니피에
파 준코 아라이 2015**
Sancerre Vinifie
par Junko Arai 2015
4년째 콜라보 중인 퀴베. 점토질 석회암 구획의 포도를 500ℓ, 225ℓ짜리 새 나무통에서 18개월 동안 발효·숙성시켰다.

DATA ● Sébastien Riffault

병 속에서 숙성되는 내추럴 와인을 만드는 감각, 기포는 그 산물이다

레 카프리아드 / 파스칼 포테르
Les Capriades / Pascal Potaire

파스칼(왼쪽)은 비뉴롱이 되지 않았다면 요리사가 되고 싶었다고 말할 정도로 요리 실력이 뛰어나다. 오른쪽은 공동경영자인 모제스 가두슈 (Moses Gadouche).

**메토드 앙세스트랄
펫 세크 VdF 2016**
Méthode Ancestrale
Pet' Sec VdF 2016

슈냉 블랑 40%, 므뉘 피노 30%, 샤르도네 30%. 세련된 기포와 단단한 골격의 드라이 페티앙 와인.

**피에주 아 피유 로제
VdF 2016**
Piège à Filles Rosé VdF 2016

가메 75%, 코 25%. 「여자의 올가미」라는 뜻으로, 여자라도 과음할 정도로 맛있다는 의미이다.

파스칼 포테르는 루아르가 자랑하는 페티앙 나튀렐의 명수이다. 100% 샤르도네로 만든 〈페팽 라 뷜(Pépin la bulle)〉은 상큼하게 드라이하며 미네랄 풍미가 있다. 톱 퀴베인 이 와인은 병에서 3년 동안 숙성시켜 출하한다. 페티앙 나튀렐의 개념을 초월한 와인이다. 〈피에주 아 피유〉는 화이트와 로제가 있는데, 풍부한 과일맛에 부드러운 기포, 깔끔한 산미와 은은한 단맛이 기분 좋다. 심플한 와인처럼 보이지만 실제로는 미묘한 병입 타이밍을 맞추는 장인의 기술로 만들어지며, 특히 로제와인은 사부아의 로제 스파클링 명인인 라파엘 바투치(Raphael Bartucci)의 조언을 받아 완성했다.

파스칼은 루아르 남서부의 베르주라크(Bergerac) 출신이다. 르 망(Le Mans)의 도심에 있는 와인숍에서 일했을 때 천재 양조가 니콜라 르나르*와 친해져, 가게를 그만두고 니콜라와 함께 1997년부터 2001년까지 자니에르와 부브레의 양조장에서 일했다. 니콜라의 소개로 루아르의 여러 생산자를 만나 공부하다가 1999년에 마신 도멘 그라므농*의 〈메메 1989〉에 감동해서, 내추럴 와인을 자신의 나아갈 길로 정했다. 그리고 크리스티앙 쇼사르*의 페티앙 나튀렐을 마신 뒤 도전할 가치가 있는 테마를 발견했다. 그 뒤 아라이 준코*가 운영하는 도멘 데 부아 뤼카의 재배 · 양조 책임자가 되었고 2005년에 독립했다. "생산자의 능력은 한계가 있습니다. 필요한 것을 모두 알고 있는 포도에게 맡기는 것이 가장 좋은 방법입니다"라고 겸손하게 말하는 파스칼. 현재는 내추럴 스파클링와인 축제 「뷜 오 상트르(Bulle au Centre)」도 주최하고 있다.

힘을 더 키워서 다시 만든
세바스티앙의 즐거운 와인

레 비뉴 드 바바스
Les Vignes de Babass

파트리크 데플라(Patrick Desplats)와 함께 도멘 데 그리오트(Domaine des Griottes)를 운영하던 세바스티앙 데르비외(Sebastien Dervieux)가 10년이 지나 독립할 뜻을 굳히고, 2011년 양주 지구의 상조(Chanzeaux) 마을에 2.4ha의 밭을 사서 설립한 도멘이다.

　티에리 퓌즐라*와 조 피톤(Jo Pithon)을 만나 자신이 나아갈 방향을 찾았다는 세바스티앙은, 이제 양주 지구 젊은 생산자들의 리더격인 존재이다. 내추럴 와인 살롱 「디브 부테유」에서 파생된 몇 개의 작은 시음회가 있는데, 그가 주최하는 「아노님」은 가장 활기 넘치는 시음회 중 하나이다(http://vinsanonymes.canalblog.com).

　산딸기에 로즈메리와 처빌 등의 향이 섞인 100% 카베르네 프랑으로 만든 〈록 카브(ROC CAB) 2011〉, 제비꽃 향에 민트의 악센트가 있는 100% 그롤로로 만든 〈그롤른 롤〉 등, 이름도 라벨도 록 음악 같아서 마시면 즐거워지는 와인이다.

그롤른 롤 VdF 2016
Groll'n Roll VdF 2016
수령 70년의 그롤로 누아로 만든 와인. 알코올 도수가 11.5%여서 마시기 편하면서도 깊이 있는 풍미.

마이 스위트 나빈 VdF 2013
My Sweet Navine VdF 2013
나빈 밭에서 늦게 수확한 포도를 사용한다. 달콤하고 풍부한 향에 쌉쌀한 뉘앙스가 녹아든 복잡한 풍미.

DATA ● Les Vignes de Babass

성실한 남편과 천진난만한 아내는,
이름처럼 브르통 품종의 전문가

카트린 에 피에르 브르통
Catherine et Pierre Breton

카베르네 프랑을 양조하기 위해 태어난 듯한 카트린과 피에르 브르통 부부. 브르통은 루아르 지방의 방언으로 카베르네 프랑을 의미하기 때문이다. 카트린과 피에르는 카베르네 프랑과 슈냉 블랑의 전문가이다.

　피에르는 대학에서 수학을 전공했으나 자연과 함께하는 일을 하고 싶어서, 1985년 고향 부르괴유(Bourgueil) 옆 레스티네(Restigné) 마을에 11ha의 밭을 사서 도멘을 설립했다. 아내인 카트린은 부브레의 포도농가 출신으로 몇몇 밭은 그녀의 본가에서 물려받은 것이다.

　마르셀 라피에르*와 만나면서 본격적으로 내추럴 와인에 몰두했으며, 1990년에 유기농으로, 1996년부터는 바이오다이나믹으로 전환했다.

　레드, 화이트, 스파클링이 있는 〈라 딜레탕트(La Dilettante)〉는 카트린이 재배부터 양조까지 혼자 하는 브랜드로 「예술애호가, 도락가」라는 뜻이다. 어깨의 힘을 빼고 만든 듯한 편안한 풍미가 기분 좋다.

AC 부르괴유 뉘 디브레스 2010
AC Bourgueil Nuits d'Ivresse 2010
「술 취한 밤」이라는 이름을 가진 이 와인은 최상의 포도로 만든 특별 퀴베이다. 과일맛에서 민트 향이 느껴진다.

DATA ● Catherine et Pierre Breton
https://www.domainebreton.net

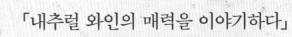

페스티뱅에 참여하는
레스토랑과 와인바에서 전하는 메시지 ③

호소고에 도요코

Le cabaret(도쿄 요요기우에하라) 오너

프랑스에는 자주 놀러갔지만, 내추럴 와인을 만난 것은 2004년에 르 카바레를 오픈할 때였습니다. 주류판매점에서 추천해준 마르셀 라피에르*의 〈세나(Chenas)〉. 첫인상은 색도 옅고 시큼하고 주스 같았어요. 처음에는 "이게 뭐야?" 하지만 금세 "맛있다"로 바뀌었습니다. 그 뒤 연수를 겸해 파리에 갔을 때 와인 비스트로 베르 볼레(Verre Volé)에서 와인을 제공하는 방식을 보고, 자유롭고 즐거운 분위기에 반해서 귀국한 뒤 가게의 스타일을 그렇게 정했습니다. 내추럴 와인은 도자기나 수공예품 같습니다. 생산자의 마음이 담겨 있고 모두를 즐겁게 만듭니다. 돈벌이를 최우선으로 하지 않고 만든 것에는 감동이 있습니다.

곤노 마코토

uguisu(도쿄 산겐자야),
organ(도쿄 니시오기쿠보) 오너

첫 만남은 14년 전 마르셀 라피에르의 〈모르공〉이었는데, 처음에는 맛있다고 느끼는 나의 미각에 자신이 없었습니다. 상식에서 벗어난 맛이었으니까요. 무심코 가게 셰프에게 "어떻게 생각해요?"라고 묻고 말았어요(웃음). 9년 전 우구이스를 오픈한 뒤로는 내추럴 와인만 취급합니다. 내추럴 와인은 카운터컬처라고 생각합니다. 대자본의 주도에 등을 돌린, 자기표현의 와인. 록 스피릿이지요.
그들이 빚어내는 액체는 혼란스러우면서도 유기적입니다. 단지 아름다울 뿐 아니라 때로는 마시는 사람을 고르는 듯한 독특한 향과 혼탁함도 있지요. 매혹적이고 위험한 향기에 매료되어 버립니다.

쓰보타 야스히로

Le cabaret(도쿄 요요기우에하라) 소믈리에

나 역시 마르셀 라피에르가 출발점이었습니다. 2004년 무렵이었어요. 그 뒤로 여러 가지 와인을 마시다가 르메르 푸르니에(Lemaire Fournier)의 〈부브레 세크(Vouvray Sec) 2002〉를 만났을 때 "이거다!"라고 느꼈지요. 지금껏 마신 화이트와인과 달랐습니다. 가벼우면서 미세한 기포, 목넘김이 좋고, 산미가 깨끗해서 술이라는 사실도 잊고 계속 마셨어요. 너무 마음에 들고 나와 잘 맞아서 내추럴 와인에 빠지고 말았습니다.
페스티뱅에서 젊은 사람들이 즐겁게 와인을 마시는 모습이 참 보기 좋습니다. 와인이 있는 것이 당연하다는 느낌이지요. 규칙이 없는 것이 내추럴 와인입니다. 생각지도 못한 발견을 하게 될지도 모릅니다. 자유롭게 즐겨보세요.

모든 것을 포도에게 배워서 만드는
성실하고 깊이 있는 맛

도멘 줄리앙 마이어 / 파트리크 마이어
Domaine Julien Meyer / Patrick Meyer

와인양조에서 중요한 것은 무엇보다 흙이라고 말하는 파트리크 마이어. "어떤 와인으로 만들어야겠다는 생각은 하지 않습니다. 흙의 에너지를 그대로 와인에 담아야지요."

"위대한 와인을 만들기 위해 필요한 것은 무엇일까." 매번 와인 생산자들에게 묻는데 「포도」, 「밭」, 「테루아」, 「자연을 존중하는 마음」, 「열정」이 최대공약수인 듯하다. 한 가지 의외였던 대답은 도멘 줄리앙 마이어의 오너인 파트리크 마이어의 「흙」이라는 대답이었다.

"튼튼한 흙을 만든다는 생각으로 1년을 보냅니다. 흙이 튼튼하면 포도는 저절로 건강해지고, 맛있는 와인이 됩니다."

줄리앙 마이어의 와인은 알자스의 그랑 크뤼인 〈뮌헤베르크 리슬링(Muencheberg Riesling)〉부터 〈피노 누아 하이젠베르크(Pinot Noir Heisenberg, 단일 포도밭 와인)〉와 캐주얼 라인인 〈메르 에 코키아주(리슬링과 실바네르의 블렌딩)〉까지, 어느 와인이든 고귀한 기품이 있으면서 위압감 없이 조용히 말을 걸어오는 듯한 깊은 맛이 있다.

리슬링이나 피노 그리를 잘 다루는 생산자 중에는 아로마틱한 화이트품종은 산화에 약하다며 SO₂를 더 많이 첨가하는 사람도 있는데, 파트리크는 1995년이라는 상당히 이른 시기부터 상 수프르에 도전했다.

직접 찾아오지 않으면 와인을 팔지 않는 까다로운 사람이라는 소문이 있었지만 만나보니 상당히 솔직해서, "와인을 다루는 방식은 직접 만나야 전달할 수 있습니다. 방문하러 온 사람들에게는 전부 숨김없이 이야기해요"라고 말한다. 와인을 사러오는 사람들 외에도 튼튼한 흙을 만들고 싶어 하는 생산자들이 프랑스뿐 아니라 오스트리아나 신대륙에서도 찾아온다고 한다.

포도나무의 개화를 며칠 앞둔 6월 초순, 「흙」을 보기 위해 스트라스부르(Strasbourg)와 콜마르(Colmar) 사이에 있는 노탈텐(Nothalten) 마을로 파트리크를 만나러 갔다. 알자스 특유의 메종 아 콜롱바주(Maison à Colombage)라는, 기둥과 대

전형적인 알자스의 건축 스타일. 안쪽이 셀러이고 오른쪽이 생활 공간이다.

들보가 외부 벽으로 드러나는 알록달록한 목조건축물이 늘어선 중심가를 벗어나 10분을 더 달려 하이젠베르크의 밭에 도착했다. 노탈텐 마을이 잘 보이는 표고 300m의 경사면은 신생대 제3기 초기(약 4,500만 년 전)에 시작된 지각변동으로 기저부의 화강암과 사암이 노출되어 지층 묶음이 발달한, 다채로운 지층으로 이루어진 보주(Vosges)산맥의 경사면 지대에 있다.

밭은 건강하다기보다 와일드하며 밀, 호밀, 클로버를 베지 않고 쓰러뜨려서 이랑 사이를 덮었다.

"풀을 베지 않고 쓰러뜨리면, 풀이 살아 있는 채로 알맞은 수분(습도)과 에너지를 포도나무에게 줍니다"라며 파트리크가 화강암 흙을 파서 보여준다. 부엽토 향이 정말 좋고, 새까만 흙은 촉촉하게 물기를 머금었는데도 손으로 쥐면 보송보송한 느낌이다. 파트리크는 밭을 갈지 않는다. 5㎝ 정도만 파서 일군다.

"토양은 5㎝마다 층이 나뉜 아파트와 비슷합니다. 층마다 다른 사람이 살고 있고, 각각의 인생이 있습니다. 예를 들어 위층은 산소와 질소가 필요하지만, 아래층은 그렇지 않아요. 개인의 사생활은 보호해야 합니다. 하지만 신기하게도 최상층에 자극을 주면 펌프처럼 아래층까지 에너지가 전달됩니다. 작은 에너지의 이동이 큰 효과를 낳는답니다."

확실히 논리적이다. 하지만 이런 방법은 처음 보았다.

"일본에도 비슷한 방법으로 농사를 짓는 사람이 있습니다"라는 파트리크. "혹시 후쿠오카 마사노부 이야기인가요?"

『짚 한오라기의 혁명』이라는 책으로 알려진 자연농법가 후쿠오카 마사노부의 땅을 갈지 않는 농법을 응용한 것이라고 한다.

피노 블랑 레 피에르 쇼드 2016
Pinot Blanc Les Pierres Chaudes 2016

허브와 벌꿀의 뉘앙스에 이어서 부드럽게 퍼지는 둥글둥글하고 풍부한 과일맛과 미네랄 느낌에, 상큼한 산미가 악센트.

건강한 흙에서 건강하게 자란 피노 누아
가 아름다운 열매를 맺었다.

리슬링 그리테마트 2016
Riesling Grittermatte 2016

그리테마트 구획의 리슬링을 콘크리트
에그에서 발효시키고, 그대로 쉬르 리
(Sur Lie, 감칠맛을 위해 앙금과 함께 숙성
시키는 것) 방식으로 숙성시킨다. 사과를
베어 문 듯한 풍미에 묵직한 산미가 겹쳐
진다.

**마세라시옹 오랑주 드
뮈스카 프티트 플뢰르 2017**
Maceration Orange de
Muscat Petite Fleur 2017

도멘 근처 화강암 토양의 밭에서 자란
수령 18~50년의 뮈스카를 사용. 건포
도와 제라늄의 상쾌하고 달콤한 향과,
그와 정반대로 드라이한 터치가 인상적
이다.

이 방법으로 충분히 토양이 활성화되기 때문에, 바이오다이나믹에서 추천하는 퇴
비도 필요 없다. 토양도 인간의 몸과 같아서 면역이 생기면 항생물질은 필요 없다.

바로 위에 있는 계단식 밭에 아주 좋은 비교 사례가 2가지 있었다. 한 곳은 파트리
크도 잘 아는 생산자로 바이오다이나믹 농법으로 포도를 재배하는데, 포도가 무엇을
원하는지 이해하지 못하고 단지 조제를 뿌리기만 하는 밭. 다른 한 곳은 관행농법으
로 재배하는 밭이다. 바이오다이나믹 농법으로 재배하는 밭은 영양분이 지나치게 풍
부해서 대사 질환에 걸린 듯 잎이 부풀었고 색깔도 이상하게 진하다. 관행농법으로
재배하는 밭은 흙이 사막처럼 메마르고, 죽은 식물에 발생한다는 노란 이끼가 나무밑
동을 덮고 있었다. 이런 밭이 가까이 있으면 제초제 등의 영향을 받지 않냐고 물었더
니, 이미 면역이 생긴 파트리크의 밭은 설령 병에 걸려도 나무 전체로 번지는 일은 없
다고 한다.

전부 수작업으로 하는 이유는 포도에 부담을 주지 않는다는 의미도 있지만, 포도
와 커뮤니케이션을 하기 위해 필요한 절차라고 한다. 수확시기는 물론 당도와 산도
등의 데이터를 기준으로 하지만, 포도의 상태를 감지하면 저절로 완벽한 타이밍을 알
수 있기 때문이다. 포도밭에는 각각의 다양성이 있고 인생이 있다. 뭔가 신비로운 이
야기 같지만 이 밭에 서면 신기하게도 이해가 된다. 파트리크는 이런 혁신적인 재배
방법을 거의 독학으로, 본인 말에 의하면 "포도에게 배워서 익혔습니다"라고 한다.

마이어 가문은 1705년부터 와인을 양조한 오래된 집안인데, 파트리크가 5살 때
아버지가 돌아가신 이후 어머니가 이어받았다. 파트리크는 성장해서 재배・양조 전
문학교에 입학했지만, 가르치는 내용은 화학적인 기술뿐이어서 2년 만에 그만두고
1982년부터 오너가 되었다.

처음에는 주위 어른들이 하는 방법을 배워서 관행농법으로 경작했지만, 비료와 제
초제 탓에 포도나무도 주위 식물도 점점 약해지는 것을 보고 3년 뒤에는 유기농, 그
리고 바이오다이나믹을 도입했다.

양조장 작업에서도 "포도에 발효하는 힘이 있는데 왜 외부에서 가져온 효모를 추
가할까. 또 포도에 면역력이 있는데 왜 필요없는 황을 첨가하는 걸까"라는 의문을 품
었다. 원래부터 완전한 것에 더하거나 빼서 균형을 무너뜨리는 것에 위화감을 느낀
파트리크는 점점 작업을 단순화했다. 1985년에는 효소를 줄였고, 배양효모와 산을
보충하는 작업을 그만두었다.

COOKING

최신 트렌드의 요리와 안전한 먹을거리

와인은 어렵지 않아 [증보개정판]

Ophélie Neiman 지음 | 185×240 | 280쪽 | 29,000원

시대 흐름에 발맞춰 최신 정보로 재무장한 업그레이드판.
무려 64page를 보강하여 새롭게 출발한 이 책은
내추럴와인, 오렌지와인, 뱅존에 대한 정보는 물론
와인과 관계있는 유명 인물도 소개한다. 또한, 무엇을
배웠는지 와인지식도 셀프로 테스트할 수 있다.

04083 서울시 마포구 토정로 53 (합정동) | 전화 02-324-6130 | 팩스 02-324-6135
계좌번호 : 하나은행 209-910005-93904 (예금주 주식회사 동학사)

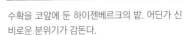

수확을 코앞에 둔 하이젠베르크의 밭. 어딘가 신
비로운 분위기가 감돈다.

노탈텐 마을의 교회를 내려다보는 하이
젠베르크의 밭.

나튀르 2016
Nature 2016

실바네르 90%, 피노 블랑 10%로 블렌딩한 와인. 꽃향기와 레몬을 짠 듯한 산미, 그리고 깨끗하고 응축감이 있는, 마시기 편한 와인이다.

본채 뒤에 있는 포타제(가정농원). 그들이 먹는 채소는 대부분 이곳에서 딴 것이다. 특히 감자는 1년 분량을 재배해서 저장한다.

산화가 과도하게 진행되지 않는다는 달걀모양 발효용기는 바이오다이나믹 생산자들이 많이 사용한다. 효과는 아직 모르지만 "느낌이 마음에 듭니다"라는 파트리크.

메르 에 코키아주 VdF 2016
Mer & Coquillages VdF 2016
「바다와 조가비」라는 이름의 와인은 그
야말로 어패류와 함께 즐기고 싶은 아로
마틱한 와인.

발효용기도 스테인리스, 나무, 콘크리트 등 소재는 다양하지만 크기는 대체로 작으며, 알자스 특유의 대형 나무통 푸드르(Foudre)는 사용하지 않는다. 이는 다양한 구획의 포도를 각각 발효시키기 위해서이다. 바이오다이나믹 생산자가 자주 사용하는, 보통 「에그」라고 부르는 달걀모양의 콘크리트 발효용기도 3개가 있다. 공기가 잘 통하지 않는 소재이고, 가로세로 길이가 황금비율로 모서리가 없고 매끄러우며, 상부가 오므라져 있어서, 공기와 닿는 표면적이 작아 산화가 과도하게 진행되지 않는다고 한다. 하지만 파트리크는 "느낌이 좋아서 사용할 뿐, 바이오다이나믹 생산자들이 말하는 효과는 아직 모르겠습니다"라고 한다.

SO_2는 먼저 탄산가스가 와인을 산화로부터 지켜주는 스파클링와인과 폴리페놀이 풍부한 피노 누아부터 넣지 않기 시작해서, 1997년에는 다른 화이트품종에도 시도했다. 다만 종교처럼 SO_2 무첨가를 맹신하는 것이 아니라, 필요할 때는 적당량(상한 20mg/ℓ 정도)을 첨가한다. 와인 중에서 상 수프르인 것은 라벨 왼쪽 위에 「NATURE」 마크가 작게 들어가 있다.

놀랍게도 2000년대 들어 비니 서커스(Vini Circus) 등의 살롱에 출전할 때까지, 알자스에서 마찬가지로 내추럴 와인을 추구하던 제라르 슈엘러*, 크리스티앙 비네*, 장 피에르 프릭* 등의 동료들과는 교류가 전혀 없었다. 그가 내추럴 와인에 도달한 것은 모두 포도가 인도한 결과였다.

"늘 포도와 대화하면서 와인양조를 생각하니까, 지금 하는 방법은 10년 전의 와인양조와 전혀 다릅니다. 분명 10년 뒤에는 또 다른 방법으로 만들고 있을 겁니다."

요즘은 호메오파티(p.52 참조)의 효과를 알아보는 중인데, 금세 결과가 나오리라고는 생각하지 않는다. 10년, 20년 느긋하게 해보겠다고 한다.

실험 중인 호메오파티의 레머디
(p.52 참조).

밭에서 돌아오자 부인 미레유가 점심식사를 함께하자고 했다. ㄷ자형으로 가운데 뜰을 둘러싼 건물은 1층이 셀러, 2층이 생활공간 겸 사무실이다. 18세기의 오리지널 건물에서 골조를 살려 증축한 모던한 인테리어는 미레유의 취향이다.

치즈와 햄을 넣은 오믈렛과 뒷마당의 포타제에서 수확한 감자로 만든 샐러드, 식후에는 호밀빵과 무살균 우유로 만든 묑스테르(Munster) 치즈를 듬뿍 먹었다. 신뢰하는 사람이 키운 재료로 만든 요리는 성실한 맛이 났다. 와인은 화려한 하얀 인동초 같은 향기와 깨끗한 산미의 리슬링과 실바네르을 블렌딩한 〈젤베르그 레르미타주(Zellberg l'Hermitage) 2012(NATURE)〉, 산딸기 같은 과일맛과 치밀하고 섬세한 타닌이 기분 좋은 〈피노 누아 하이젠베르크 2012(NATURE)〉. 마음속 깊이 스며드는 맛은 하루아침에는 완성할 수 없는, 건강한 흙이 만든 맛이다.

9월, 수확 직전에 다시 한번 하이젠베르크의 밭을 방문했더니 포도는 변함없이 건강해 보였지만, 와일드한 분위기는 자취를 감추고 차분한 느낌이었다. "겨울은 에너지를 만드는 때"라는 파트리크. 이랑 사이에는 새로운 풀을 심었고, 내년에 대비해 에너지를 저축하는 새로운 생명의 사이클이 시작되었다.

파트리크의 가족, 아내인 미레유와 10대 딸들. 매우 화목하다.

브뤼노만의 독특한 개성과 존재감,
풍자가 깃든 탁월한 네이밍까지

제라르 슈엘러 에 피스 / 브뤼노 슈엘러
Gérard Schueller et Fils / Bruno Schueller

어떤 인증도 받지 않고 자신의 길을 가는 브뤼노 슈엘러가 만드는 와인은 개성이 도드라진다. 부인이 이탈리아 사람이어서 이탈리아 음식과 와인을 매우 좋아한다.

내추럴 와인 생산자 중에는 독특한 사람이 많지만, 브뤼노 슈엘러는 그중에서도 유아독존인 사람이다.

순수하고 독창성 넘치는 와인을 만들고 싶은 브뤼노와 INAO의 불화는 이미 전설인데, 알자스 규격에 맞지 않는다는 이유로 AOC를 취득하지 못하고 뱅 드 타블 등급으로 강등되기 일쑤이다. 하지만 일반 와인이 많은 알자스에서 배양효모를 사용하지 않고 SO₂는 안 넣거나 필요한 최소량으로 넣으면서, 빈티지마다 다른 개성을 표현하려면 등급 외가 되는 것은 당연하기 때문에, 브뤼노는 AOC 마크가 붙은 평범한 와인이 될 바에는 이름과 라벨에 익살이 담긴 재미있는 와인을 만들고 싶다는 용감한 정신의 소유자다.

슈엘러 가문은 보헤미아의 신교 반란이 발단이 되어 유럽이 전란에 휩싸인 30년전쟁 말기까지 가계를 거슬러 올라가는 오래된 가문이다. 콜마르에서 남서쪽으로 약 10㎞ 떨어진 곳에 있는 유스랑 레 샤토(Husseren-les-Châteaux) 마을에서 대대로 포도를 재배하고 있다. 브뤼노의 아버지로 80세가 넘어서도 매일 밭에 나가는 제라르는 선견지명이 있어서, 아이히베르크(Eichberg), 페르지크베르크(Pfersigberg, 그랑 크뤼 밭=GC), 빌츠퇴클레(Bildstoecklé, GC는 아니지만 그에 준

리슬링 르 베르 에 당
르 프뤼이 2014
Riesling Le Verre est dans
Le Fruit 2014
적은 수량, 대형 나무통 발효와 숙성으로 만든 와인은 확실히 일반적인 알자스 와인과는 다른 깊이 있는 풍미가 느껴진다. 유머러스한 라벨의 그림은 미국 만화에서 발견한 것이라고 한다.

AC 알자스 리슬링 푸스로크 2014
AC Alsace Riesling Fuchsloch 2014
「위대한 해에는 그랑 크뤼를 능가한다」는 푸스로크 구획. 강렬함 속에 어깨의 힘을 뺀 과일맛이 느껴진다.

실바네르 밭에서 석회암에 석영이 섞인 돌을 손에 쥔 브뤼노. "빛을 반사해서 포도가 잘 익습니다"라고 한다.

한다) 등의 우수한 밭을 가격이 쌀 때 샀다고 한다.

대부분의 알자스 포도밭이 위치한 구릉지대 서쪽의 좀 더 높은 곳에 있는 보주산맥지대는 결정질암지대로도 불리는데, 슈엘러 가문이 소유한 7ha의 밭은 화강암, 석회암, 수십 종류의 변성암이 마블 형태로 섞인 복잡한 지층과 토양으로, 이 토양이 와인의 맛에 깊이를 만든다.

원래는 협동조합에 포도를 납품했으나 1958년에 제라르가 자체 병입을 시작했고, 1982년에 브뤼노가 재배·양조 책임자가 되었다. 슈엘러 가문에서는 제라르 대부터 한 번도 화학비료나 제초제를 사용하지 않았으며 조제도 직접 만들고 있지만, 유기농이나 바이오다이나믹 인증에는 관심이 없다.

와인은 요리사가 도착한 식재료의 상태를 보고 메뉴를 정하는 것처럼 다양한 퀴베가 있으며, 해마다 출하하는 와인도 바뀐다.

예를 들어 커다란 복숭아 속에서 애벌레가 얼굴을 내미는 유머러스한 라벨의 리슬링 〈르 베르 에 당 르 프뤼 2000〉은 페르지그베르크 GC의 와인으로 만들었는데, 지나치게 개성적이어서 AOC로 인정받지 못하자 "과일에 벌레가 꼬였다"라는 뜻의 이름을 붙였다. "너무나 맛있어서 벌레가 먹었다"와

"큰 조직의 내부는 벌레가 들끓는다"를 연결시킨 기발한 조롱을 담은 이름이다.

원래는 여러 품종을 블렌딩해서 만드는 알자스의 화이트와인 에델츠비커를 리슬링만으로 만든 〈에델츠비커(Edelzwicker) 2004〉 역시 검사를 통과하지 못해서, 리슬링 100% 에델츠비커로 출하했다.

〈리슬링 퀴베 파르티퀴리에르(Riesling Cuvée Particuliere) D4 2009〉는 SO₂ 사용량을 줄이기 위해 SO_2 1㎖를 물 99㎖로 희석하고 이를 41번 반복한 호메오파티(p.52 참조)와 같은 방법으로 만들어 거의 상 수프르 와인에 가깝다.

〈피노 누아 LN012 2003〉은 SO₂ 사용량이 12㎎/ℓ인 매우 내추럴한 와인이다.

퀴베 수가 많아서 조금 헷갈릴 수 있지만, 하나하나의 스토리를 알면 와인이 더 친근해진다. 리슬링이든 피노 누아든 순수하고 깨끗한 산미와, 브뤼노 만의 샘솟는 개성이 재미있다.

브뤼노의 혁신적인 와인양조에 매혹되어 슈엘러 가문의 문을 두드리는 신인도 많아서, 사부아의 장 이브 페롱*과 쥐라에 있는 도멘 데 미루아르의 가가미 겐지로*도 이곳에서 경험을 쌓았다.

AC 알자스 피노 그리 레제르브 2013
AC Alsace Pinot Gris Réserve 2013
슈엘러 화이트와인의 대표작. 드라이하고 리치하며 촉촉하고 복잡하다. 흔들림 없이 확고한 풍미는 타의 추종을 불허하는 품격.

DATA ● Gérard Schueller et Fils

섬세함과 근성을 겸비한,
알자스의 기대되는 별

카트린 리스
Catherine Riss

피노 누아와 리슬링을 재배하는 그레 로즈(Gres Rose)라는 분홍색 사암 토양의 리슈펠드(Reichsfeld) 언덕. 취미는 버섯 따기와 친구들에게 요리 대접하기라는 카트린.

**AC 알자스 피노 누아
앙프렝트 2017**
AC Alsace Pinot Noir
Empreinte 2017
세미 탄산 침용을 도입한 매력적인 피노 누아. 라벨의 지문에도 주목!

**AC 알자스 드수
드 타블 2017**
AC Alsace Dessous
de Table 2017
피노 오세루아(Pinot Auxerrois)를 주로 사용한 화이트와인. 「은밀한 물건」이라는 뜻의 이름으로, 라벨에는 여성의 속옷(속치마) 일러스트가 그려져 있다.

DATA ● Catherine Riss

피노 누아라고 하면 부르고뉴 와인을 떠올리는 사람이 많지만, 나는 알자스의 피노 누아 와인을 좋아한다. 매력적이면서 금세 사라질 듯한 풍미는 우리 집 식탁에도 딱 맞는다. 그중에서도 마음에 드는 와인이 카트린 리스의 〈앙프렝트〉. 모든 조각이 있어야 할 자리에 제대로 있는 것처럼, 선명하게 초점이 맞는 듯한 안정감이 있다. 프랑스어로 「지문」을 의미하는 카트린의 대표 와인으로, 인상적인 라벨의 일러스트에서 여성 얼굴은 카트린의 지문으로 디자인했다.

카트린은 양친이 알자스의 중심도시 스트라스부르 교외의 게르스트하임(Gerstheim) 마을에서 레스토랑을 운영하고 있어서 어릴 때부터 와인과 친숙했다. 고등학교 졸업 뒤 본의 양조학교에서 공부했고, 그때 연수를 받은 주브레 샹베르탱(Gevrey Chambertin)의 도멘 장 루이 트라페(Domaine Jean Louis Trapet)에서 바이오다이나믹 농법에 흥미를 갖게 되었다. 그 뒤 디종 대학에서 프랑스국가인정양조기사(DO)를 취득하고 국내외에서 경험을 쌓은 뒤, 에르미타주(Hermitage)의 샤푸티에(Chapoutier)가 알자스에 세운 「도멘 시코프(Domaine Schieferkopf)」에서 일하기 시작하여 치프 와인메이커까지 승진했으나, 안정된 직장을 버리고 2011년 1.5ha(현재 3.5ha)의 땅을 빌려 이듬해 자신의 도멘을 설립했다. 사실 카트린은 어릴 때 사고로 왼쪽 팔을 잃었다. 이를 근성으로 극복하고 모든 꿈을 이룬 것이다.

나는 생산자에게 혈액형을 묻는 것이 취미인데, 「RH-」가 의외로 많은 데 놀랐다. 그런데 카트린에게 물었더니 "별자리는 알자스, 혈액형은 피노 누아"라고. 멋지다!

해마다 늘어가는 내추럴 와인 상 수프르 리슬링에 감동

피에르 프릭
Pierre Frick

콜마르에서 남서쪽으로 약 12km 떨어진 곳에 있는 파펜하임 (Pfaffenheim) 마을에서 12대째 이어져온 도멘의 오너 장 피에르 프릭. 12ha의 밭은 다양한 연대의 지층이 모자이크 상태로 뒤얽히고, 석회질이 주를 이루는 독특한 토양을 구성하고 있다. 슈타이너트(Steinert), 포부르(Faubourg), 아이히베르크 (Eichberg)의 그랑 크뤼는 특히 테루아가 우수하다. 1981년 이후로 바이오다이나믹을 실천하고 있다.

나는 2007년에 상 수프르 리슬링을 마셔보고 감동했다. 뿌리채소와 호두 등의 흙향이 인상적이며, 물처럼 목구멍을 통과한다. 이제껏 마신 리슬링과는 전혀 다르다. "SO₂는 산화를 막아 결과적으로 자연스러운 숙성을 방해합니다. 이것이 본래의 리슬링 향입니다. 상 수프르로 만들면 과일 본래의 풍미가 살아납니다"라는 부인 샹탈의 설명에 고개가 끄덕여졌다.

부드러운 과일맛의 〈피노 누아 스트랑겐베르크 상 수프르 (Pinot Noir Strangenberg Sans Soufre)〉와 피노 누아로 만든 〈블랑 드 누아(적포도로 만드는 화이트와인)〉도 추천한다.

AC 크레망 달자스 제로 쉬르피트 아주테 2012
AC Crémant d'Alsace Zéro sulfites ajoutés 2012

대형 나무통에서 앙금과 함께 숙성시키고, SO₂는 전혀 첨가하지 않았다. 신선한 과일맛과 부드러운 목넘김이 특징이다.

AC 피노 블랑 2015
AC Pinot Blanc 2015

순수하고 깨끗한 산미와 포도 추출물이 가득찬 질감. 알자스의 본보기 같은 피노 블랑이다.

DATA ● Pierre Frick
http://www.pierrefrick.com

18세기로 거슬러 올라가는 와인 명가 밭과 저장고에는 좋은 효모가 살고 있다

도멘 오드레 에 크리스티앙 비네
Domaine Audrey et Christian Binner

콜마르의 바로 북쪽에 있는 아메슈비르(Ammerschwihr) 마을에서 1770년부터 와인을 양조한 와인 명가. 현재 오너인 크리스티앙의 할아버지는 1940년대에 이웃들보다 먼저 협동조합을 탈퇴하고 자체 병입을 시작했다. 아버지는 화학비료 전성기에도 조상으로부터 이어받은 자연농법을 지켰고, 1998년에 밭을 물려받은 크리스티앙은 바이오다이나믹 농법도 일부 도입했다.

특별히 전문교육을 받은 것은 아니지만, 마르셀 라피에르* 등 내추럴 와인협회 멤버들의 도움으로 SO₂ 무첨가 와인에도 도전하고 있다.

"쉽게 내추럴 와인으로 바꿀 수 있었던 것은 밭이나 저장고에 대대로 좋은 미생물이 사는 덕분일 것"이라는 크리스티앙.

11ha의 밭은 화강암, 석회암, 이회암과 등 다양한 성분의 토양으로 이루어져 있고, 피노 누아, 리슬링, 피노 그리 등 여러 품종을 재배한다. 작황이 좋은 해에는 각 품종별로 〈퀴베 베아트리스〉라는 한정품 와인을 출하한다.

AC 피노 누아 퀴베 베아트리스 2014
AC Pinot Noir Cuvée Beatrice 2014

크리스티앙의 누나 베아트리스의 이름을 붙인 퀴베. 부드러운 산미의 귀여운 풍미.

AC 리슬링 그랑 크뤼 비네크 슈로스베르크 2013
AC Riesling Grand Cru Wineck - Schlossberg 2013

급경사면의 정남쪽에 있는 특등급밭의 포도로 만드는, 부드러운 산미와 백합 같은 화려한 향이 훌륭한 와인.

DATA ● Audrey et Christian Binner
https://www.alsace - binner.com

100살 된 할머니 포도를 소중히 하는
한없이 섬세한 그르나슈 생산자

도멘 그라프농 / 미셸 오베리 로랑
Domaine Gramenon / Michèle Aubèry-Laurent

세상을 떠난 남편의 와인철학을 이어받아 와인양조를 계속하고 있는 미셸. "좋은 와인을 만들려면 쉬운 방법을 택하지 말 것. 실패를 받아들일 것."

**셉 상트네르
라 메메 VdF 2010**
Ceps Centenaires
La Mémé VdF 2010

필립과 미셸이 가장 처음 만든 이 퀴베는 많은 비뉴롱을 내추럴 와인으로 인도했다. 수령이 높은 나무의 포도는 얼마나 부드러운 풍미를 가졌는지.

2013년 2월 도멘 르 브리소의 나탈리 고비셰르*의 자택에서 시음하고 있을 때, 갑자기 현관문을 열고 들어온 사람이 도멘 그라므농의 오너 미셸 오베리였다. 두 사람은 사이좋은 친구로, 미셸은 바이오다이나믹 단체 데메테르의 인증을 받은 생산자들의 살롱 「그르니에 생 장(Greniers St Jean)」 때문에 루아르에 체류하던 중 잠시 얼굴을 보러 왔다고 했다. 불과 얼마 전에 남편을 잃은 나탈리를 따뜻하게 위로하는 모습을 보니, 그녀도 같은 처지였다는 것이 떠올랐다.

원래 간호사여서 호메오파티 교육도 받았다는 미셸은 포도재배 농가의 필립 로랑과 결혼한 뒤 일을 그만두었고, 1978년 두 사람은 남부 론의 북단에 있는 몽브리종 쉬르 레(Montbrison sur-Lez) 마을에 도멘 그라므농을 설립했다. 이듬해부터 바로 와인양조를 시작해 유명 와이너리에 도매로 판매했는데, 1990년에 자체 병입을 시작하고 그로부터 9년 뒤 남편이 취미인 사냥을 즐기다가 실수로 넘어져서 총이 폭발하는 바람에 생명을 잃었다.

로버트 파커 주니어가 "론 계곡의 와인 중에서 합리적인 가격의 위대한 와인을 찾는다면, 도멘 그라므농 이외에는 볼 필요가 없다"라고 이야기할 정도로 안정적인 평가를 받기 시작

2012년 11월 일본 방문 때 「와인 메이커스 디너」에서. 그라므농의 와인에 어울리는 요리가 제공되어 팬들과 함께 즐겼다.

하던 때였다. 절망 속에서 미셸은 한때 다시 간호사 일을 하기도 했지만, 결국 남편의 유지를 잇기로 결심하고 그 뒤로 19년 동안 오너로서 도멘을 운영하고 있다.

밭은 모두 해서 26ha로 넓지만 생산량은 적다. 그도 그럴 것이 대부분의 포도나무가 수령이 높고, 재배 품종의 65%를 차지하는 그르나슈(Grenache) 중에는 125년이나 된 나무도 있다. 수령 100년 이상의 포도만을 사용한 톱 퀴베 〈셉 상트네르 라 메메〉는 필립이 이 밭의 나무들에게 애정을 담아 「100살 할머니」라고 부른 데서 붙여진 이름이다.

2010년 빈티지를 시음했더니 카시스와 서양자두의 향에 정향, 리코리스 등 향신료의 뉘앙스가 섞이고, 타닌은 촉촉하며 부드러웠다. 깨끗한 산미는 남부 론에서도 북단에 있어서 표고가 높기 때문. 그르나슈로 이렇게 섬세한 와인을 완성하다니 놀라웠다.

"우리가 사들이기 전부터 이곳은 유기농으로 재배된 행운의 밭입니다. 나는 토지의 순수성을 포도라는 결실을 통해 와인으로 표현하고 싶습니다. 이랑마다 개성이 있는데 섞으면 에너지가 단절되기 때문에 따로따로 양조합니다. 그래서 점점 퀴베가 늘어나고 있어요. 셀러는 표고 300m의 석회암 경사면을 파낸 동굴이어서 셀러 자체가 숨을 쉽니다. 자연적으로 스며나온 물이 적당한 습도를 유지해주는 이상적인 환경입니다"라고 미셸은 이야기한다. 발효·숙성은 나무통(크기는 포도 상태에 따라 다르다)으로 하지만, 새 나무통은 쓰지 않는다. 퀴베에 따라서는 병입 전에 극소량의 SO$_2$를 넣을 때도 있지만, 기본적으로는 상 수프르이며 청징도 여과도 하지 않는다.

〈라 사제스(La Sagesse)〉는 이곳에서는 수령이 낮은 편에 속하는 나무의 포도로 만드는데, 50~70세라니 충분히 올드 바인이다. 그런 까닭에 수확량은 30hℓ/ha 이하이며, 모두 우아하고 응축감이 있으며, 품격 있는 와인이다.

"더할 나위 없이 순수한 와인을 만들고 싶은 것은 나의 영원한 목표이며, 이룰 수 없는 꿈이라 해야 할지도 모르겠습니다. 하지만 각 빈티지의 특성을 이해하고 테루아와 포도 본래의 매력을 표현하기 위해 모든 노력을 다하고자 합니다."

2006년부터는 아들 막심 프랑수아가 프레데릭 코사르* 밑에서 연수를 끝내고 가업에 합류해, 네고시앙 브랜드 〈막심 프랑수아 로랑〉도 시작했다. 마음에 여유가 생긴 미셸은 밭일이 한가해지는 계절에는 취미로 그림도 그린다.

코트 뒤 론 푸아네 드 레젱 2016
Côtes du Rhône Poignée de Raisins 2016
비교적 수령이 어린 그르나슈와 상소로 양조한다. 신선하고 마시기 편하지만, 뒷맛이 깊어서 한 잔 더 마시고 싶어진다.

DATA ● Domaine Gramenon

조지아와의 만남이 운명을 바꿨다!
자유로운 영혼이 낳은, 감동적인 풍미

도멘 데 미케트 / 크리스텔 바레유 & 폴 에스테브
Domaine des Miquettes / Chrystelle Vareille & Paul Estève

"모던한 것은 아무것도 없지만, 소와 돼지에 둘러싸인 이 풍족한 삶이 마음에 듭니다"라는 폴. 일부 밭은 말로 경작한다.

2013년 6월, 조지아의 크베브리(Qvevri) 와인협회로부터 산지 방문 여행에 초대를 받았다(p.260 참조). 구미 각국의 저널리스트, 수입업자, 생산자와 차를 나눠 타고 이동했는데, 어쩌다보니 항상 폴 에스테브와 함께였고, 작은 체구와 친근한 분위기에 호감이 생겼다. 폴은 자신을 생산자라고 소개했으나 모르는 얼굴이었다. 하지만 마지막 날 시음회에서 폴의 〈생조셉 블랑(Saint Joseph Blanc)〉을 마시고 깜짝 놀랐다. 싱싱한 과일맛과 감칠맛의 응축감, 서서히 몸에 스며드는 뒷맛은 전혀 기대하지 않았던 만큼 충격적인 맛이었다. 그곳에는 알자스의 반바흐트(Bannwarth), 이탈리아의 보도피벡* 등 실력파가 즐비했지만, 여행 마지막의 지친 내 몸이 원했던 것은 폴의 와인이었다.

이듬해 여름, 나는 코트 뒤 론의 탱 레르미타주(Tain-l'Hermitage) 중심가에서 10km 정도 북쪽에 있는 슈미나(Cheminas) 마을로 폴을 만나러 갔다. 부인 크리스탈과 함께 채소를 기르고 가축을 키우며 샤퀴트리(charcuterie, 육가공 식품)까지 만들고 있었다. 1600년대부터 이어진 오래된 가문으로, 4세대(폴은 3대째)가 부지 안에 살고 있다. 조부모는 모두 교사인데, 마중 나온 당시 82세의 아름다운 할머니는 유창한 영어로 이야기했다. 아버지는 얼마 전에 프랑스텔레콤(현 오렌

마들로바 앙브르 VdF 2014
Madloba AMBRE VdF 2014
마르산 50%, 비오니에 50%를 약 6개월 동안 침용해서 완성된 와인. 색은 연한 적갈색이며, 깊은 맛의 타닌이 있다.

마들로바 루주 VdF 2014
Madloba ROUGE VdF 2014
100% 시라로 만드는 와인. 제비꽃 같은 화려한 향에 흰 후추를 연상시키는 스파이시한 터치가 섞인다.

지)을 은퇴했고, 일가족 중 폴이 첫 비뉴롱이다.

폴은 "영혼이 자유로운 생활을 하고 싶다"며 16세에 학교를 그만두었다. 그리스와 스위스에서 양치기 일도 하고, 오렌지와 올리브 재배 일도 하다가 농업에 흥미가 생겨, 1년 뒤 고향으로 돌아와 와인협동조합 카브 드 탱(Cave de Tain)에 취직했다. 그리고 농약이 인체에 미치는 악영향을 알게 되면서 다른 접근법을 모색하기 시작했다. 2003년부터는 자택에서 2ha의 밭을 개간하여, 시라와 비오니에(Viognier) 품종을 유기농으로 재배하기 시작했다. 이듬해 조합의 상사가 소유한 생 조셉(Saint-Joseph) AC의 3ha의 밭[시라와 마르산(Marsanne) 품종 재배]을 구입했는데, 아버지는 폴이 본격적으로 와인양조를 시작하는 것을 반대했지만 "비뉴롱 가문이 아닌 사람이 AC 밭을 살 수 있다는 것은 정말 행운"이라고 설득했다. 표고 450m, 최고 경사 60°의 경사면에 있는 운모편암(micaschiste)과 화강암 밭의 포도는 싱싱한 산미가 특징이다. 관행농법으로 피폐해진 밭을 시간을 들여 건강하고 온전한 상태로 되돌렸다.

전환점은 조지아와의 만남과 함께 찾아왔다. "어느 날 TV에서 크베브리로 와인을 담그는 모습을 보고 대단하다고 생각했습니다. 두 달 뒤 조지아에 갔는데, 말은 통하지 않았지만 손짓발짓으로 대화를 했어요." 그리고 페즌트 티어스(Pheasant's Tears) 와이너리를 운영하는 미국인 존 워드맨(John Wurdeman)을 알게 되면서 세계가 넓어졌다.

뒷마당에는 항아리 26개가 땅속에 묻혀 있는데, 시행착오를 거쳐 모든 와인을 항아리로 양조하게 되었다. 항아리는 조지아의 크베브리가 아니라 티나하(Tinaja)라는 스페인산인데, 크베브리보다 더 높은 온도인 1,000℃에서 구워 단단하기 때문에 안에 밀랍을 바르지 않아서 깨끗한 풍미로 완성된다.

대표 와인은 〈마들로바(레드·화이트)〉인데, 조지아어로 "고맙습니다"라는 뜻이다. 라벨에는 항아리에 들어가 있는 남자를 여자가 빼내고 있는 그림이 그려져 있다. 남자는 폴 자신이다. 조지아를 처음 방문했을 때 마지막 날 밤에 존 워드맨이 파티를 열어줬는데, 조지아에서는 파티를 할 때 10분에 1번은 누군가가 일어서서 건배사를 한다고 한다. 노래가 있고 춤이 있는 떠들썩한 파티이다. 프랑스에 돌아가고 싶지 않았던 폴은 다음날 돌아가는 버스에 타지 않고, 탑승 예정인 비행기가 이륙할 때까지 항아리 안에 숨어 있었다. 며칠 뒤에 귀국한 이유는 다시 조지아에 돌아오기로 결심했기 때문이라고. 이 그림에는 조지아에 대한 오마주와 항아리로 와인을 만들겠다는 결의가 표현되어 있다.

AC 생 조셉 루주 2012
AC Saint Joseph Rouge 2012
수령이 40년에 가까운 시라를 3주 동안 침용해서 만드는 대표 와인. 풍부한 과일맛과 깊은 여운이 특징.

DATA ● Domaine des Miquetes

와인양조의 대부분은 「기다리는」 것,
내추럴 와인은 시간을 들여야 완성된다

라 그랑드 콜린 / 오오카 히로타케
La Grande Colline / Hirotake Ooka

"좋아하는 시간은 초여름 오전 6시"라고 말하는 오오카 히로타케. 밭이 조용하고 자연을 느긋하게 느낄 수 있기 때문이라고.

일본인 비뉴롱으로는 아마도 처음으로 프랑스에서 인정받은 사람이 오오카 히로타케다. 도멘 이름 라 그랑드 콜린은 큰 언덕을 의미하는 그의 이름 「오오카」를 프랑스어로 번역한 것이다. 대표적인 와인 〈르 카농(레드, 샤르도네, 비오니에, 로제가 있다)〉은 북부 론의 테루아를 전부 담은 듯한 감칠맛 가득한 풍미로, 해마다 다른 표정을 보여주는 것도 수제 와인만의 특징이다.

일본의 대학에서 화학을 배운 뒤 취미로 마시던 와인에 대해 좀 더 알려면 양조를 배우는 것이 가장 빠른 길이라고 생각하여, 보르도 대학 양조학부에서 공부하고 양조재배상급기술자(Brevets de technicien supérieur, BTS) 국가자격을 취득했다.

론 북부에서 코르나스(Cornas)의 거장 티에리 알르망*에게 가르침을 받은 뒤, 2001년에 도멘을 설립했다. 2006년 코르나스에서 개간한 밭은 숲에 둘러싸여 주위로부터 고립된 화강암 토양의 남동향 급경사면으로, 개간 전부터 한 번도 제초제나 살충제에 오염되지 않은 이상적인 땅이다. 그곳에서 생물의 다양성을 중시하면서 자연농법(밭을 갈지 않는)으로 포도를 재배한다[자체 밭은 생 페레(Saint‑Péray)와 합쳐서 3.8ha].

2017년 오오카는 오카야마현 구라시키시 후나오초로 거점을 옮겨, 프랑스와 일본 두 곳에서 와인을 만들기 시작했다. 아이의 교육을 위해 귀국을 생각했을 때, 일본 농업의 고령화와 방치된 경작지 문제에 대해 알게 된 것이 계기였다. 선택한 지역은 예전 연수생이 유기농 재배로 포도를 키우는 후나오초로, 이듬해 〈르 카농 뮈스카 달렉상드리〉를 출하했다. 언젠가는 순환형 농업을 발전시키고 싶다고 한다.

르 카농 루주
VdF NV 2017
Le Canon Rouge VdF NV 2017
신선한 과일맛의 와인 이름은 프랑스어로 "한잔 하자"라는 뜻. 시라와 그르나슈를 해마다 다른 비율로 블렌딩한다.

르 카농 뮈스카
달렉상드리 2017
Le Canon Muscat d'Alexandrie 2017
알코올 발효 후, 새로 딴 최상급 청포도 머스캣 오브 알렉산드리아의 과즙을 넣고 병입. 미세한 기포가 기분 좋은 드라이 와인.

DATA ● La Grande Colline

현대적인 기술로는 와인의 질이 바뀌지 않는다.
중요한 것은 무엇보다 건강한 토양!

마르셀 리쇼
Marcel Richaud

마르셀과 딸 클레르. "자연이 좋은 토양에 필요한 것을 모두 주는 것은 아닙니다. 다만 자연적으로 양조한 와인은 공업제품이 아닙니다. 수제품이지요."

취미나 기호를 잘 모르는 사람을 위해 와인을 골라야 한다면, 가장 먼저 마르셀 리쇼의 〈케란 루주〉가 떠오른다. 체리와 리코리스(licorice)의 과일맛과 흰 후추와 정향 등 허브향과의 대조가 절묘하며, 볼륨감과 피네스가 공존하는 와인은 대체로 누구에게 선물하든 좋아한다.

뛰어난 균형감의 비결은 그르나슈, 시라, 카리냥(Carignan), 무르베드르(Mourvédre) 등 다양한 품종을 해마다 작황에 따라 비율을 달리해서 블렌딩하기 때문이다. 론 남부의 케란 마을에 있는 55ha의 광대한 토지는, 여러 시대의 지층, 점토, 석회암 등 다양한 토양이 존재하는 리쇼 가문만의 특권이다.

마르셀 리쇼가 아버지에게 오너 자리를 물려받은 것은 1974년, 재배·양조학교를 막 졸업한 20세 때였다. 그때까지는 협동조합에 포도를 납품했지만, 조합이 요구하는 많은 수확량과 기계 수확에 반발해 자체 병입을 시작했다.

1995년 무렵 루아르와 부르고뉴의 내추럴 와인에 충격을 받아 와인양조 방법을 바꾸었고, 쥘 쇼베의 후계자 자크 네오포르의 제자인 양조 컨설턴트 얀 로엘(Yann Rohel)의 권유로 상 수프르 와인도 만들기 시작했다. "피자주, 르몽타주, 탄산 침용, 나무통 발효 등 온갖 방법을 시도했습니다. 그 결과 현대적인 기술로는 와인의 품질이 바뀌지 않는다는 것을 깨달았어요. 중요한 것은 적은 수확량, 오래된 나무, 무엇보다 건강한 토양입니다"라는 것이 그의 이야기다. 현재는 딸 클레르, 아들 토마와 함께 3명이 도멘을 운영하고 있다.

AC 코트 뒤 론 빌라주 케란 루주 상 수프르 2016
AC Côtes du Rhône Villages Cairanne Rouge Sans Soufre 2016

4~6가지 품종을 블렌딩해서 생기는 복잡한 풍미가 뛰어나다. SO₂무첨가와 미량 첨가한 퀴베가 있다.

AC 코트 뷔스롱 뒤 론 루주 2017
AC Côtes Buisserons du Rhône Rouge 2017

올드 바인 그르나슈 특유의 균형감, 매끄러운 질감을 즐길 수 있는 퀴베. SO₂ 무첨가.

DATA ● Marcel Richaud

자연 앞에서 인간은 보잘것없는 존재일뿐, 그 안에서 최선을 다한다

랑글로르 / 에릭 피페를링
L'Anglore / Eric Pfifferling

밭 손질도 게을리하지 않는 에릭. 라벨의 도마뱀은 포도와 마찬가지로 "태양이 없으면 살 수 없다"라는 의미를 담았다고 한다.

AC 타벨 로제 2015
AC Tavel Rose 2015

할머니가 마시던 50년 전 로제 와인을 부활시키고 싶다는 소망이 결실을 맺은 와인. 랑글로르의 대표작.

퀴베 레 트라베르세 VdF 2011
Cuvée les Traverses VdF 2011

시라와 무르베드르의 블렌딩 와인. 목구멍을 미끄러지듯 통과하면서도 기분 좋은 여운이 이어지는 에릭의 맛!

DATA ● L'Anglore

로제와인에는 그다지 흥미가 없는 편인데, 랑글로르의 〈타벨 로제〉는 각별하다. 색은 일반적인 레드와인의 「옅은 빨강」보다 훨씬 짙으며, 여과를 하지 않아 포도 추출물에 의한 보기 좋은 탁함, 체리와 서양자두, 제비꽃, 장미 등 향이 폭발할 듯 가득하다. 깨끗한 산미와 매끄러운 목넘김도 타벨 로제의 특징이다. 그르나슈를 메인으로 상소, 클레레트 블랑슈(Clairette Blanche) 등 론 남부의 지역 품종을 블렌딩해 볼륨감이 있으면서도, 어딘지 풀사르(Poulsard)나 가메와 일맥상통하는 투명함도 엿보여, 일반적인 로제와인에 대한 생각을 뒤집는 존재감이 느껴진다.

오너인 에릭 피페링이 타벨의 7ha 밭에서 와인양조를 시작한 것은 2001년이다. 원래 양봉을 하며 부업으로 포도를 재배해서 협동조합에 팔았는데, 지인인 레 풀라르 루주의 장 프랑수아 니크*의 영향으로 내추럴 와인에 흥미를 갖게 되었다. 포도재배와 양봉은 공통점이 있다고 에릭은 생각한다.

"자연 앞에서 인간은 보잘것없는 존재이며, 자연을 받아들이는 일 자체가 농업입니다. 이를 전제로 최선을 다해 노력하는 것이 우리의 일이지요."

수령 115년의 그르나슈를 비롯해 대부분이 올드 바인인데다 포도의 당도가 한계점에 이를 때까지 기다려 수확하기 때문에, 생산량이 매우 적어서 많은 팬들이 출하를 고대한다. 라즈베리에 정향과 시나몬의 스파이스 향이 있는 〈테르 돔브르(Terre d'Ombre)〉, 올드 바인 그르나슈로 만드는 일본 한정판 〈눌 파르 아유르(Nulle Part Ailleurs)〉 등 과즙이 많고 실크처럼 부드러운 과일맛의 레드와인도 꼭 한 번 마셔보길.

5대 전부터 완전한 케미컬 프리
아버지와 딸이 함께하는 따스한 콜라보 도멘

샤토 라 카노르그
Château La Canorgue

장 피에르와 딸 나탈리. 나탈리는 세계를 여행하고 다양한 사람을 만나 특별한 체험을 하고 싶어서 저널리스트를 지망했지만, 와인을 만들면서 모든 것이 실현됐다고 이야기한다.

**AC 뤼베롱 샤토
카노르그 블랑 2010**
AC Luberon Château
Canorgue Blanc 2010

클라레트, 루산(Roussanne), 부르불랑(Bourboulenc), 마르산 품종을 블렌딩한 와인. 감귤에 허브향이 섞여 밸런스가 잘 맞는다.

**AC 뤼베롱 샤토
카노르그 루주 2009**
AC Luberon Château
Canorgue Rouge 2009

시라 70%에 그르나슈와 카리냥을 블렌딩한 와인. 맛이 풍부하고 바디감이 있지만 목넘김이 산뜻해서 마시기 편하다.

DATA ● Château La Canorgue

러셀 크로 주연의 영화 「어느 멋진 순간(A Good Year)」(2006)의 무대가 된 코트 뒤 론 최남단의 보뉴(Bonnieux) 마을에 있는 오래된 도멘. 원작자인 피터 메일이 오래전부터 이곳 와인의 팬이었다고 한다.

오너 장 피에르 마르간(Jean-Pierre Margan)은 포도 농가의 5대손인 부인의 도멘을 이어받았고, 2001년부터 딸 나탈리가 가업에 합류했다.

줄곧 자연농법을 유지할 수 있었던 이유는 장 피에르의 장인이 젊었을 때 돌아가시는 바람에 화학약품 전성기인 1960년대에는 경작을 쉬었기 때문이라고 한다. 도멘을 이어받은 장 피에르는 양조학교에서 배운 관행농법에 늘 의문을 가졌고, 주변 사람들에게 별종 취급을 받으면서도 옳다고 생각하는 일에 운명을 걸었다. 재배면적은 42ha로 넓지만 모두 부지 안에 있어서 관리할 수 있다. 밭은 숲의 보호와 마르간 가문의 보물인 로마시대부터 흘러온 천연 샘물 덕분에 되살아났다.

1979년생 나탈리는 국제 저널리스트가 되기 위해 미국에서 유학하다가 자신의 뿌리를 되돌아보고 비뉴롱이 되기로 마음을 굳혔다. 그 뒤로 호주에서 와인양조를 공부하고 화이트와 로제와인용 포도를 수확할 때는 해가 저문 뒤 수확하는 나이트 피킹(night picking) 방식을 도입했는데, 기본적으로는 옛날부터 해온 방법이 맛있는 와인에 이르는 길이라고 말한다.

탄산 침용으로 발효시킨 시라의 활기찬 과일맛이 느껴지는 〈베레 프로그(Beret Frog)〉, 올드 바인 시라와 그르나슈의 촉촉한 질감이 기분 좋은 〈코앵 페르두(Coin Perdue)〉 등 아버지와 딸이 함께 만드는 와인은 모두 어깨의 힘을 뺀 부드러운 풍미가 특징이다.

포도와 천사의 라벨이 말해주는 시적인 풍미

르 레젱 에 랑주 / 안토냉 아조니
SARL Le Raisin et l'Ange / Antonin Azzoni

파리 교외에서 태어난 질 아조니(Gilles Azzoni)는 마콩의 재배·양조학교를 졸업하고 포마르, 볼네, 방돌 등 다양한 산지에서 일한 뒤, 아르데슈(Ardeche) 지방의 산간마을 레 살레르(Les Salelles)의 자연에 매혹되어 이곳에서 와인양조를 시작했다. 처음 취업한 곳이 로베르 뒤트뤼(Robert Dutru)라는 도멘이었는데, 매우 존경하던 오너에 대한 경의를 담아 〈오마주 아 로베르(Hommage à Robert)〉라는 투명하고 깊은 맛을 가진 퀴베를 만들었다.

2015년에는 질의 아들이자 오스트레일리아에서 수련한 안토냉이 도멘을 물려받았다. 안토냉은 아르데슈 전체에서 유기농 재배에 대한 인식을 높이기 위해 시라를 재배하는 밭 1ha(천연수가 샘솟는 우물이 있다)를 남기고 나머지는 매각한 뒤, 매입한 포도로 와인을 만드는 네고시앙을 겸하게 되었는데 양조철학에는 변함없다고 한다. 은퇴한 뒤에도 조금씩 와인을 양조하는 질은, 마술사를 뜻하는 〈르 바틀뢰르(Le Bateleur)〉라는 이름의 시리즈로 소량의 와인을 만든다.

네오포르의 철학을 이어받아 10년 만에 이상적인 와인에 도달하다

르 마젤 / 제라르 우스트릭
Le Mazel / Gérald Oustric

코트 뒤 론 남부의 산간마을 발비네르(Valvignere)에 있는 제라르 우스트릭은 천재 컨설턴트 자크 네오포르의 철학을 충실하게 이어가는 생산자이다.

우스트릭 가문에서는 농약을 줄여서 재배한 품질 좋은 포도를 협동조합에 납품했는데, 1984년에 가업에 합류한 제라르는 협동조합의 와인이 맛이 없다는 데 문제를 제기했다. 2년 뒤인 1986년, 지인의 소개로 마르셀 라피에르*, 그리고 자크 네오포르를 만났고, 이들이 화학약품에 의존하지 않고도 훌륭한 와인을 만드는 데 충격을 받아, 직접 지도를 받으며 10년을 노력해서 SO₂무첨가 와인을 만드는 데 성공했다고 한다. 자연스러운 발효를 위해 양조장의 위생관리에도 신경을 쓰는데, 15℃ 이하의 저온에서 발효 및 장기숙성시켜 향기로운 아로마를 끌어낸다.

"와인에 있어서 테루아는 아버지, 포도품종은 어머니, 그리고 밀레지메(Millésimé 수확된 해＝빈티지)는 운명입니다"라고 말하는 제라르. 그의 와인은 와일드하고 매력적이다.

르 레젱 에 랑주 브랑 VdF 2017
Le Raisin et l'Ange Brân VdF 2017

해마다 블렌딩 비율이 달라지는데, 2017의 경우에는 메를로와 그르나슈가 메인이다. 매력적인 향이 가득하다.

르 레젱 에 랑주 파블르 VdF 2016
Le Raisin et l'Ange Fable VdF 2016

시라, 그르나슈를 메인으로 사용해서 만든 와인. 가벼운 풍미는 비뉴롱들의 데일리 와인으로도 인기가 많다고.

퀴베 라르망드 VdF
Cuvée Larmande VdF

100% 시라로 만든 와인. 6~12℃의 저온에서 1년 반 정도 발효시켜 끌어낸 진액이 묵직하게 느껴진다.

퀴베 미아스 VdF 2009
Cuvée Mias VdF 2009

비오니에 품종을 사용해서 발효 2년, 숙성 1년을 거쳐 볼륨감 있는 과일맛과 매끄러운 목넘김을 완성했다.

DATA ● SARL Le Raisin et l'Ange

DATA ● Le Mazel

아내가 물려받은 중세의 셀러에서 특별한 가메와 시라로 만드는 와인

도멘 로마노 데스테제
Domaine Romaneaux - Destezet

오너인 에르베 수오(Hervé Souhaut)가 만드는 〈라 수테론(La Souteronne)〉은 론 북부의 생 조셉에서는 드물게 100% 가메로 만든 와인. 아련한 투명함과 아름다운 산미, 부드러운 질감은 수령 80년의 올드 바인에서만 느낄 수 있는 특별한 맛이다.

수령이 높은 포도나무는 귀족 출신의 부인 베아트리스가 16세기에 지어진 셀러가 딸린 저택과 함께 물려받은 것이다.

한편, 에르베는 파리에서 태어났다. 화학을 전공하던 학생일 때 와인 성분에 흥미를 느껴 코르나스의 대가 티에리 알르망* 밑에서 경험을 쌓았다. 지인인 르네 장 다르*의 도멘에서도 일한 뒤, 1993년에 저택 주변에 있는 5ha 밭의 포도로 와인을 만들기 시작했다. 화학약품에 의존하지 않고 저온에서 천천히 발효시키는 것이 포도 본래의 맛을 끌어내는 비결이라고 한다.

100% 시라로 만든〈아르데슈 생 테핀(Ardèche Sainte Epine)〉은 가메로 만든 〈라 수테론〉에 기품 있는 귀부인 같은 매력이 더해진 톱 퀴베이다.

코르나스의 가치를 세계에 알린 열정과 신념의 노력가

티에리 알르망
Thierry Allemand

론 북부의 거장으로 불리며 프랑스 생산자들의 존경을 받는 티에리 알르망.

전통적인 비뉴롱 집안은 아니지만 포도밭에 둘러싸여 자란 티에리는 와인양조에 흥미를 갖고, 고등학교를 졸업하자마자 대형 도멘 로베르 미셸(Robert Michel)에서 일하기 시작했다. 론 일대의 광활한 밭을 관리하는 이 도멘의 재배를 담당하면서, 온갖 형태의 경사면 밭의 토양 성분을 머리에 새긴 것이 자신의 재산이 되었다고 한다.

티에리는 오너 조셉에게 일뿐 아니라 열정을 배웠다고 『The wine of Northern Rhone』이라는 책에서 이야기했다. 1982년에 1.5ha의 밭을 손에 넣었고, 업무 중 비는 시간을 이용해 거의 잘 시간도 없이 자신의 와인을 만들기 시작했다. 그리고 10년 뒤부터는 전업으로 와인을 만들었다.

높은 잠재력이 있음에도 불구하고 방치됐던 급경사면 밭의 시라를 공들여 키워, 복잡한 맛과 균형감을 끌어내는 데 성공한 티에리 알르망은 코르나스의 평가를 세계적으로 높인 인물이다.

도멘 로마노 데스테제 블랑 VdF 2017
Domaine Romaneaux - Destezet Blanc VdF 2017

비오니에 70%, 루산 30%를 블렌딩해서 만드는 도멘의 대표 와인. 백도의 화려한 향과 부드러운 산미가 특징이다.

도멘 로마노 데스테제 시라 VdF 2016
Domaine Romaneaux–Destezet Syrah VdF 2016

화강암 토양에서 자란 포도를 나무통에서 발효시킨 뒤, 8개월 동안 쉬르 리 숙성을 한다. 피네스가 느껴지는 풍미이다.

AC 코르나스 샤요 2014
AC Cornas Chaillot 2014

코르나스에서 가장 뛰어난 와인을 만들어내는 구획 중 하나인 샤요. 강렬한 응축감과 기품이 가득하다.

AC 코르나스 레이나르 2012
AC Cornas Reynard 2012

코르나스에 있는 최상 구획의, 수확량이 20~30hℓ/ha에 불과한 시라의 궁극적인 응축감을 만끽할 수 있다. ※ 설명은 최신 빈티지에 대한 내용이다.

DATA ● Domaine Romaneaux - Destezet

DATA ● Thierry Allemand

시라는 여성스러운 품종,
개념에 얽매이지 않고 마시기 편하게

르네 장 다르 에 프랑수아 리보
René - Jean Dard et François Ribo

본의 양조학교에서 만난 론 북부 출신의 르네 장 다르와 프랑수아 리보가, 1984년 르네 장의 아버지가 남긴 작은 밭에서 시작한 콜라보 도멘.

　2012년 일본을 방문한 르네 장은 지향하는 와인을 「飲みやすい(마시기 편한)」라고 일본어로 말했다(전 부인이 일본인).

　"양조학교에서 배운 와인은 맛이 없었습니다. 1983년에 마르셀 라피에르*, 피에르 오베르누아*를 만나서 알게 된 것은 옛날 방식으로 돌아가야 한다는 것입니다. 개념에 얽매이지 않고 내가 마시고 싶은 와인을 만듭니다. 내가 생각하는 것은 그것뿐이에요."

　론강 우안의 생 조셉, 생 페레, 좌안의 크로즈 에르미타주를 중심으로 8.5ha의 밭을 소유하고 있다.

　시라는 원래 여성스럽다고 말하는 이들의 와인은 해를 거듭하며 더 섬세하게 변하고 있다.

　"일본에 와서 우리 와인이 일본 음식과 어울린다는 것을 깨달았습니다. 섬세한 일본 음식에 곁들이면 와인이 화학적인지 아닌지 바로 알 수 있어요."

르네 장 다르

에르베 수오
(도멘 로마노 데스테제, p.125)

AC 크로즈 에르미타주 루주 2013

AC Crozes Hermitage Rouge 2013

응축된 과일맛과 부드러운 목넘김의 균형이 뛰어난 스탠다드 퀴베.

AC 크로즈 에르미타주 루주 세 르 프렝탕 2008

AC Crozes Hermitage Rouge C'est le Printemps 2008

신선하고 실크처럼 부드러운 과일맛의 포도를 수확할 수 있는 구획을 골라, 좀 더 경쾌하게 즐길 수 있도록 양조한 퀴베.

티에리 알르망(p.125)

DATA ● René - Jean Dard et François Ribo

「내추럴 와인의 매력을 이야기하다」

내추럴 와인을 널리 알리기 위해 노력하는
페스티뱅의 음식점, 주류판매점 팀의 이야기

페스티뱅에 참여하는
레스토랑과 와인바에서 전하는 메시지 ④

에가미 마사노부

Ethelvine, Dupree(교토) 오너

내추럴 와인과의 만남은 다르 에 리보*의 〈에르미타주 1996〉. 지금도 맛을 기억하고 있습니다. 대학 졸업 뒤 무역회사를 거쳐 주류판매점에서 일하던 무렵이었는데, "맛있다"를 넘어선, 마음을 뒤흔드는 느낌이었습니다. 그때부터 여행이 시작된 걸까요? 그런데 와인모임에 프랭크 코넬리센*의 〈콘타디노1〉을 갖고 갔더니 야유의 폭풍이었습니다. "뭐야, 이 와인에 감동을 안 한다고?"라는 생각으로 2006년, 절반은 사명감으로 작은 가게를 열었습니다. 내추럴 와인 시장을 넓히고자 소믈리에들에게 계속 소개했지만, "맛있다는 생각은 드는데 다른 사람한테 추천은 못하겠다"라는 부정적인 반응이 돌아왔습니다. 반면 멀리서 찾아온 손님들은 어디서 이런 와인을 마실 수 있냐고 물어와서, 좀 더 많은 사람들이 찾아주기를 바라는 마음으로 지금의 가게를 열게 되었습니다.

가게 이미지는 와인 이야기를 전하는 도서관입니다. 이 무렵부터 와인을 둘러싼 흐름이 바뀌었습니다. 줄곧 외로웠지만(웃음) 다른 도시에 동료가 생겼고, 교토도 뒤쳐지고 싶지 않다고 생각하게 되었습니다.

내추럴 와인은 알면 알수록 깊습니다. 손을 댈수록 메시지나 열정이 담길 것 같지만 실은 정반대여서, "손을 떼고 지켜본다"라는 선택을 하는 순간 개성이 생깁니다. 생산자의 그런 결단의 과정에 대해 자주 생각합니다. 이런 망상(?)을 하게 만드는 와인을 좋아합니다.

2018년 가을에는 와인숍 바로 가까이에 레스토랑을 열었습니다. 일본식 가옥으로 2층에 다다미방 2개와 샤워룸이 있습니다. 와인생산자를 만나러 가면 자주 그 집에 묵었기 때문에, 나 역시 뭔가 할 수 있는 일이 없을까 생각했는데 갑자기 좋은 집을 소개받아 레스토랑을 열게 되었습니다. 망상을 하면 이런 일도 벌어진답니다! 첫 게스트는 세바스티앙 리포*였습니다.

오카다 사치코

Yaoyu(도쿄 칸다)의 소믈리에

3년 반 동안 파리에서 생활할 때는 선구적인 비스트로노미(격식 없이 음식을 즐기는 Bistro와 정통 미식을 뜻하는 Gastronomy의 중간 형태), 「르 샤토브리앙(Le Châteaubriand)」에서 근무했습니다. 티에리 퓌즐라*, 랑글로르*의 프랑스 와인과 더불어, 파네비노*, 보도피벡*(이탈리아), 루시 마고*(오스트레일리아) 등의 와인모임을 자주 열었습니다. 생산자와 직접 접하면서 몸으로 내추럴 와인을 흡수할 수 있었던 경험은 저의 재산입니다. 무엇보다도 만든 사람의 「색」을 느끼는 자유로운 개성은 다른 와인에는 없는 매력이지요. 물론 가벼우면서도 감칠맛이 느껴지는 와인도 좋지만, 마음이 끌리는 것은 감칠맛을 깊이 감춰둔 와인입니다. 최근에는 베를리치*나 밀란 네스타레츠*가 그런 와인을 만듭니다. 생산량이 적어서 판매시점을 가늠하기 어렵지만, 좋은 타이밍에 제공하고 싶습니다.

내추럴 와인을 만드는 일이 마인드테라피,
하나하나의 과정이 나를 알아가는 것

도멘 드 록타뱅
Domaine de l'Octavin

알리스 부보가 운영하는 도멘은 2명이 작업할 수 있는 넓이를 유지하고 있다. "와인은 입에 머금은 순간 감정을 전달하고 스토리를 이야기합니다. 내추럴 와인을 만드는 것은 일이라기보다 인생 그 자체입니다."

부르고뉴의 코트 도르에서 손(Saône)강을 따라 평야를 지나 쥐라 지방으로 향한다. 알리스 부보(Alice Bouvot)가 운영하는 도멘 드 록타뱅이 있는 아르부아(Arbois)의 중심가로 들어서자, 돌바닥 길을 세차게 두드리듯 비가 내렸다. 밭에 가는 것은 무리라고 생각했는데 도멘에 도착할 무렵에는 활짝 개어서, 다시 알리스의 안내로 밭에 도착하자 또 폭우가 내리기 시작한다. 돌변하는 날씨에 놀라는 우리에게 현지 사람들이 "전형적인 쥐라 날씨에 잘 오셨어요"라며 웃는다.

코트 도르가 길쭉한 대지가 계속되는 볼록한 세계라면, 이곳은 얕은 기복과 골짜기가 이어져 있어 여러 가지 미기후(지표면에서 지상 1.5m 정도 높이까지의 기후)가 형성되는 오목한 세계의 연속이다. 파리보다는 스위스 로잔에 가까운 알프스산맥 기슭에 있는 쥐라 지방은 그 이름대로 쥐라기의 지층이 남아 있다. 그중에서도 독특한 것은 마른 블루(marnes bleues)라는 이회암으로, 약 1억 9,500만 년 전의 라이어스기(Lias, 쥐라기 전기) 지층이라고 한다.

알리스가 소중히 여기는 풀사르와 트루소(Trousseau)라는 2가지 고유품종(레드)은 이 토양 덕분에 독특한 개성이 생긴다. 영국의 마스터 오브 와인, 잰시스 로빈슨(Jancis Robinson)이 풀사르를 「비단 장갑」에, 트루소를 「철권」에 비유했듯이, 풀사르는 색이 옅고 맛이 부드러우며, 트루소는 다부진 골격과 색다른 개성이 있다. 알리스는 어느 품종이든 색의 추출보다 침용(마세라시옹)에 의한 풍미의 추출에 중점을 두고, 피노 누아와 일맥상통하는 투명함과 뛰어난 응축감이 있는 와인으로 완성한다.

특히 풀사르는 색이 옅어서 로제와인으로 만드는 경우가 많지만 〈퀴 롱(Cul Rond)〉과 〈도라벨라〉라는 두 퀴베는 모두 포도 추출물이 강하게 느껴지는, 단순한 뱅 드 수아프가 아닌 그들의 스타일이 있다. 참고로 〈퀴 롱〉은 앙 퀴롱(En Curon) 밭

피노 누아와 사바냥을
재배하는 밭.

에서 재배한 풀사르 100%로 만드는데, 와인 이름은 밭 이름과 같은 발음으로 「둥근 엉덩이」라는 의미이다. 〈도라벨라〉는 모차르트의 오페라 「코지 판 투테(Così fan tutte, 여자는 다 그래)」에 등장하는 자매 중 여동생의 이름이다. 클래식 음악과 예술을 좋아하는 두 사람의 재치가 돋보이는 와인 이름도 한몫한 덕분에, 록타뱅의 와인은 와인바와 비스트로에서 인기가 많다.

하나를 들으면 열을 알 것처럼 총명한 알리스 부부가 전 남편 샤를 다강(Charles Dagand)과 함께 록타뱅을 설립한 것은 2006년이었다(현재 샤를은 록타뱅을 떠나 마찬가지로 쥐라에서 와인을 양조하고 있다).

쥐라는 두 사람의 고향이지만 오래 살아 익숙한 땅이어서가 아니라, 다른 어느 지역보다 토양의 다양성이 뛰어나다는 이유로 이곳에서 와인을 양조하기로 결정했다고 한다.

알리스는 보르도 대학에서 재배, 디종 대학에서 양조 학위(diplôme)를 취득했는데, 학교에서 양조학은 배웠지만 자신이 어떤 와인을 만들고 싶은지는 결국 깨닫지 못하고, 다양한 와인의 개성을 만들어내는 땅을 보기 위해 캘리포니아의 파인 리지(Pine Ridge), 칠레의 에라주리즈(Errazuriz)를 비롯 신대륙의 와이너리를 중심으로 찾아 다니며 배움을 이어갔다. 3년 동안 바깥 세계를 본 뒤, 한평생 와인을 만들고 싶다고 생각한 곳은 고향 쥐라였다.

코트 뒤 쥐라 AOC의 샤토 베타니(Château Béthanie)에 관리직으로 채용되었고, 그곳에서 만난 사람이 양조책임자인 샤를이었다. 샤를은 와인상을 하던 집에서 자라 어릴 때부터 아버지와 함께 와인 테이스팅을 했고, 본의 직업·재배양조학교에서 공부해 에놀로그(Œnologue, 와인양조기술관리사) 국가자격도 취득했다.

AC 아르부아 도라벨라
AC Arbois Dorabella

수령 40년의 풀사르 100%로 만드는 와인. 옅은 색조와 투명한 풍미 속에서 딸기와 제비꽃 향기가 조용히 다가온다. 또 하나의 풀사르 퀴베인 〈퀴 롱〉보다 가벼운 풍미.

129

AC 크레망 뒤 쥐라 퀴베 파파게노
AC Crémant du Jura Cuvée Papageno
100% 샤르도네로 만드는 와인. 신선한 산미를 위해 일찍, 해마다 가장 먼저 수확한다. 크리미한 기포와 깔끔한 뒷맛이 특징.

AC 아르부아 파미나
AC Arbois Pamina
샤르도네의 여성스러우면서 우아한 개성을 표현하기 위해 줄기를 제거한 뒤 압착한다. 쉬르 리의 복잡한 풍미도 있어서 마셔볼 만한 가치가 있다.

이윽고 두 사람은 결혼해서 와인양조의 모든 과정을 직접 하기 위해 2005년에 처음 포도나무를 심고, 2006년에는 셀러를 사서 양조를 시작했다. 서서히 밭을 더 사들이는 동시에 2006년에 라 마요슈(La Mailloche, 1㏊), 앙 퀴롱(0.6㏊)의 두 구획에서 유기농 재배를 시작했고, 2007년에 에코세르(Ecocert, 유기재배식품인증), 2008년에는 바이오다이나믹에 도전하고 데메테르 인증을 받았다. 현재는 약 5㏊의 밭에서 바이오다이나믹과 유기농을 병행하면서 재배하고 있다. 두 사람이 작업하기에는 이 넓이가 최대라고 한다.

트루소, 풀사르 이외에 레드품종은 피노 누아, 화이트품종은 사바냥(Savagnin)과 샤르도네를 재배한다. 와인 이름은 앞에서 이야기한 〈퀴 롱〉과 〈도라벨라〉 외에도 알리스가 좋아하는 모차르트 오페라의 등장인물이나 독특한 언어유희로 지었는데, 100% 샤르도네로 만든 스파클링 와인 크레망 뒤 쥐라의 이름은 〈파파게노(마술피리의 등장인물)〉이고, 100% 트루소로 만든 〈레 코르베(Les Corvée)〉는 「고역」이라는 뜻인데 양동이를 든 농부 옆에 구멍이 뚫려 있는 그림이 그려져 있다(p.132 아래 사진 중 위쪽의 라벨). 프랑스어로 트루는 구멍, 소는 양동이라는 뜻이다. 라벨에 쓰여 있는 코멘트 "Boire du Trousseau n'est jamais une corvée"는 "(밭일은 힘들지만) 이 트루소를 마시는 것은 전혀 고역이 아니다"라는 뜻이다. 재배, 양조뿐 아니라 와인 전체의 프로듀싱을 진심으로 즐기고 있다.

알리스에게 왜 와인을 만들고 싶었냐고 물어본 적이 있다. 바로 "옵세숑(obsession, 집착)"이라는 대답이 돌아왔다. 알리스가 자란 가정은 와인과는 인연이 없었지만 "자연과 함께하고 싶다고 생각했고 농업에 흥미가 생겼습니다. 그리고 언제부턴가 단순한 농작물이 아닌 예술로서의 아름다움과 완성도를 지닌 와인양조에 매혹되었습니다"라고 이야기했다.

알리스는 에놀로그 자격을 갖고 있지만, 밭에서는 당도계보다 자신의 혀를 믿는다.

AC 아르부아 렌 드 라 뉘
AC Arbois Reine de la Nuit
사바냥과 샤르도네를 블렌딩한 와인. 와
인 이름은 모차르트 오페라 「마술피리」
의 등장인물인 밤의 여왕에서 따왔다.

AC 아르부아 체를리나
AC Arbois Zerlina
앙 퀴롱 구획의 피노 누아와 트루소를
같은 탱크에서 함께 발효시킨 와인. 이
름은 모차르트 오페라 「돈 조반니」의 요
염한 동네 처녀.

오른쪽 사진이 보졸레에서 산 줄기 제거
용 대형 체. 이 체로 부드럽게 줄기를 제
거한다.

"포도를 적합한 땅에 심는 것, 밭이라는 생태계의 균형을 잡는 것이 무엇보다 중요
합니다. 바이오다이나믹은 토지의 균형을 잡아주지요. 우리가 가장 중요시하는 것은
포도의 행복입니다. 먹어봐서 행복한 맛이 나면 행복한 와인이 됩니다."

양조의 경우 해마다 무언가 새로운 시도를 하기 때문에, 퀴베가 점점 늘어 현재는
15~18종류나 된다. 예를 들기 위해 시음한 퀴베는 파이버글래스(Fiberglass) 탱크
에서 아직 발효 중인 초장기 침용 〈피노 누아 2012(2013년 6월 중순 현재 9개월 경
과)〉. 보졸레에서 샀다는 눈이 성긴 대나무 체 같은 도구로 조심스럽게 줄기를 제거한
포도 위에 전체의 10% 분량의 줄기가 달린 포도가 놓여 있다. 오베르뉴 지방 도멘
라 보엠의 오너, 파트리크 부주*가 하는 것을 페이스북에서 보고 도전하게 된 방법이
라고 한다. 포도알 속에서 탄산 침용이 일어나 와인에 과일맛과 단단한 골격이 생긴
다고 한다. 확실히 활기찬 딸기의 과일맛과, 포도 추출물이 응축된 깊이가 있으며, 부
드러운 목넘김이 기분 좋다.

2009년부터는 크레망(샹파뉴 지방 이외의 프랑스 지방에서 병내 2차 발효로 만드는
스파클링와인) 이외에는 SO$_2$를 첨가하지 않는다.

"학교에 다니고 공부해서 시험에 붙으면 재배와 양조 학위는 받을 수 있지만, 와
인이 감동을 준다는 사실은 가르쳐주지 않습니다. 나에게는 내추럴 와인을 만드는
일이 마인드테라피입니다. 와인을 만드는 과정 하나하나가 나 자신에 대해 알아가
는 일이라는 것을 깨달았지요"라고 알리스는 이야기한다. 발효에 필요한 효모나 효
소도 이미 포도 속에 있듯이, 와인을 만드는 노하우도 모두 생산자 안에 있다. 그 노
하우를 양조과정에서 끄집어내는 것은, 마음의 깨달음을 촉구하는 명상에 가까운
일인지도 모르겠다.

"생산자에게 있어서 보스는 자연입니다. 바이오다이나믹을 시작한 2008년, 수확
전에 우박이 포도밭을 직격했을 때는 정말 울고 싶었어요. 1년 동안 작업한 것들이 다

저녁 무렵이 되면 친구들이 모여들고, 와인을 마시면서 즐거운 시간을 보낸다.

사라져버렸다고 생각했습니다. 내가 지금껏 체험한 일 중 최악의 비극이었지요. 조제를 써서 간신히 대응했지만, 수확량은 크게 줄었습니다. 하지만 이것 역시 겸허히 받아들여야 한다고 겨우 마음을 다잡았어요. 그렇지만 자연은 위대했습니다. 그 뒤로는 포도 자체의 면역력이 높아져 내면이 튼튼해졌는지, 병해에 강해졌으니까요."

알리스에게 와인양조는 일이 아니라 인생 그 자체이다. 자신의 내면을 이해하면서 와인의 풍미도 점점 깊어진다. 와인은 포도뿐 아니라 생산자의 기쁨과 슬픔까지도 섞여서 빚어지는 것이리라.

새로운 인생을 걷기 시작하면서, 와인이 한층 더 성숙한 매력을 발산하기 시작했다는 생각이 든다.

DATA ● Domaine de l' Octavin
http://www.opusvinum.fr

자기주장을 하는 와인이 아니라,
즐거워서 한잔 더 마시고 싶은 와인을 만들고 싶다

필립 보나르
Philippe Bornard

음악과 예술을 사랑하는 필립. 기타를 연주하는 모습은 록스타 같은데, 원래는 조각가가 되고 싶었다고 이야기하는 다재다능한 사람이다.

페티양 나튀렐 트루시펫
VdF 2016
Pétillant Naturel Troussipet'
VdF 2016

100% 트루소로 만든 와인. 배 콩포트와 노란 장미의 달콤한 향기가 느껴진다. 신선하고 과일맛이 가득하며, 기포도 잘 퍼지고, 백도와 같은 과일맛을 날카로운 산미와 미네랄이 단단히 잡아준다.

주황색 여우가 포도를 노리는 라벨이 인상적인 필립 보나르. 프랑스어로 르나르는 여우, 보는 「아름답다」라는 뜻인데, 자세히 보면 화이트와인은 여우가 오른쪽에 있고, 레드와인은 여우가 왼쪽에 있다. 붉은색은 좌파사상의 상징이니, 라벨에 재치와 반항정신을 유머러스하게 표현한 것이다.

"위대한 와인이란 테이블 위에서 존재를 주장하는 와인이 아니라, 마시면 즐겁고 문득 한잔 더 마시고 싶어지는 와인"이라고 이야기하는 필립은, 와인양조뿐 아니라 인생을 진심으로 즐기는 사람이다.

2012년 일본을 방문했을 때 수입사가 주최하는 이벤트에서 특기인 기타를 리드미컬하게 치는 모습은 왕년의 록 가수를 보는 듯했다.

필립이 도멘을 설립한 것은 2005년으로, 49세라는 늦은 시작이었다.

보나르 가문은 스위스와의 국경에 가까운 쥐라의 푸피앵(Pupillin) 마을에서 16세기부터 이어져온 명문가로, 지하에 셀러가 있는 위풍당당한 저택은 1584년에 세워진 것이다. 대대로 12.5ha의 밭에서 키운 포도로 와인을 만들어 협동조합에 판매했고, 필립도 15살 때부터 가업을 도왔다. 가족들은 그가 엔지니어가 되길 바랐지만, 필립은 와인양조야말로 천

지하 셀러는 테이스팅룸으로 이어진다. 친구들의 방문으로 늘 북적인다.

직이라며 고등학교를 졸업하자 협동조합에 취직해 양조책임자 자리까지 올라갔다. 조합에 근무하면서 한편으로는 직접 포도를 길러 자가소비용 와인을 만들었는데, 이를 마시고 필립의 재능을 알아챈 사람이 조부의 친구였던 내추럴 와인계의 거장 피에르 오베르누아*이다. 피에르의 권유로 도멘 운영을 결심한 필립은 맨바닥부터 한 계단씩 올라온 자신과는 달리, 부르고뉴의 양조학교를 졸업하고 오스트레일리아와 캘리포니아에서 최신 기술을 배운 아들 토니의 귀국을 기다려 함께 와인을 만들려고 했다. 그러나 아들이 네고시앙 일을 하고 싶다며 집을 나가는 바람에 어쩔 수 없이 혼자 만들게 되었다. 이런 만담 같은 일도 세상의 상식에 얽매이지 않는 필립에게는 얼마든지 일어날 만하다. 하지만 인생은 새옹지마. 그 뒤로 토니가 돌아와 아버지의 도멘 일을 도우면서 2013년에 자신의 도멘 「토니 보나르」를 설립했다.

필립이 피에르 오베르누아뿐 아니라 마르셀 라피에르*, 필립 파칼레* 등과 교류하며, 독자적인 스타일을 확립하는 데는 오랜 시간이 걸리지 않았다.

밭은 쥐라산맥의 표고 450m 경사면에 있으며, 레드품종은 햇빛이 잘 드는 남쪽에, 화이트품종은 산미를 유지하도록

북동향으로 심었다. 깊은 ⁄||⸱
에도 따뜻한 공기가 유지된다. 재배는 ⸱   ⸜   ⸝일부 도입한 유기농법으로 이루어지며, 포도 본래의 개성을 와인에 반영하려면 완숙시켜야 한다고 생각하는 그의 수확은 지역의 다른 누구보다도 늦다.

와인 이름은 도멘 이름과 마찬가지로 재치있게 암시하는 것이 많다. 발랄한 과일맛과 순수한 투명함을 즐기는 풀사르의 〈푸앵 바르(Point barre)〉는 「마침표, 이상!」이라는 뜻으로, 풀사르 그 자체라는 의미를 담았다. 반면, 〈라 샤마드(La Chamade)〉는 「심장이 두근거릴 정도로 대단하다」라는 의미로, 수령 50년의 올드 바인에서 비롯된 응축감을 즐길 수 있다.

페티양 나튀렐(펫 낫)에서도 해마다 다양한 시도가 이루어진다. 〈트루시펫(Troussipet) 2016〉은 레드품종인 트루소로 만드는 블랑 드 누아(Blanc de noir)인데, 트루소의 「트루」와 펫 낫의 「펫」, 그리고 스파클링을 비유한 「péter(방귀를 뀌다)」라는 단어를 조합한 이름이다. 〈탕 미유(Tant-mieux) 2015〉는 풀사르로 만든 레드에 매우 가까운 로제와인. 나흘간의 침용으로 품위 있는 타닌을 끌어낸다. 오랜만의 풍작을 감사하며 「다행이다」라는 의미의 이름을 붙였다.

AC 아르부아 푸피앵 라 샤마드 2015
AC Arbois Pupillin La chamade 2015
수령이 50년 정도 된 올드 바인으로, 일반적인 풀사르보다 색이 짙다. 스파이시하며 볼륨감이 있고 여운이 길다.

AC 아르부아 푸피앵 뱅 존 2008
AC Arbois Pupillin Vin Jaune 2008
포도 그 자체의 풍미를 추구하여 오랜 침용으로 공들여 과즙을 끌어냈다. 그야말로 「That's it!」이라는 말이 딱 어울린다.

다이닝룸에는 거다란 난로가 있다. 이곳에서 필립이 직접 고기를 구워줬다.
좋은 재료를 심플하게 조리한 맛은 보나르의 와인과도 일맥상통한다.

DATA ● Philippe Bornard

싱싱한 와인일수록 오래 숙성할 수 있다.
그래서 포도의 생명을 빼앗는 SO_2는 배제한다

메종 피에르 오베르누아 & 엠마뉘엘 우이용
Meison Pierre Overnoy & Emmanuel Houillon

현재 와인양조는 대부분 후계자인 엠마뉘엘 우이용에게 맡기고, 빵 만들기에 열정을 쏟고 있는 피에르 오베르누아. 빵도 와인과 마찬가지로 깊이가 있다고 이야기한다.

AC 아르부아 푸피앵 풀사르 2011
AC Arbois Pupillin Ploussard 2011
표고 200~320m에 있는 4개 구획의 풀사르로 만든다. 쥐라가 자랑하는 내추럴 와인의 최고봉.

피에르 오베르누아의 아르부아 푸피앵(레드)을 처음 마신 것은 12~13년 전이다. 색은 옅지만 잘 익은 딸기의 싱싱한 과일향에, 상기된 피부에서 풍기는 장미향수 같은 향과, 6월의 촉촉한 밤에 핀 재스민 꽃 같은 매혹적인 풍미가 섞이고, 걸쭉하게 목구멍으로 넘어가는 질감이 느껴졌다. 다양한 미생물이 활발하게 움직이면 감칠맛과 함께 기름진 느낌이 생기는데, 아르부아 푸피앵은 그 이상으로 글리세린 같은 절대량을 가진 질감이 있었다. 쥐라의 지역 품종인 풀사르가 가진 모든 매력이 응축된 와인은 음료를 넘어 숭고한 예술 같다. 생산자 본인도 모든 자아에서 해탈한 듯한 분위기로, 「내추럴 와인의 레전드」라고 할만한 오라를 내뿜고 있었다.

정확히 말해 와인을 만드는 사람은 후계자인 엠마뉘엘 우이용이다. 1989년 14살 때부터 피에르와 함께 일해온 엠마뉘엘은 2001년에 재배와 양조를 물려받았다. 일선에서 물러났다고 해도 와인양조는 피에르에게 인생 그 자체여서, 밭에도 나가고 엠마뉘엘과 함께 테이스팅도 한다.

"취미로 하던 빵 만들기에 열정을 쏟고 있습니다. 밀의 품종을 고르고 액종을 발효시켜 만든 빵은 와인과 마찬가지로 발효식품이고 프랑스 음식문화의 상징이니까요"라고 피에르는 빵을 반죽하는 시간을 쪼개서 밭을 안내해주었다. 샤르도네를 심은 남동향의 석회 점토질 토양에 마른 블루가 섞인 경

"포도나무를 심을 때 전문가의 도움도 받았지만, 그보다는 오래 전부터 이 땅에서 살고 있는 농가 사람들의 지혜가 더 도움이 되었습니다"라고 말한다.

사면의 밭은 대모(이름을 붙여준 어머니)에게 물려받은 것이라고 한다. 오베르누아 가문은 할아버지대에 아일랜드에서 건너온 이민자 집안으로, 원래는 「O'Vernoy」였던 전형적인 아일랜드 이름을 프랑스식으로 바꾸고 농업을 시작했다. 4.8ha로 밭을 넓히고 전업으로 와인을 만들기 시작한 사람은 피에르다. 본의 재배·양조학교에 입학했지만, 근대기술을 배워서 만든 와인이 할아버지가 만든 것보다 맛이 없어서 학교는 일찍 그만두었다. 1970년대 후반에 쥘 쇼베(p.29 참조)를 만났고, "싱싱한 와인이야말로 오래 숙성할 수 있습니다. 그러려면 포도의 생명을 빼앗는 SO_2를 배제해야 합니다"라며 상 수프르 와인을 만들기 시작하여, 1984년에 마침내 만족할 만한 와인을 완성했다.

상 수프르로 건강하고 온전한 와인을 만들려면 모든 작업을 철저히, 정확하게, 인내심을 갖고 진행해야 한다고 피에르는 말한다. 그 첫걸음이 마살 셀렉션(Massal selection, 우수한 나무를 선별해서 접붙이기할 묘목을 만든다). "묘목 상점에 맡기면 각각의 밭에 맞는 포도나무를 키울 수 없습니다." 포도는 덜 익거나 지나치게 익으면 안 되고 정확한 타이밍에 수확해야 한다. 양조는 생산자의 사정이 아니라 포도의 상태에 맞추

는 것으로, 그때그때 판단해야 하므로 당연히 해마다 양조방법이 달라진다. 하지만 청징과 여과는 하지 않으며, 오랫동안 앙금과 함께 두고 충분히 시간을 들여 병 안에서 숙성하는 것은 해마다 변함이 없다.

엠마뉘엘이 피에르와 함께 일하게 된 것은 피에르의 친구였던 삼촌을 따라 놀러와서 밭일을 돕다가 그 즐거움에 매료되었기 때문이다. 학교 공부는 싫어했지만, 와인을 만드는 센스는 뛰어났다. 양조학교에 다니기는 했지만 피에르에게 배우는 것이 더 많아서 두 사람은 좋은 파트너가 되었다. 독신인 피에르에게 엠마뉘엘과 그의 부인 안, 그리고 4명의 아이들은 가족과 마찬가지다.

"슬슬 빵을 만들러 돌아갈까요? 엠마뉘엘 가족은 먹성이 좋으니까 많이 만들어야 된답니다. 빵 만드는 일은 즐거워요. 다음에 오면 함께 만듭시다"라고 말하며, 전날 만든 시골빵을 챙겨주었다. 턱이 아플 정도로 단단한 빵이었지만 씹을수록 감칠맛이 퍼졌고, 다음날에도 그 다음날에도 계속 맛있었다.

마지막으로 좋아하는 생산자를 물었더니 "많이 있지만 젊은 생산자라면 에티엔느 티보(Etienne Thiebaud). 와인도 좋고 사람도 좋아요"라고 대답했다.

AC 아르부아 푸피앵 샤르도네 2007
AC Arbois Pupillin Chardonnay 2007
점토 석회질 토양의 샤르도네 100%로 만든 와인. 감귤, 흰 꽃, 꿀, 향신료 등 향기가 풍성하다. 한 모금 마시면 부드러운 느낌이 마치 꿈을 꾸는 듯하다.

AC 아르부아 푸피앵 뱅 존 1999
AC Arbois Pupillin Vin Jaune 1999
6년 동안 와인을 보충(Ouillage)하지 않고 산화, 숙성시켜서 산막효모가 발생해 형용할 수 없는 향이 생겼다. 쥐라 사람의 혼이라고도 할 수 있는 와인.

피에르와 엠마뉘엘의 부인 안. 피에르는 취재가 끝나자 빵을 구우러 공방으로 돌아갔다.

DATA ● Maison Pierre Overnoy & Emmanuel Houillon

일부러 고른 험난한 토지에서,
지역 품종의 가능성에 도전하는 젊은 생산자의 희망

장 이브 페롱
Jean - Yves Péron

"나는 인증이 필요 없습니다. 인증은 생산자와 소비자의 연결을 끊어버립니다. 마시는 사람이 직접 자유롭게 골랐으면 해요"라고 말하는 장 이브.

몇 년 전부터 내가 좋아하는 품종 리스트에 추가된 것이 사부아의 지역 품종이다. 장 이브 페롱이 몽되즈(Mondeuse, 레드)로 만드는 〈코트 플레〉는 상큼한 딸기의 싱싱한 과일 맛과 투명함이 어딘가 피노 누아와 통하는 것이 있다. 자케르(Jacquère, 화이트)로 만드는 〈코티용 데 담(Cotillon des Dames)〉은 색깔이 거의 오렌지색으로 산화의 뉘앙스에 호불호가 갈릴 수는 있겠지만, 포도를 껍질째 침용해서 생기는 감칠맛이 강한 여운을 남긴다. 두 가지 모두 서늘한 산지다운 깨끗한 산미가 특징이다.

생산자는 순박한 시골의 비뉴롱인가 했더니 파리 출신으로 보르도 대학을 졸업했다고 한다(수석이라는 소문). 사부아의 산속에서 와인양조를 시작한 이유는 외조부모의 별장이 있어서 어렸을 때부터 친숙한 데다, 지역 품종의 가능성에 도전해보고 싶었기 때문이다.

만나기로 약속한 알베르빌(Albertville)은 스위스와의 국경에 있는 마을로, 아르노강에 있는 다리 건너편으로 깎아지른 듯한 절벽이 거친 바위 표면을 보이며 우뚝 서 있다. 프랑스 알프스의 서쪽 끝에 있는 표고 2,000m의 타랑테즈(Tarentaise) 계곡 입구에서 시작된 산길을 다 오르자 갑자기 눈이 번쩍 뜨이는 조망이 펼쳐졌다. 표고 400~500m, 약 2ha의 남향 경사

IGP 뱅 데 잘로브로주 코트 플레 2013
GP Vin des Allobroges - Côte Pelée 2013

몽되즈 특유의 순수한 과일맛에 로즈메리 등의 허브와 정향, 육계 등 동양적인 향신료의 향도 어른거린다. 매력적이며 우아한 와인.

IGP 뱅 데 잘로브로주 샹 레바 2013
IGP Vin des Allobroges Champ Levat 2013

베리류 과일향에 허브향이 섞이고 딱 알맞은 타닌과 깨끗한 산미가 특징이다. 몽되즈의 매력이 활짝 피어난 와인!

놀랄 정도로 급경사인데도 혼자서 개
간한 밭. 절친 오오카 히로타케가 도와
준 구획도 있다고 한다.

면에 있는 밭은 장 이브가 독점하고 있다. 일조량과 풍향을 고려해 돌담을 쌓아 만든 아담한 구획은 40˚의 급경사.

"이런 곳을 일부러 고르다니 어지간히 유별나시네요"라고 하자 "티에리 알르망*의 밭은 더 대단합니다"라며 그에게 양조를 가르친 코트 뒤 론의 거장의 이름을 말했다.

파리 대학에서 생화학을 전공했지만 별로 흥미가 없던 와중에, 맛있는 와인에 대해 배울 수 있는 대학이 있다는 것을 알고 보르도 대학 양조과로 전향, 단번에 양조학에 빠져들었다. 같은 반이던 라 그랑드 콜린의 오오카 히로타케*와는 절친한 사이로, 1997~98년에 오오카와 함께 시음한 다르 에 리보*의 생 조셉과 에르미타주에 감동해, 근대기술을 과신하지 않고 포도의 개성을 표현한 와인을 만들기로 결심했다.

티에리 알르망 외에 알자스의 제라르 슈엘러*와 미국 오레곤주와 뉴질랜드에서도 와인양조를 배웠으며, 2004년 마침내 이 밭을 손에 넣었다. 겨울은 혹한, 여름은 혹서, 강수량은 연간 1,200㎜로 일본과 비슷하지만, 운모를 함유한 편암 토양은 보온성과 배수성이 뛰어나 과일맛이 살아 있는 포도를 수확할 수 있다고 한다.

몽되즈 중 일부는 수령이 100년 이상이다. 2005년에 심은 자케르, 루산, 알테스(화이트)는 모두 1ha당 1만 8,000그루 정도로 빽빽이 심었는데, 바로 이것이 어린나무에서도 과일맛이 응축된 포도를 수확하는 비결이다. 수확량을 줄일수록 질병도 줄었다. 기본적으로 재배는 바이오다이나믹 농법으로 하는데, 2007년에 노균병으로 수확량이 절반으로 줄었을 때 근처에 사는 비뉴롱 동료의 조언으로 석영, 알로에, 해초를 발효시키고 미네랄 워터를 섞어 희석시킨 액체를 뿌렸더니 대성공이어서, 그 뒤로 필요할 때마다 사용하고 있다.

셀러 겸 집은 밭에서 차로 20분 정도 걸리는, 호숫가 도시 안시(Annecy) 옆 슈발린(Chevaline) 마을에 있는 조부모의 집이다. 석조 건물인 셀러에는 다양한 크기의 발효용기와 나무통이 늘어서 있다. 토양, 용기의 재질, 용량, 침용, 추출방식 등 조건의 조합을 바꿔가면서 완성도를 비교한다고 한다.

"1병의 와인으로 나 자신을 표현하고 싶습니다"라는 장 이브. 그의 와인은 과학적 데이터를 하나하나 공들여 쌓아 한없이 순수한 와인이 되었다고 할 수 있다.

"와인은 생산자와 많이 닮습니다. 티에리 알르망의 와인은 근면한 성격이 드러나지요. 구조가 단단하고 깨끗합니다. 브뤼노 슈엘러의 와인은 별나지만 속이 깊어요."

장 이브의 와인은 사부아의 토양을 실로 엮은 한 장의 아름다운 직물 같다.

베르 라 메종 루주 VdF 2009
Vers la Maison Rouge VdF 2009
어린나무의 몽되즈로 만드는 장 이브의 데일리 와인. 상큼한 딸기향과 깨끗한 산미가 느껴진다.

DATA ● Jean - Yves Péron

쥐라산맥 남단, 45°의 급경사에서
누구에게도 방해받지 않고 순수한 와인을 만든다

라 비뉴 뒤 페롱 / 프랑수아 그리낭
La Vigne du Perron / François Grinand

프로 피아니스트였던 예술적인 풍모의 프랑수아(왼쪽). 바흐 등의 고전음악을 사랑하며, 일이 끝나고 조용한 밤에 피아노를 치는 시간이 가장 마음이 차분해지는 시간이라고 한다.

레 제타프 VdF 2014
Les Etapes VdF 2014
빌부아 마을의 0.8ha 구획의 석회질 토양에서 자란 피노 누아 100% 와인. 화려함은 없지만 섬세하고 매끄러우며, 깔끔한 산미와 투명한 풍미는 프랑수아 그리낭 특유의 개성.

인터뷰를 신청했더니 "낮에는 피아노 레슨이 있습니다"라며 저녁시간으로 약속을 정했다. 피아노를 배우냐고 묻자 가르친다고 대답한다. 프랑수아 그리낭은 인생의 70%는 와인, 30%는 피아노, 이렇게 두 가지 예술에 바친 사람이다.

돌바닥 길이 아름다운 거리의 중심에 있는 집에서, 피아노는 생활의 일부인 듯 부엌에 자리잡고 있었다.

프랑수아의 인생에서 피아노는 와인보다 먼저 존재했다. 와인이 등장한 것은 피아니스트로서 대성하기를 바랐지만 잘되지 않아 고민하던 때였다. 아버지가 소유한 산간마을 빌부아(Villebois)에 있는 2.5ha의 포도밭을 돌보라는 권유를 받고, 마콩의 재배·양조학교에서 공부하면서 와인에 빠져들었다.

그 이후로 그의 삶을 지탱해 온 피아노는 근처 아이들에게 피아노를 가르칠 때나 지인들을 위해서만 치게 되었다.

"하지만 와인양조가 처음부터 잘되진 않았습니다"라고 프랑수아는 20년 전을 회상했다. 이상적인 와인은 이미 머릿속에 있었다. 양조학교에 재학 중이던 1992년에 마신 마르셀 라피에르*의 〈모르공〉이다. 순수하고 생명력 넘치는 와인을 직접 만들어보고 싶어서 이듬해 SO₂무첨가에 도전했으나, 엄청난 미생물 오염으로 팔 수 있는 것은 20%뿐이었다. 이래서

거친 바위를 드러낸 산이 차가운 북풍을
막아주는 셴 베르슈의 밭.

는 안 되겠다 싶어서 그 뒤로 2년 동안은 SO_2를 첨가했다. 만
족할 만한 상 수프르 와인이 완성된 것은 1996년이었다.

　유기농 재배로 건강한 우량아가 된 포도는 질병을 막아내
는 면역력이 생겨서 화학적인 도움이 필요하지 않게 되었다.

　내가 처음으로 프랑수아 그리냥의 와인을 접한 것은
2006년 무렵이었다. 100% 피노 누아로 만든 〈레 제타프〉는
라즈베리와 블랙커런트의 응축된 과일맛은 물론이거니와, 걸
쭉한 무게감과 함께 목구멍으로 넘어가는 질감에 깜짝 놀라지
않을 수 없었다. 피에르 오베르누아*의 와인에서도 느껴지는
질감인데, 포도나 셀러에 자리잡고 사는 야생효모가 화학물
질에 의해 차단되지 않고 자유롭게 활동하면, 글리세린과 단
백질 등의 물질이 생성되어 기름지게 느껴지는 질감이 생길
때가 있다. 나는 이 질감을 매우 좋아한다.

　그런데 이듬해 그 와인이 시장에서 사라졌다. 뜻밖에도 도
산했다고 했다. 하지만 1년 뒤 벨기에인 2명이 경영에 참여하
면서, 신생 도멘 뒤 페롱(Domaine du Perron)으로 와인 라인
업도 새롭게 갖추고 다시 시작을 알렸다.

　4곳에 흩어져 있는 밭 중에 피노 누아와 몽되즈를 심은 셴
베르슈(Chene Berche) 밭에 함께 갔다. 표고 250m. 양질의

와인은 경사면에서 만들어진다고 하지만, 걷기조차 두려운
45° 급경사여서 이런 곳에서 밭일을 한다는 것이 믿기지 않
았다. 경작용 작은 트랙터는 윈치(winch, 로프로 감아올리는 기
계)로 끌어올린다고 한다.

　"아무도 이곳에서 포도를 키우려고 생각하지 않으니까, 근
처 농가에서 뿌리는 위험한 농약을 걱정할 필요가 없는 것이
가장 큰 장점입니다."

　쥐라산맥 남단에 있는 이 밭은 1만 년 전 빙하기에 흘러든
석회암과 실트(silt, 모래보다는 미세하고 점토보다는 거친 퇴적
토) 토양이다. 그중에서 유달리 붉은 흙은 망간과 산화철을 함
유하고 있다고 한다. 뒤에 있는 숲이 북풍으로부터 밭을 지켜
줘서, 낮에는 따스한 바람이 순환해 포도에 응축된 당분이 생
기고, 해가 저물면 기온이 뚝 떨어져 깨끗한 산미를 만든다.

　섬세한 분위기에 어울리지 않게 파란만장하던 인생의 전반
부가 진정되었는지, 와인은 이 무렵 더 내추럴하고 부드러워
졌다. 2010년부터는 전부 상 수프르로 만든다.

　2012년에는 같은 마을에 있는 새로운 셀러로 이사해서,
더욱 깊어진 와인을 만들고 있다.

　피아노와도 더 친밀해져서, 가끔 셀러에서 연주도 한다.

카타리나 VdF 2015
Kataphna VdF 2015
수령 60년의 샤르도네를 사용. 견고한 산미가
과일맛과 조화를 이루어, 입안에서 감칠맛과 풍
미를 충분히 느낄 수 있다.

DATA ● La Vigne du Perron

이상적인 석회질 토양을 찾아서
쥐라를 선택한 일본인 비뉴롱

도멘 데 미루아르 / 가가미 겐지로
Domaine des Miroirs / Kenjiro Kagami

멧돼지나 오소리도 찾아온다는 「맛있는 밭」에서 가가미와 부인 마유미. 주위가 숲으로 둘러싸인 아름다운 곳이다.

2011년 프랑스의 내추럴 와인계에 날카로운 기백의 일본인 신인이 나타났다. 도멘 데 미루아르의 가가미 겐지로. 미셸 기니에*와 장 이브 페롱*도 「주목할 만한 생산자」로 그를 추천했다. 2001년 프랑스로 건너가 부르고뉴, 북부 론, 알자스에서 와인양조에 대해 배운 가가미는 10년 뒤에 아무 연고도 없는 쥐라 남부의 그뤼스(Gruss) 마을에 도멘을 설립했다. 그곳을 추천해준 사람은 근처에 집을 지은 친한 비뉴롱 장 프랑수아 가느바*였다.

6월의 이른 아침에 밭을 방문했더니 그뤼스 마을을 내려다보는 완만한 기복을 그리는 경사면에서는 가가미가, 높은 산등성이에서는 부인 마유미가 잡초와 씨름하고 있었다.

"석회암 토양을 찾고 있었습니다." 3.2ha의 이 토지를 선택한 이유에 대해 가가미는 이렇게 대답했다. 6년 반 동안 일했던 제라르 슈엘러*가 있는 알자스 보주산 기슭의 구릉지대는 약 4,500만 년 전 신생대 제3기 초기에 시작된 지각변동으로 기저암인 화강암이 노출되고, 석회암과 사암이 섞인 지층과 토양이 형성되었다고 알려져 있는데, 이곳 쥐라도 거의 비슷할 정도로 오래된 지층이라고 한다.

"석회암 암반이 아래에 있고, 그 위에 마른 블루라고 불리

야 나이 VdF 2011
Ja - Nai VdF 2011

알자스어로 「예스」와 「노」를 의미하는 친숙한 말로 이름을 붙인 이 와인은 첫 빈티지 와인으로, 가가미가 가장 만족한 와인이다. 포도를 침용 후 압착한 뒤 스테인리스 탱크에서 숙성시켰다.

베르소 VdF 2011
Berseau VdF 2011

"따스함, 차분함, 온화함, 부드럽게 햇빛이 비치는 요람 속을 이미지화했습니다". 다른 3종의 샤르도네는 아직 숙성 중이다.

그뤼스 마을은 예로부터 포도 명산지로 와인 문헌에도 등장한다. 마른 블루라고 불리는 푸른 이회암과 점토로 덮여 있다.

는 푸른빛을 띤 이회암과 점토가 덮여 있어서 독특한 개성을 가진 포도가 자라는 것에 매력을 느꼈습니다. 사바냥(화이트), 풀사르, 트루소 (레드)라는 고유품종 3가지와 일반적으로 많이 재배하는 샤르도네까지 4가지 품종을 키울 수 있는 것도 좋습니다. 석회암질 토양으로는 부르고뉴도 훌륭하지만, 그곳에서는 샤르도네와 피노 누아밖에 키울 수 없으니까요."

3면이 숲으로 둘러싸인 한 구획은 경사면 작업이 힘들고 수확량이 적은 탓에 60년 이상 방치되었던 경작지이다. 하지만 운 좋게도 제초제와 화학비료가 맹위를 떨치기 전에 숲에 흡수되었다. 다시 포도나무를 심은 2005년 이후에도 화학적인 요소는 전혀 사용하지 않아서, 계절마다 다양한 식물이 싹을 틔우고 사슴, 꿩, 야생 토끼, 멧돼지, 오소리가 놀러와 생물의 다양성이 증가하고 있다.

"와인양조는 농업입니다. 자연의 일부를 사람이 빌려서 사용하는 것이므로 나도 이 밭에서 재배를 시작한 이래 제초제, 비료, 농약은 전혀 뿌리지 않습니다. 보르도액도 허가된 양까지도 쓰지 않고 최대한 줄이려고 노력합니다. 기후가 좋지 않은 해에도 농약을 쓰지 않고 자생하는 쐐기풀 등 식물에서 뽑아낸 천연 추출물을 사용하고, 밭이나 주변 환경을 살피면서

점점 밭의 면역력을 높여 지속가능한 재배를 하고 싶습니다."

양조는 포도가 이미 갖고 있는 다양한 요소를 얼마나 남김없이 살려서 와인이라는 액체에 전달할 수 있는지를 생각하여 되도록 심플하게 한다. 온도관리도 자연에 맡기고, 청징도 여과도 하지 않고 병입한다.

와인은 3종이 있다(모두 2011). 〈베르소〉는 햇빛이 비치는 요람을 이미지화한 부드러운 샤르도네. 〈앙트르 되 블루〉는 100% 사바냥으로 만들었지만, 이 지방 특산품인 뱅 존(사바냥 단일 품종으로 산화작용을 일으켜 숙성시키는 옐로와인)과 달리 산화숙성시키지 않고 과일맛과 미네랄 느낌을 즐기는 와인이다. 〈야 나이〉는 풀사르를 침용해서 추출물을 충분히 뽑아냈다. 와인 이름은 알자스어로 「예스, 노」라는 뜻으로, 쥐라의 기존 와인에는 없는 타입(의견이 다를 수 있다)인데, 자기 자신에 대한 앞으로의 기대라는 의미로 붙였다.

도멘 이름은 생산자의 성인 「가가미(거울)」를 프랑스어로 번역한 것인데, 자신들의 와인 이념을 표현하는 거울이 되길 바라는 마음을 담았다. 그리고 복수형으로 한 것은 가족과 친척들의 지지로 지금의 자신들이 있으며, 거리는 멀어도 마음은 늘 가까이에 있다는 생각을 담았다고 한다.

앙트르 되 블루 VdF 2011
Entre Deux Bleus VdF 2011
「두 개의 푸르름 사이」라는 의미의 이름은 하늘과 바다(옛날에는 바다 밑에 있던 땅이다)에서 자란 사바냥을 표현하고 싶다는 생각에서 붙였다.

DATA ● Domaine des Miroirs

17가지 지역 품종을 살리기 위해 해마다 다양한 퀴베에 도전

장 프랑수아 가느바
Jean-François Ganevat

최근 크게 주목받고 있는 장 프랑수아 가느바는 와인농가의 14대째 오너이다. 본의 양조학교를 졸업한 뒤 부르고뉴의 명문 도멘에서 근무했고 양조책임자 자리에 있었지만, 필립 파칼레*나, 브뤼노 슈엘러*와 교류하면서 사람의 마음에 와닿는 와인을 만들고 싶어졌다고 한다.

본가의 밭은 쥐라기에 형성된 석회암을 이회토, 점토가 덮고 있는 매우 복잡한 토양이다. 장의 아버지는 주변에서 유행하는 품종으로 바꿔 심는 와중에도, 17가지나 되는 지역 품종을 소중하게 지켰다. 이상적인 토지가 가까이에 있었기에 본가로 돌아와 바이오다이나믹으로 재배방법을 바꾸었고, 17품종의 개성을 살리기 위해 해마다 40~50개나 되는 퀴베를 만든다.

포도나무의 수령은 가장 오래된 것이 100년 이상이어서 수확량은 매우 적다. 자연발효 후 화이트와인은 최소 2년, 레드와인은 1년 동안 숙성시킨다. SO_2도 일부 화이트와인을 제외하고는 첨가하지 않는데, 지금껏 문제가 없었던 이유는 앙금과 함께 오래 두기 때문이라고 한다. 시간의 흐름을 자기편으로 만든 와인은, 확실히 마음을 움직이는 힘이 있다.

쥐라의 영혼인 뱅 존을 무려 4곳의 테루아로 만든다

스테판 티소
Stéphane Tissot

스테판 티소는 에너지 덩어리이다. 본의 재배·양조학교에서 공부한 뒤, 호주와 남아프리카에서 경험을 더 쌓고 2004년에 바이오다이나믹으로 전환했다. 46ha의 밭을 불과 10명 정도 되는 팀이 관리하면서 약 40개의 퀴베를 만든다.

"샤르도네는 7종인데, 같은 품종으로 다른 퀴베를 만드는 이유는 토양과 품종을 어떻게 조합하느냐에 따라 스타일이 달라지기 때문입니다. 내추럴 와인이 재미있는 이유이지요. 언제 마셔도 같은 맛인 공산품과는 다릅니다." 그중에서도 점토질 토양에서 자라는 샤르도네의 톱 퀴베 〈라 마요슈(La Mailloche)〉는 스파이시하고 파워풀하며, 아름다운 산미가 절묘하게 균형을 이루는 것이 특징이다.

사바냥으로 만든 쥐라의 특산품인 산화숙성 와인 뱅 존도 4종류나 된다. 완성까지 6년이 걸리며 그 풍미의 원천인 좋은 산막효모를 만나는 것은 운이라 해도 과언이 아닌 이 와인을, 거의 해마다 만드는 것은 신의 기술이라 할만하다. 뱅 존으로 테루아를 말할 수 있는 생산자는 아마도 스테판 티소뿐일 것이다.

AC 코트 뒤 쥐라 퀴베 줄리앙 2011
AC Côte du Jura Cuvée Julien 2011
감칠맛이 가득한 피노 누아. 와인 이름은 그의 할아버지 이름으로, 일부 포도는 할아버지가 1951년에 심은 것이다.

AC 코트 뒤 쥐라 퀴베 마르그리트 매그넘 2010
AC Côte du Jura Cuvée Marguerite Magnum 2010
1902년에 심은 믈롱 아 쾨 루주(Melon A Queue Rouge, 샤르도네의 친척)로 만든 특별한 퀴베.

DATA ● Jean-François Ganevat

라 투르 드 퀴롱 르 클로 2014
La Tour de Curon Le Clos 2014
마른 블루 토양의 샤르도네로 특히 작황이 좋은 해에만 만드는 퀴베. 강렬하면서도 우아하다.

DD 2016
풀사르를 메인으로, 트루소, 피노 누아를 탄산 침용해서 완성한다. DD는 아버지의 애칭.

DATA ● Stéphane Tissot
http://www.stephane-tissot.com

하야시 신야

La Pioche(도쿄 스이텐구마에) 오너

처음 마셔본 내추럴 와인은 마르셀 라피에르*의 〈모르공〉이었습니다. 빈티지는 2002로 기억합니다. 하여튼 충격이었고 그 뒤로 내추럴 와인만 마십니다. 2006년에 프랑스로 건너가 파리에서 와인바「베르 볼레」에 다니기도 하고 생산자를 방문하기도 하다가, 장 이브 페롱*의 밭일을 돕게 되었습니다. 새벽 4시 반부터 해가 저물 때까지 쉼 없이 하는 일이 힘들었지만, 와인에 대한 인식이 바뀌었습니다. 이렇게 많은 수고로 완성된다는 것에 경의를 갖고 마시게 되었지요. 내추럴 와인은 건강해지는 음료입니다. 환경도 배려하고, 우리 같은 도시 사람은 특히 잃어버린 내추럴한 무언가를 되찾는 듯한 느낌도 있습니다.

스가노 다카코

trois(도쿄 산겐자야) 소믈리에

르 카바레에서 티에리 퓌즐라*의 와인을 마신 것이 처음이었습니다. 이제껏 마시던 와인과 달리 술술 마실 수 있어서 바로 열광하게 되었습니다. 트루아를 시작하고 1년 안에 모든 와인을 내추럴 와인으로 바꾸었어요. 같은 와인이어도 해마다 맛이 다르고, 오픈하지 않으면 알 수 없다는 점도 재미있고 큰 매력입니다. 그러니까 손님들도 "이 와인은 마신 적 있으니까"가 아니라, 그때그때 만나는 와인을 일생에 단 한 번 만나는 인연으로 여기고 한 병 한 병 즐겼으면 합니다. 집에서 마시기에도 딱 좋아요. 거창한 요리가 아니라 가정요리와 함께 마셔도 잘 어울립니다. 나도 집에서는 내추럴 와인에 채소 조림 등을 즐깁니다.

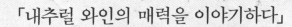

페스티뱅에 참여하는 레스토랑과 와인바에서 전하는 메시지⑤

시바야마 겐야

SHONZUI(롯본기) 소믈리에

내추럴 와인에 본격적으로 빠진 것은 2011년으로, 전에 근무하던 비스트로 리베르탕이 오픈하기 전이었습니다. 르나르 데 코트(Renards des Côtes)의 〈르 크라포 누아(Le Crapaud Noir)〉는 정말 맛있었습니다! 오베르뉴라는 산지도, 가메라는 품종도 신선했지요. 그리고 사부아와 쥐라의 와인도 좋아합니다. 가게에 생산자가 놀러 오거나 내가 생산자를 방문하거나 하면, 책임감을 갖고 팔아야겠다는 마음이 강해집니다. 내추럴 와인은 생산자의 자식과 같아요. 그 정도로 애정과 수고를 들여야 완성됩니다. 그리고 한 병 한 병 개성이 있지요.

내추럴 와인은 라벨을 보고 골라도 좋습니다. 마음에 드는 라벨의 와인은 대체로 맛있어요. 무엇을 고를지 고민된다면 시도해 보세요!

시바야마 겐야가 추천하는 티에리 르나르(Thierry Renard)의 〈크라포 누아〉 라벨. Renard는 여우를 의미한다. 재치가 느껴지는 라벨이다!

위대한 와인이 아니어도 좋다.
다만 성실하게 자연과 자신을 마주하고 싶다

젤리주 카라방 / 마리 에 뤼크 미셸
Zelige Caravent / Marie et Luc Michel

도멘을 운영하는 뤼크와 마리 부부.
"내추럴 와인은 살아있기 때문에 오
픈한 뒤에도 계속 변합니다. 그런 점
이 좋아요."

랑그도크의 와인은 진하다는 이미지를 깨끗이 뒤집어준 것은 젤리주 카라방이라는 신기한 이름의 도멘. 2010년 1월 남프랑스 몽펠리에(Montpellier)에서 열린 와인박람회「밀레지메 비오(Millésime Bio)」에 출전한 500여 명의 생산자가 만든 와인 가운데, 가장 내 마음을 끈 것은 뤼크와 마리라는 40대 부부가 만든 독특한 와인이었다.

〈자주 아 장지바(Zazous à Zanzibar) 2008〉은 카리냥과 상소의 블렌딩 와인인데, 묵직하고 농후한 타입을 상상했더니 매력적인 딸기의 과일맛과 톡톡 튀는 듯한 산미로, 가벼우면서도 풍미는 깊고 여운이 길게 이어진다. 〈벨벳 2007〉은 시라를 메인으로 해에 따라 카리냥, 그르나슈를 더한다. 블랙베리에 해초와 민트 향이 섞여서 무척 우아하다. 가장 마음에 든 것은 〈플뢰브 아무르(Fleuve Amour) 2006〉. 그르나슈를 메인으로 시라를 더한 와인인데, 피노 누아가 연상되는 오렌지 껍질의 풍미와 깨끗한 산미로 고귀한 기품이 감돈다.

젤리주란 모로코의 모자이크 타일이다. 뤼크가 할아버지에게 물려받은 3ha의 밭은 몽펠리에 북쪽 약 30km, 세벤느(Cévennes)산맥 중턱의 표고 400~600m에 있는데, 약 1억 년 전부터 100만 년 전까지 단속적(斷續的)으로 일어난 세벤

윙 포코 아지타토 VdF 2013
Un Poco Agitato VdF 2013
놀랍게도 생식용 품종인 랑그도크의 지역 품종 샤산[샤르도네와 리스탕(Listán)의 교배종]을 100% 사용해서 만든 와인. 황금색 색조, 말린 살구와 금목서 향, 긴 여운, 은은하게 남은 당분이 느껴지는 볼륨감은 그랑 뱅(Grand Vin, 포도원에서 제일 좋은 포도로 만든 와인)의 품격을 보여준다.

AC 랑그도크 피크 생 루 벨벳 2012
AC Languedoc Pic Saint - Loup Velvet 2012
5개 밭의 수령 25~30년의 시라를 블렌딩해서 만든 와인. 블랙베리에 민트향이 섞이며, 촉촉한 타닌이 훌륭하다.

2012년에 처음 일본을 방문했을 때, 여기저기를 여행한 뤼크와 마리. 일본 음식도 무척 좋아해서 유기농 녹차를 찾던 것이 기억에 남는다.

느산맥의 조산 활동으로 암석들이 밀려 올라가 부서지고 떨어져서, 석회암과 모래, 자갈이 섞여 있는 토양의 모습은 그야말로 젤라주 같다. 카라방은 사막 등에서 낙타나 말에 상품을 싣고 다니며 장사하는 상인을 의미하는 카라반(caravan)에서 유래된 이름으로, 젤라누 밭의 포도로 와인을 만들어 소비자에게 전하고 싶다는 의미를 담았다고 한다.

뤼크의 아버지는 할아버지의 일을 물려받지 않고 의사가 되었지만, 뤼크는 주말이나 휴가 때 할아버지의 밭에서 포도를 재배하는 것이 큰 즐거움이었다. 인쇄회사에서 오래 근무했지만 주말에 하는 와인양조가 더 좋아서, 32살 때 와인양조를 평생직업으로 삼기로 결심했다. 만족할 만한 포도가 완성될 때까지는 협동조합에 납품했는데, 니콜라 졸리의 세미나를 듣고 바이오다이나믹으로 전환해서 만반의 준비를 하고 2005년을 첫 빈티지로 와인을 만들기 시작했다.

현재 밭은 12ha로 넓어졌다. 포도는 모두 피크 생 루(Pic Saint-Loup) 지구의 지역 품종으로 레드품종은 알리칸테(Alicante), 상소, 카리냥, 그르나슈, 시라, 화이트품종은 루산에 더해 샤산(Chasan)이라는 진귀한 품종을 재배한다. 생식용 품종인데 100% 이 품종으로 만든 〈윙 포코 아지타토〉는 색깔이 황금색이다. 말린 살구와 보이차, 넛메그의 향이 섞이고 은은하게 남아 있는 당분이 말로 표현할 수 없는 볼륨감을 만든다. 포도나무의 수령은 평균 45년이며 100년인 것도 있다. 수확량은 15~35㎖/ha로 적다.

"와인양조의 모든 과정을 수공예품처럼 직접 해내고 싶습니다"라고 뤼크는 말한다.

그 작업은 겨울에 가지치기할 때, 가지를 어떤 모양으로 자를지에서부터 시작된다. 필요 이상으로 손을 대지는 않지만, 일은 철저하게 한다. 좋아하는 일은 아상블라주로, 상태를 보고 블렌딩 품종을 바꾸고 완성된 와인에 어울리는 이름을 붙여 라벨을 디자인한다. 〈플뢰브 아무르〉는 「사랑의 강」이라는 뜻으로, 뤼크가 좋아하는 작가 조셉 델테유(Joseph Delteil)의 소설 제목이다. 라벨은 모두 화가인 부인 마리가 그린 것으로, 처음부터 끝까지 수작업이다.

염원하던 와인양조를 할 수 있어서 너무나 즐겁다고 말하는 뤼크. 밭에 갈 때는 자기도 모르게 뛰어가곤 한다고.

"와인양조는 완벽하지 않아도 된다고 생각합니다. 기술에 지나치게 의존하면 놓치는 것이 있습니다. 그보다는 내 마음과 마주하고, 마음속 깊이 만족할 수 있는 것이 중요하다고 생각해요. 완성된 와인도 사람을 압도하는 강한 힘은 없어도 됩니다. 다만 성실하게 만들고 싶습니다."

이케바나 2015
IKEBANA 2015
상소 30%, 카리냥 30%, 시라 40%로 만든 와인. 2012년에 일본을 방문해서 본 꽃꽂이(이케바나)에 감동해서 만든 3종 동시 발효 퀴베. 각 품종의 특징을 훌륭하게 표현했다.

DATA ● Zelige Caraven
http://www.zelige-caravent.fr/

그르나슈로 만드는 그랑 뱅은
생산자의 호쾌한 인생의 산물

도멘 브뤼노 뒤셴
Domaine Bruno Duchêne

소형 보트를 갖고 있어서, 시간이 나면 가족이나 친구들과 바다에 나가 바다와 산에 둘러싸인 바니울스의 생활을 즐긴다는 브뤼노.

대표 와인 〈라 파스콜〉, 그르나슈를 주로 사용했다고는 생각할 수 없는 섬세한 풍미로, 「남프랑스의 로마네 콩티」라고 불리며 인기가 높은 도멘 브뤼노 뒤셴. 2014년 5월 처음 일본에 왔을 때는 호쾌한 웃음소리와 함께 몇 개 도시를 돌며 와인 애호가들과 어울렸는데, 마지막 날 도쿄에서 마실 때는 역시 피곤했는지 블라인드로 나온 자신의 와인을 맞추지 못하고 억울해했다(!). 주위 사람을 미소 짓게 하는 신기한 힘을 지닌 사람이다.

그 우아한 와인의 풍미는 25~30㎓/㏊라는 놀랄 만큼 적은 수확량에 의한 포도 품질에서 비롯된다. 그도 그럴 것이 브뤼노의 밭은 피레네산맥과 지중해 사이에 있는 최고 경사 45°의 급경사면에 있으며, 토양은 직사광선을 받아 단단하게 굳은 암반 위에 있어서 기계 경작은 무리. 그런 까닭에 와인을 생산하려는 사람이 적고, 주정강화 스위트와인 〈바니울스(Banyuls)〉의 산지였던 곳이다. 하지만 브뤼노는 이 경관을 처음 봤을 때부터 "와인을 만든다면 이곳이다"라고 생각했다. 1년 중에 200일은 강풍이 부니까 포도에 병충해가 생기기 어려운 점도 마음에 들었다고 한다. 처음에는 놀랍게도 다이너마이트로 암반을 깎아서 경작을 했다니 대단하다.

브뤼노는 사실 루아르 출신이다. 버섯 도매로 성공했지만

AC 라 파스콜 2017
AC La Pascole 2017

수령 약 60년의 올드 바인인 그르나슈 누아, 그르나슈 그리를 메인으로 양조한다. 실크처럼 부드러운 질감이 고혹적인 와인이다.

라 뤼나 2017
La Luna 2017

베리류 과일의 싱싱한 과일맛과 가벼운 목넘김은 마시는 사람을 미소 짓게 하는 힘이 있다.

와인양조에는 내가 지금까지 걸어온 길이 반영되어 있다. 요즘 하고 싶은 것은 조지아에서 보고 온 장기 침용이라고 이야기하는 브뤼노.

일 때문에 부르고뉴 등의 와인산지를 다니다가 와인에 눈을 떴고, 2000년 생 로맹에 있는 도멘 드 샤소르네*의 문을 두드려 약 9개월 동안 프레데릭 코사르 밑에서 일했다. 그로부터 2년 뒤에 자신의 와인을 만들 땅을 찾다가 마침내 바니울스에서 운명의 땅을 만난 것이다.

내추럴 와인 생산자 중에서도 모든 밭의 포도나무를 매스 셀렉션(Mass selection, 집단 선발)으로 재배하는 사람은 브뤼노 정도일 것이다. 직접 고른 미국계 바탕나무를 3년 동안 키워서, 유럽계 접수(접붙일 나무)를 접붙인다.

약 5ha의 밭은 모두 편암이며, 가장 소중히 여기는 품종은 그르나슈이다. 레드품종인 그르나슈 누아, 그리 포도(회색이 도는 핑크색 껍질의 포도)인 그르나슈 그리, 그리고 화이트품종인 그르나슈 블랑을 재배한다.

레드와인은 그르나슈 누아를 중심으로 카리냑, 무르베드르, 시라 등을 블렌딩하는데, 블렌딩하는 비율은 어느 퀴베나 거의 같지만 맛이 전혀 다르다는 것이 흥미롭다.

가장 수령이 낮은(그래도 40~50년) 포도로 만드는 와인이 〈라 뤼나〉이다. 14년 동안 함께 지낸 가족과 같았던 강아지의 이름으로, 싱싱한 과일맛이 특징이다. "부디 친한 사람들과 함께 글라스를 기울이길"이라고 브뤼노는 당부한다. 〈라 파스

콜〉은 브뤼노가 처음 손에 넣은 밭의 포도로 만든다. 수령은 약 65년으로, 추출물을 촘촘하게 엮은 듯한 품위 있는 맛은 그야말로 그랑 뱅이라 불리기에 걸맞다. 〈라노딘(L'Anodine)〉은 코랄 누(Corral Nou) 밭의 엄선된 포도만 사용한 특별한 와인이인데, 매그넘 사이즈(1.5ℓ)만 출하한다.

반면 화이트와인 〈발 폼포〉는 100% 그르나슈 블랑으로, 돌을 핥는 듯한 단단한 질감과 마신 뒤에 느껴지는 친근함이 공존하는 인상적인 맛이다.

"이 땅에서 와인을 만들기로 결심했을 때 다들 반대했지만, 착실하게 일하면 결과도 좋습니다. 애초에 농업에는 확실한 것이 아무것도 없어요. 그 점이야말로 이 일을 계속하는 재미라고 생각합니다."

바니울스의 가능성을 세상에 알린 브뤼노는 새로운 시도로 13명의 비뉴롱 동료들과 함께 「레 뇌프 카브(Les 9 caves)」라는 공간을 마련했다. "와인바이면서, 도구를 빌리고 빌려주고, 의견과 웃음을 나누는 곳입니다. 마을로 이주하는 젊은 비뉴롱들도 이용했으면 합니다." 머지않아 게스트하우스도 만들 예정이라고 하니 기대된다.

AC 발 폼포 2017
AC Vall Pompo 2017
100% 그르나슈 블랑으로 만든 와인. 망고 같은 이국적인 향에 레몬껍질의 쓴맛이 악센트.

DATA ● Domaine Bruno Duchêne

153

생태계를 배려해서 만드는 랑그도크의 그랑 뱅

도멘 레옹 바랄 / 디디에 바랄
Domaine Léon Barral / Didier Barral

"내가 지향하는 것은 충실한 과일맛과 산미가 뒷받침된 신선한 와인입니다"라고 말하는 디디에 바랄은 랑그도크에서 가장 우아한 와인생산자이다. 대대로 포제르(Faugères) 마을에서 포도를 재배해 협동조합에 납품했으나, 1993년 디디에는 존경하는 할아버지의 이름을 걸고 도멘을 설립했다.

밭은 야생동물이 사는 숲에 둘러싸여서 박쥐나 철새가 해충을 잡아먹기 때문에, 살충제를 뿌리지 않아도 포도가 매우 건강하게 자란다고 한다.

경작은 바퀴 자국을 깊게 남기지 않는 소와 당나귀의 힘을 빌린다. 이들의 호흡으로 발생하는 이산화탄소도 포도잎의 광합성을 돕는다. 생태계를 중시하는 밭의 토양은 미생물이 활발하게 활동하고 포도나무의 뿌리가 9m 깊이까지 자라서, 땅속 미네랄 성분을 충분히 흡수한다.

"포도만 생각해서는 내추럴 와인을 만들 수 없습니다"라는 디디에. 오랜 기간 유기농 재배에 힘써온 점을 인정받아 2012년에 농수산장관으로부터 최우수상을 받았다.

블랑 레로 2015
Blanc l'Herault 2015

테레 블랑과 테레 그리(Terret gris) 80%로 만든 와인. VdF인데도 강렬한 맛은 랑그도크 최고의 화이트와인이라는 평가를 받는다.

AC 포제르 발리네르 2013
AC Faugères Valinière 2013

무르베드르를 메인으로 시라를 더한 최상급 퀴베. 다른 랑그도크 와인과 확실히 구별되는 피네스가 있다.

DATA ● Domaine Léon Barral

땅이 가진 수억 년 전 바다의 기억이 남부 품종을 신선하고 섬세하게

레 풀라르 루주
Les Foulards Rouges

「붉은 스카프」를 모티브로 한 라벨은 오너인 장 프랑수아 니크의 「정신의 혁명」을 나타낸다. 놀랍게도 양조학교 시절의 친구 티에리 퓌즐라*의 전 부인이 디자인한 것이라고 한다.

10년 동안 양조책임자로 근무한 론의 에스테자르그(Estezargues) 협동조합에서는 와인 품질을 비약적으로 향상시켰다. 1991년부터 SO_2를 최대한 사용하지 않으려고 노력해서, 1996년에 상 수프르에 성공. 작은 도멘이 아닌 대형 와이너리에서 위업을 달성한 천재 양조가다.

자신의 와인을 만들고 싶다며 조합을 퇴직하고, 우연히 방문한 스페인 국경의 알베르(Albères)산 기슭의 땅을 본 순간, 이곳이야말로 이상적인 땅이라고 결정했다. 수억 년 전에는 바다 밑에 있었던 기반암(roche mère)은 편암, 석영, 화강암 등 다양한 토양이 모자이크처럼 뒤얽혀, 복잡한 풍미를 가진 포도를 수확할 수 있다. 장 프랑수아는 그르나슈와 카리냥 등 타닌이 강한 품종을 신선하고 섬세한 와인으로 완성하는 환상의 실력을 자랑한다.

AC 코트 뒤 루시용 라 수아프 뒤 말 2017
AC Cote du Roussillon La Soif du Mal 2017

100% 시라로 만든 와인. 6~12℃의 저온으로 약 1년 반 동안 발효시켜 추출한 진액이 묵직하다.

그르나슈 VdF 2017
Grenache VdF 2017

붉은 베리류와 체리에 아니스(anise, 감초보다 달콤한 향신료)와 감귤류의 뉘앙스도 있다. 깨끗한 산미가 과일맛을 잡아줘서 부드러운 풍미.

DATA ● Les Foulards Rouges

남프랑스의 가리그로 덮인 땅에서
들풀을 활용한 초자연적인 와인양조를

로 프티 도멘 드 지미오 / 안 마리 & 피에르 라바이스
Le Petit Domaine de Gimios / Anne-Marie & Pierre Lavaysse

"어머니께 전수 받은 와인양조를 착실히 계속하고 싶습니다"라는 피에르. 개인적으로 자주 마시는 와인은 피에르 프릭 등 알자스 와인이라고 한다.

수령 150년이 넘는 16종 이상의 올드 바인에서 수확한 포도를 같은 탱크에서 동시에 발효시킨(Co-Fermentation) 섬세한 타닌의 〈루주 드 코스〉, 은은하게 달콤한 여운이 있는 〈뮈스카 세크 데 루마니(Muscat Sec Des Roumanis)〉 등 매력적인 와인을 만드는 생 장 드 미네르부아(Saint Jean de Minervois)의 어머니와 아들 팀. 어머니 안 마리 라바이스가 와인양조를 시작한 것은 1995년이다. 그때까지 30년 동안 과수원을 경영했는데 대형 화재로 모든 것을 잃고, 방치되었던 포도밭을 겨우 손에 넣었다. 양조에 대해서는 전혀 몰랐지만, 바이오다이나믹으로 과일나무를 재배한 경험이 초자연적인 포도재배로 이어졌다.

"내 땅은 가리그(Garrigue, 이 지방 특유의 석회암과 점토로 이루어진 황무지)여서 포도밭 주위에 다양한 초목이 무성한데, 들풀은 절대 병들지 않는 것을 보았습니다." 자신과 가족이 아파도 화학약품이 아닌 달인 들풀로 고친다는 안 마리는 들풀이 포도나무에도 효과가 있을 것으로 보고, 들풀을 사용해 노균병과 흰가룻병 등의 문제를 해결한 뒤 더 확신을 가졌다.

포도나무의 수령이 높아서 수확량은 저절로 줄었으며, 수령이 100년 정도 되는 밭의 와인 〈루주 프뤼〉는 간혹 9hℓ/ha밖에 안 될 때도 있다. 양조할 때도 화학물질을 모두 배제하고 스위트와인에도 SO₂를 넣지 않는다.

어릴 때부터 어머니의 일을 도운 피에르는 2008년부터 가업에 합류했다. 2016년이 첫 빈티지인 뮈스카 품종의 세미스위트와인 페티양 나튀렐은 친한 지인인 라 보엠의 파트리크 부주*의 조언으로 완성했다. 단맛과 산미의 절묘한 균형에 더해 은은한 감칠맛이 동양음식과도 잘 어울린다.

루주 드 코스 VdF 2017
Rouge de Causse VdF 2017

「코스」는 프랑스어로 석회암(Karst) 대지이다. 알리칸테, 아라몽(Aramon) 등의 지역 품종을 응축시켜서 만든다. 와일드하면서 우아한 와인.

루주 프뤼 VdF 2017
Rouge Fruits VdF 2017

포도는 뮈스카 프티 그랭(Muscat Petits Grains), 상소 등을 사용한다. 가리그 토양 특유의 해초와 민트를 연상시키는 향이 있다.

DATA ● Le Petit Domaine de Gimios

스스로의 정체성을 찾아,
인기 카페의의 오너에서 비뉴롱으로

니콜라 카르마랑
Nicolas Carmarans

와인을 제공하는 일에서 만드는 일로 전직하고, 파리에서 남서부의 산속으로 거처를 옮긴 니콜라. 산속이라도 동료 생산자들이 자주 오니까 외롭지 않다고.

와인애호가라면 누구나 바라는 "비뉴롱이 되고 싶다"라는 궁극의 꿈을 실현한 니콜라 카르마랑. 사실 니콜라는 단순한 애호가가 아니라 파리 라탱 지구(Quartier latin)의 카페 드 라 누벨 메리(Café de la Nouvelle Mairie)를 20년 동안 운영해온 사람이다. 가게에서 취급하는 와인의 생산자들은 거래처라기보다 오래 알고 지낸 친구여서, 그들과 교류하며 와인을 만들고 싶다는 열정이 솟구쳤다.

꿈을 이룬 곳은 AOC로는 인정되지 않는 쉬드 웨스트(남서 지방) 오브라크(Aubrac) 산중의 캄푸리에즈(Campouriez)라는 외딴 마을이었다. 니콜라의 할아버지가 파리로 이주하기 전까지 살던 곳으로, 말하자면 카르마랑 가문의 뿌리라고 할 수 있다.

지금은 경사면 밭의 고된 노동 때문에 쇠퇴했지만, 1930년대에는 재배 면적이 1,000ha나 되던 잠재력 있는 토지이다. 니콜라는 2002년, 200년 전에 개간된 표고 450~500m의 밭을 사들이고(합계 3.3ha), 카페를 처분한 뒤 산속 초막으로 이주했다. 마르셀 라피에르*, 필립 파칼레* 등 친구들의 조언과 현지에서 열심히 연구하는 농가와의 교류로 토지에 맞는 양조방법을 찾았다고 한다.

대표 와인 〈모베 탕 2010〉은 페르 세르바두(Fer Servadou), 네그레 드 방아르(Negret de Banhars) 등의 지역 품종에 카베르네 프랑, 카베르네 소비뇽을 블렌딩하고 세미탄산 침용으로 완성하였다. 즙이 가득한 서양자두의 과일맛에 정향과 타임 같은 향이 섞여 파워풀하면서도 우아한, 활기가 넘치는 와인이다.

셀브 VdF 2015
Selves VdF 2015

100% 슈냉 블랑으로 만든 와인. 근처에 흐르는 강의 이름을 붙인 이 와인은 니콜라가 가장 힘을 쏟는 화이트와인이다. 1년에 650케이스 한정생산이며, 풍만하고 파워풀하다.

모베 탕 VdF 2016
Mauvais Temps VdF 2016

대표적인 레드와인의 이름은 급경사면에 있는 구획에서 딴 이름이다. 언제나 감칠맛 가득하고 스파이시한 개성에 더불어, 2016은 동양적인 풍미도 느껴진다.

DATA ● Nicolas Carmarans

AOC 제외를 오히려 기회로 삼아
「거의 멸종된 품종」으로 만드는 독특한 와인

도멘 드 코스 마린
Domaine de Causse Marines

파트리스와 비르지니. 도멘 이름은 바로 아래에 흐르는 마린강과 코스라고 불리는 석회질 토양에 경의를 표하여 붙였다고 한다.

**AC 가이약 루주
레 페이루젤 2016**
AC Gaillac Rouge
Les Peyrouzelles 2016

브로콜, 시라, 뒤라 등을 블렌딩한 와인은 강렬한 베리류의 풍미가 특징이다.

**AC 가이약 블랑
레 그레유 2016**
AC Gaillac Blanc
Les Greilles 2016

모작, 루앵 드 로레유(Loin de L'oreille) 등의 지역 품종을 균형있게 블렌딩했다. 바디감이 있고 맛이 풍부한 화이트와인.

DATA ● Domaine de Causse Marines
http://www.causse-marines.com/

2012년 페스티뱅에 참가한 짧은 머리에 얼굴이 작은 미인 비르지니 마냥(Virginie Magnien). 시음용 와인의 품종은 화이트와인은 모작(Mauzac), 옹당(Ondenc), 레드와인은 뒤라스(Duras), 브로콜(Brocol) 등 모두 처음 접하는 것들뿐이었다.

그도 그럴 것이 보르도의 양조학교를 졸업한 그녀의 남편 파트리스 레스카레(Patrice Lescarret)는 국제품종이 아닌 토착품종을 찾아 1993년에 남서지방의 가이약으로 이주했다. 이들이 재배하는 품종은 대부분 AOC에서 인정받지 못해 뱅 드 프랑스인데, 이와 관계없이 해마다 새로운 퀴베에 도전하고 있다.

"예를 들어 〈당콩(Dencon)〉에 사용되는 옹당은 거의 멸종된 품종입니다. 전 세계에서 5ha 정도밖에 없는데 84아르(are, 1아르는 100㎡)를 우리가 갖고 있으니까 세계 제일이지요. 어떻게든 단일 품종으로 만들고 싶은데, 그렇게 하면 가이약에서는 AOC로 인정되지 않습니다. 그렇다면 재미있는 이름이라도 붙이자고 Ondenc을 2개로 나누고 순서를 뒤바꿔서 Dencon이라고 이름을 지었어요." 모과와 말린 살구의 향과 온화한 산미, 부드러운 질감. 처음 마시는데도 왠지 익숙한 맛은 토착품종의 올드 바인(수령 85년)에서 비롯된 듯하다.

12ha의 밭은 주위가 나무로 둘러싸인 새와 벌레의 보호 지역이어서 병해가 포도에 집중되지 않고, 바이오다이나믹도 적용하기 쉽다고 한다.

"바이오다이나믹은 포도를 믿고 진지하게 마주하는 방법이라고 생각합니다. 우리는 점점 이기적인 자신을 버리고 정성을 다해 일하고 있어요. 그 때문인지 와인이 순수성을 표현하게 된 것 같습니다."

밀레짐의 개성이 드러나는 포도를 위해, 긍정적인 분위기가 매력적인 생산자

시몬 뷔세
Simon Busser

귀여운 미남인 시몬은 1981년 생. 와인철학은 「밭을 관찰하면서 일구는 것」이라고. 말을 이용하여 경작한다.

내추럴 와인 살롱 「디브 부테유」 행사장에서 생산자의 엄청 귀여운 웃는 얼굴에 이끌려 시음한 〈오리지넬〉. 남서지방 카오르(Cahors), 말벡 70%와 메를로 30%를 블렌딩한 와인이라고 해서 농후한 타입이려니 했는데, 싱그러운 산미가 매우 매력적이었다. 100% 말벡으로 만든 〈프랭탕〉은 라벨에 그려진 딸의 귀여운 손모양 모티브가 수작업으로 만들었다는 것을 의미하는데, 투명하게 느껴지는 과일맛이 기분 좋은 온화한 풍미이다.

긍정적인 분위기를 가득 담은 와인을 만드는 시몬 뷔세는 1981년생으로 본가는 포도재배 농가여서 협동조합에 포도를 납품했는데, 2007년에 아버지가 소유한 가장 오래된 구획에 있는 3ha를 물려받아 와인양조를 시작했다.

양조 지식은 없었지만 농업을 좋아하고 특히 말을 좋아해서, 친구의 소개로 알게 된 올리비에 쿠쟁에게 말을 이용한 경작을 배운 것이 내추럴 와인의 길로 이어졌다. 존경하는 비뉴롱으로 또 한 사람, 역시 말로 경작하는 랑그도크의 디디에 바랄*(도멘 레옹 바랄)의 이름을 꼽았다.

에코세르(Ecocert, 유기농) 인증을 취득하고 밭을 5ha까지 확대했는데 토양은 석영과 산화철을 함유한 점토질로, "수확하는 날 아침, 밭에 에너지가 가득하면 모든 것이 수월합니다. 청징, 여과는 하지 않고 SO₂도 거의 넣지 않습니다. 포도가 밀레짐(빈티지)의 특징을 잘 드러내도록 도울 때만 내가 존재합니다"라는 것이 시몬의 이야기이다. 수확할 때는 시몬을 응원하는 친구들이 대거 참여하는데, 첫 빈티지의 뒷라벨에는 감사하는 마음으로 그들 모두의 이름을 적었다.

오리지넬 VdF 2015
Originel VdF 2015

말벡을 메인으로 한 「근원」이라는 의미의 이름을 가진 이 와인은, 시몬이 처음 와인양조를 시작한 밭의 포도로 만든다.

프랭탕 VdF 2015
Printemps VdF 2015

시몬의 아버지가 좋아하는 구획의 포도로 만든다. 점토 석회질의 밝은 흙 색깔 때문에 봄이라는 뜻의 이름을 붙였다. 100% 말벡으로 만든다.

DATA ● Simon Busser

엘리트 엔지니어에서 변신,
올드 바인으로 에너지 넘치는 와인을 만든다

도멘 라 보엠
Domaine la Bohème

1.5ha의 밭에 심은 것은 오직 가메 도 베르뉴뿐. 수령 60~100년의 올드 바인이다.

파리의 와인바 베르 볼레(Verre Volé)에서 생선과 채소에 어울리는 연한 레드와인이 마시고 싶다고 했더니, 주인이 라 보엠의 〈브루탈(Brutal, p.231 참조)〉을 추천했다. 오베르뉴의 피노 누아는 연하고 부드러웠으며, 즐거운 기분으로 만든 듯한 에너지 넘치는 맛에 분위기가 유쾌해졌다.

생산자 파트리크 부주(Patrick Bouju)는 IBM에 다니던 엔지니어인데, 와인에 대한 애정이 커져서 2004년에 결국 오전만 근무하는 계약사원으로 전환하고 도멘을 설립했다. 와인에 빠지게 된 것은 옛 애인에게 피에르 보제(Pierre Beauger)*를 소개받은 것이 계기가 되었다고 한다. 집에서 만든 와인으로 피에르에게 조언을 구하며 연습을 거듭했다고.

"오베르뉴는 마이너라고들 하지만, 올드 바인을 다른 산지의 몇 분의 일 정도의 가격으로 살 수 있고, 제대로 하면 근사한 와인을 만들 수 있습니다"라고 이야기하는 파트리크. 365일 연중무휴에 수입은 격감했어도 하루하루가 충만하다. 축제를 열자는 뜻의 스파클링와인 〈페스테자르〉도 마시면 기분이 좋아진다.

페티양 나튀렐
페스테자르 로제 VdF 2017
Pétillant Naturel
Festejar Rosé VdF 2017
매입 포도 75%와 자체밭 포도 25%를 블렌딩한 새로운 페스테자르는 예전보다 더 차분한 느낌이다.

륄뤼 VdF 2016
Lulu VdF 2016
화산성 토양에서 자란 올드 바인에서 수확한 가메 도베르뉴(Gamay d'Auvergne)로 만든 에너지 넘치는 풍미가 특징이다. 륄뤼는 파트리크의 할머니의 애칭이다.

DATA ● Domaine la Bohème
http://www.domainelaboheme.fr

159

선입견에서 벗어나야 보이는,
신기하고 즐거운 마술 같은 세계

도멘 피에르 보제
Domaine Pierre Beauger

"결점을 수정하려는 와인양조에 의문을 느낍니다. 와인은 화장이나 포토샵으로 만드는 것이 아닙니다"라고 말하는 피에르.

피에르 보제는 품종이나 AOC에 얽매이면 즐길 수 없는 생산자이다. 예를 들어 미세한 기포에 은은한 단맛과 응축감, 해초 같은 감칠맛이 신기한 존재감을 발휘하는 〈르 샹피뇽 마지크〉를 마셔보면 샤르도네로 만들었다는 사실에 틀림없이 놀랄 것이다. 수확량이 20㎘ 이하인 올드 바인의 가메로 만드는 〈비트리올(Vitriol)〉은 터키의 향신료 수막(Sumac, 옻나무의 일종)과 같은 신기하고 새콤달콤한 풍미에 광물적인 톤이 인상적이다.

클레르몽 페랑(Clermont-Ferrand)의 번화가에서 차로 30분 떨어진 산간마을 쥐사(Jussat) 출신 피에르가 이런 독특한 풍미에 도달한 이유는, 양조학교를 졸업한 뒤 소노마와 방돌을 거쳐 남부 론의 마르셀 리쇼*에게 배우며 다양한 생산자를 보아온 경험 덕분이다. 2001년에 손에 넣은 1.5㏊의 밭은 제르고비(Gergovie) 고원에 있는 표고 600m의 경사면에 있는데, 물론 재배와 양조에 화학물질은 전혀 사용하지 않는다. 만족하지 않으면 병입하지 않기 때문에, 어느 와인이든 생산량이 매우 적다. 정말 귀중한 와인이므로 발견하면 바로 주문을!

르 샹피뇽 마지크 VdF 2012
Le Champignon Magique VdF 2012
「꿀에 재운 레몬」같은 새콤달콤한 맛에 해초 같은 감칠맛, 파워풀하고 복잡하며 신비로워서 좋은 맛이다.

DATA ● Domaine Pierre Beauger

미야우치 료타로

Meguro Un Jour(도쿄 메구로) 오너

파리에 건너간 것은 30살 때였습니다. 집 근처에 내추럴 와인을 취급하는 술집이 있어서, 피에르 오베르누아* 등의 와인을 비교적 쉽게 살 수 있었어요. 순수한 맛의 와인이라 좋다고 생각하며 마셨습니다. 그 뒤에 장 이브 페롱*의 밭에 갈 기회가 있었는데 와인에 대한 인식이 바뀌었습니다. 그들은 "내추럴 와인을 만들고 싶다"가 아니라 "내 와인을 만들고 싶다"라고 합니다. 어려운 가운데 노력하고 있다는 자부심이 있습니다. 「내추럴 와인」이라는 말로 뭉뚱그릴 수는 없습니다. 외국인으로는 처음으로 파리의 와인바 베르 볼레에서 일하면서 많은 생산자를 만났습니다. 지금은 도쿄에서 와인과, 그들의 스토리를 전하기 위해 노력하고 있습니다.

사이토 데루히코

Ahiru Store(도쿄 도미가야) 오너

나는 원래는 맥주파였는데 음식점을 시작하면서 식사에서 와인을 빼놓을 수 없겠다는 생각으로 와인에 대해 배운 곳이 에비스의 「트루아 자무르(3amours)」였습니다. 내추럴 와인의 세계가 이제껏 내가 그려왔던 와인의 세계와 전혀 다르다는 데 놀랐지요. 그때까지 와인은 버블 시대를 억지로 끌고가는 이미지였습니다(웃음). 올리비에 쿠쟁의 〈그롤로 페티양(Grolleau Pétillant)〉을 마셨을 때 "아, 만났구나" 하는 생각에, 과장이 아니라 눈물이 나왔어요. 맛있고, 철학이 있고, 거북하지 않습니다. 내추럴 와인을 만나면서 아히루 스토어의 스타일도 정해졌습니다. 교과서적인 와인도 공부했지만, 그것을 깨부수는 듯한 만남이었습니다.

「내추럴 와인의 매력을 이야기하다」

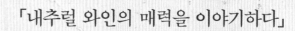

페스티뱅에 참여하는
레스토랑과 와인바에서 전하는 메시지 ⑥

오야마 야스히로

Winestand Waltz(도쿄 에비스) 오너

1999년 무렵 고향인 효고에서 클로드 쿠르투아*의 〈라신 1997〉, 그리고 〈오르 노름〉을 마시고 「독특한 와인」이라고 생각한 것이 처음이었습니다. 〈오르 노름〉은 라벨이 눈물방울 같은 모양인데, 그 라벨이 무척 마음에 들었어요. 요리전문지에서 가쓰야마(p.18 참조), 프랑수아, 고다 씨의 좌담 기사를 읽은 것도 그 무렵이었습니다. 내추럴 와인의 미지의 부분, 기존 와인과 다른 「무언가」에 이끌려 여행하듯이 현재에 다다른 느낌이에요. 나는 "와인은 주어지는 것이 아니라 찾아서 손에 넣는 것"이라고 생각합니다. 라벨이 좋다든가, 가본 적 있는 지역이라든가, 이유는 뭐라도 좋으니 직접 고르는 것이 즐겁습니다.

PART 2

AUSTRIA
오스트리아

ITALY
이탈리아

CZECH
체코

SLOVENIA
슬로베니아

SPAIN
스페인

GERMANY
독일

CROATIA
크로아티아

Wine producing regions in Austria & Italy

Part2에 나오는 오스트리아와 이탈리아 와인 생산지

Wien

Burgenland
부르겐란트

AUSTRIA

Südsteiermark
슈타이어마르크

Trentino Alto Adige
트렌티노 알토 아디제

Friuli-Venezia Giulia
프리울리 베네치아 줄리아

Veneto
베네토

Piemonte
피에몬테

Emilia Romagna
에밀리아 로마냐

Toscana
토스카나

ITALY

Roma

Lazio
라치오

Campania
캄파니아

Sardegna
사르데냐

Sicilia
시칠리아

하루하루 은혜에 감사하며 사명을 다하면, 자연은 반드시 상을 준다

마리아 운트 제프 무스터
Maria und Sepp Muster

오스트리아의 내추럴 와인계를 이끌어가는 존재인 제프 무스터. 고향인 슈타이어마르크에서 뜻을 함께하는 동료 생산자 5명과 함께 「슈멕트 다스 레벤(Schmeckt das Leben, 인생을 맛보다)」이라는 그룹을 만들었다.

오스트리아의 내추럴 와인 생산자 중에서 가장 먼저 손에 꼽히는 사람이 슬로베니아와 국경을 접하는 슈타이어마르크주의 제프 무스터이다. 내추럴 와인 축제 RAW에도 해마다 출전하며, 현재 세계에서 가장 주목받는 레스토랑이자 내추럴 와인 선정에 정평이 나 있는 덴마크의 「NOMA」와 같은 레스토랑의 리스트에도 올라 있다.

나에게 제프는 새로운 오스트리아 와인의 문을 열어준 은인이다. 첫만남은 2008년 6월로, 2년에 1번 빈에서 개최되는 와인 박람회 비비눔(Vievinum)에서 파생되어 열린 바이오다이나믹 인증단체 데메테르 오스트리아의 야외시음회에서였다. 호프부르크 왕궁을 사흘 동안 개방하여 개최한 화려한 행사와는 대조적으로, 무명의 작은 생산자들을 초대한 조촐하고 따뜻한 시음회에 나온 사람은 니콜라 졸리에 필적하는 바이오다이나믹 전도사 니콜라이호프(Nikolaihof) 와이너리의 니콜라우스 사스(Nikolaus Saajs) Jr. 말고는 처음 보는 얼굴들뿐이었다. 하지만 그들이 만든 와인은 과일맛이 직접적으로 표현되는 풍미가 지금껏 이 나라에서 만난 적 없는 싱그러운 매력으로 가득했다.

와인에 관한 글을 쓰기 시작한 2000년에 잡지 관련 업무로 오스트리아를 방문한 이래, 그뤼너 벨트리너(Grüner Veltliner, 오스트리아에서 가장 수확량이 많은 화이트품종)나 리슬링의 중후하고 기품있는, 미네랄 느낌이 강한 와인의 포로가 되었다. 바하우(Wachau)나 캄프탈(Kamptal)의 위대한 화이트와인은 강렬한 자력이 있다고 (지금도) 생각한다. 하지만 2005년 정도부터 이들 와인에 조금 지쳐버렸다. 마침 그때가 프랑스와 이탈리아의 내추럴 와인에서 내가 원래 추구하던 맛을 발견한 무렵이었다.

오스트리아의 생산자들은 유럽 제일의 유기농지 비율(약 20%)을 자랑하며, 1985년의 부동액 주입 사건(오스트리아의 일부 스위트와인에서 인체에 해로운 부동액

가지가 자유롭게 뻗어서 자라는
야생적인 밭. 이 지방에 적합한 나
무모양이다.

원료인 디에틸렌 그리콜이 검출되어 오스트리아 와인이 퇴출당한 사건)을 계기로 엄격한
와인법을 준수하게 된, 세계 제일의 「내추럴한」 와인의 나라라고 자부한다. 하지만
생산자의 80%가 KIP(킵, Kontrollierte und Integrierte Produktion)이라는 뤼트 레
조네[lutte raisonnée, 감(減)농약 재배방법]에 해당하는 EU 주도의 농법 프로그램으
로 포도를 재배하는데, 이 방법은 화학합성비료나 농약을 사용하기 때문에 자연농법
이 아니다. 그렇게 이 나라의 와인은 내가 생각하는 내추럴 와인이 아닌 것 같다는 생
각이 점점 커져갔다.

　야외시음회장에서 그런 이야기를 하자 "KIP is nothing"이라며 온화하게 웃는 얼
굴로 단언한 사람이 제프 무스터였다. 그 한마디로 몇 년 동안의 의문이 해소되었다.

　그때 제프가 가져온 소비뇽 블랑은 향이 초록사과처럼 상쾌하면서도 묵직한 농축
감과 감칠맛이 인상적인 뒷맛을 남겼다. 〈츠바이겔트(레드와인)〉는 오스트리아 남부
산지 특유의 붉은 과일이 폭발하는 듯한 풍만한 풍미와 발랄한 산미, 목구멍으로 스
며드는 듯한 매끄러운 목넘김이 특징이다. 공통점은 투명함과 응축감의 미묘한 균형
이다. 이 풍미에 감동하는 동시에 8년이나 이 나라를 다니며 나는 대체 무엇을 보았
나, 단지 브랜드의 힘에 휩쓸려 「위대한」 와인을 쫓고 있지는 않았나, 머리를 한 대
맞은 듯한 기분이었다.

　상반되는 개성이 융합된 와인은 「오포크(Opok)」라는 슈타이어마르크의 독특한 토
양에서 유래되었다고 한다. 석회암, 점토, 실트 등이 퇴적되어 굳게 다져진 토양이다.
이 사람의 밭을 보고 싶다고 생각하고 반년 뒤, 나는 제프의 와이너리를 방문했다. 어
떻게 그곳에 가게 되었는지 그 경위는 까맣게 잊었지만, 오로지 그 방문을 위해 오스
트리아에 건너간 듯한데, 어떻게 시간을 내고 비용을 마련했는지도 수수께끼다.

그라프 소비뇽 2015
Graf Sauvignon 2015

농원의 원래 이름인 그라프(백작)로 이
름을 붙인 와인은 제프의 대표 와인이
다. 풍부한 과일맛과 스파이시한 아로
마, 묵직한 골격으로 소비뇽 블랑이 맞
나 생각할지도 모르지만, 이것이야말로
제프의 개성이다.

소비뇽 폼 오포크 2015
Sauvignon vom Opok 2015

소비뇽 블랑, 샤르도네 등 오포크 토양에서 재배하는 화이트품종을 블렌딩한 와인. 신선함과 응축감이 공존한다.

츠바이겔트 2013
Zweigelt 2013

고품질 와인을 만들기 어려운 레드품종이지만, 신선한 과일맛과 산미의 균형이 절묘한 츠바이겔트.

흙을 파보면 미네랄이 풍부한 부식토가 가득하다.

기억은 돌연 2009년 4월의 쌀쌀한 아침, 오스트리아 제2의 도시 그라츠(Graz) 옆에 있는 작은 역 라이프니츠(Leibnitz)에서 시작된다. 마중나온 제프의 차로 코랄페(Koralpe)라고 불리는 산지로 이어지는 길을 오르기 시작하자, 줄지어 있는 작은 언덕에 곧게 뻗은 사이프러스 나무가 겹쳐지는 풍경은 듣던 대로 토스카나와 비슷했다. 이 기복 있는 지형에 산악지대와 지중해에서 두 방향으로 바람이 불어와, 쥐트(남부) 슈타이어마르크의 미기후가 만들어진다고 한다. 다 올라가자 보이는 이 지역 특유의 벽돌색 지붕과 달걀색 벽이 있는 건물이 제프의 거처이자 양조장이다. 표고 500m, 강수량은 연간 1,100mm나 되는데, 고지대여서 병해는 거의 없다고 한다.

18세기 후반에 지어진 집을 제프의 아버지가 1978년에 사들여서 와인양조를 시작했다는데, 집 바로 뒤에는 10ha의 밭이 있고, 밭 주위는 숲이 둘러싸고 보호해주는 작은 유기체를 이루고 있다. 맑은 공기 속에서 제프가 북쪽에 있는 교회의 첨탑을 가리키며 2km 너머는 슬로베니아라고 알려주었다.

포도밭은 가장 경사가 심한 곳은 60°나 되는 경사면으로, 180cm쯤 되는 제프의 키와 거의 비슷한 높이로 재배한 포도나무가 줄지어 있다. 새가지가 무게를 못 이기고 휘어져 사방팔방으로 뻗어 나간, 처음 보는 독특한 풍경이다.

"새가지의 끝을 자르면 머리를 잘라버리는 것 같아서 자르기 싫어요. 게다가 가지하나를 자르면, 다른 가지들이 한 방향으로 자랍니다. 하지만 자연에 맡기면 중력 때문에 여러 방향으로 자라고, 가지 수가 많은 만큼 길이가 짧아져서 에너지가 응축되지요. 아내 마리아의 아버지가 고안한 방법인데 습기를 피하고 포도의 아로마를 유지하는, 이 지방에 적합한 관리방법입니다. 바이오다이나믹도 교과서대로 하는 것이 아니라, 토지의 특성을 살려서 응용하는 것이 중요합니다."

그리고 우리 발아래에 있는 것이 오포크였다. 삽으로 흙을 팠더니 점판암 같은 덩어리인데, 운모와 조개껍질이 섞여서 반짝반짝 빛이 났다. 손으로 쥐면 바로 갈라지는 것에서 알 수 있듯이 물이 잘 스며들고 뿌리도 아래로 잘 자란다. 이 오포크가 동글동글하면서도 부싯돌 같은 미네랄 느낌이 있는, 상반되면서도 조화를 이루는 독특한 개성의 와인을 만든다. 포도나무 뿌리는 마치 우엉처럼 굵고 흙덩어리가 잔뜩 붙어 있다. 이 흙이 부식토인데, 뿌리는 여기에서 질소를 흡수한다. 이랑 사이도 넓고 1ha당 2800그루로 여유 있게 심었다.

"다들 빽빽하게 심는 것이 좋다고 하지만 모든 것에는 공간이 필요하고, 포도도 자

유롭게 무럭무럭 자라는 것이 좋다고 생각합니다."

포도나무를 지탱하는 받침대는 주변 숲에서 자란 밤나무다. 밤나무는 약 20년 동안 호흡을 통해 포도밭에 산소를 제공하고, 그 뒤에는 받침대로 다시 20년을 포도나무와 함께 지낸다. 그리고 모든 역할을 끝내면 난로의 장작으로 사용된다. 그리고 그동안 다시 새로운 나무가 자라는 완벽한 순환이 이루어지고 있다. 전력은 태양광 시스템, 마실 물과 와인양조에 사용하는 물은 지하수, 가족들이 먹을 채소는 부인 마리아의 농원에서 계절마다 자란다.

부인 마리아와 둘째딸 플로라. 와인양조는 가족의 생활방식과 밀착되어 있다.

양조도 되도록 자연에 맡겨서 포도와 효모가 일으키는 어떤 변화도 방해하지 않으며 청징, 여과도 하지 않는다. SO_2는 병입 전에만 첨가 한다고 하는데, 2009년에는

52~80mg/ℓ로 내추럴 와인치고는 많다고 생각했다. 그런데 이듬해부터 츠바이겔트, 그리고 대표적인 화이트와인 〈스가미넥(Sgaminegg, 샤르도네와 소비뇽 블랑의 블렌딩)〉, 소비뇽 블랑과 웰치리슬링(Welschriesling), 샤르도네 등의 여러 품종을 레드와인처럼 껍질과 함께 침용한 「오렌지와인」 〈에르데(Erde)〉도 상 수프르 또는 그에 가까운 소량의 SO₂로 양조하여, 촉촉하게 몸에 스며드는 풍미로 완성했다.

제프가 최대한 자연에 가까운 방법으로 와인을 만드는 이유는, 1994년 고속도로에서 트레일러 사고로 다리를 크게 다쳐 한동안 요양한 것이 계기가 되었다고 한다. 당시에는 아버지와 함께 와인을 만들었는데, 특별한 와인을 만들고 싶다고 생각한 제프는 바이오다이나믹 세미나를 수강했다. 강사는 농약 과용으로 피폐해진 인도의 농지를 되살리는 프로젝트를 지도한 것으로 알려진, 뉴질랜드의 피터 프록터(Peter Proctor)였다. 그의 권유로 아내 마리아와 인도에 갔을 때 모든 것이 분명해졌다. 살아 있는 것 자체가 기적이며, 위기는 기회라고 생각한 것이다.

"바이오다이나믹은 단순한 재배방법이 아니라 자연과의 공존입니다. 농장은 하나의 유기체이지요. 모든 것은 포도가 가르쳐줍니다. 무언가 만들려고 하면 오히려 길에서 벗어납니다."

2004년부터 바이오다이나믹으로 전환했고, 2007년에 데메테르 인증을 받았다.

"내 와인은 자연과 공존하며 만드는 수제품입니다. 상을 받기 위해서 또는 고객을 만족시키기 위해서 해마다 같은 스타일을 유지하는 와인과는 다릅니다. 받아들이지 못하는 사람도 있겠지요. 사실 아버지도 처음에는 반대했습니다. 이런 와인을 만들려

그래핀(오렌지와인) 2014
Gräfin (Orange Wine) 2014
소비뇽 블랑을 껍질째 2~4주 동안 침용 및 발효시킨 뒤, 2년 동안 재운 와인. 색깔은 오렌지색이다. 심오한 아로마가 존재감이 있다.

마리아는 요리를 잘해서 매크로바이오
틱(macrobiotics, 제철음식을 뿌리부터 껍
질까지 통째로 먹는 조리법)에도 정통하
다. 매일 식탁에 오르는 식재료도 모두
신뢰하는 생산자에게 구입한 것이며, 날
씨가 좋은 날에는 야외 테이블에서 식사
하기도 한다.

면 용기를 갖고, 근본적인 이치를 생각하면서 일해야 하며, 나는 지금 올바른 선택을
하고 있는지 늘 되물어야합니다. 날마다 은혜에 감사하며 나에게 주어진 사명을 다하
면, 자연은 반드시 상을 주는 법이랍니다.”

이제 제프의 와인은 도쿄의 레스토랑에서도 인기가 많으며, 가장 큰 난관이었던
아버지는 아들의 와인만 마시게 되었다.

제프의 밭을 방문한 아침은 무언가를 시작하기에 가장 좋은 때라는 신월(음력 초하
룻날에 보이는 달)의 날이었다. 물론 단순한 우연이겠지만, 나에게는 오스트리아의 내
추럴 와인은 이 사람에게 배워야겠다고 결심한 날이었다.

DATA ● Maria und Sepp Muster
https://www.weingutmuster.com

그라프 모리용 2012
Graf Morillon 2012
슈타이어마르크 지방에서는 샤르도네
를 모리용(Morillon)이라고 부른다. 그라
프 시리즈는 무스터의 상급 퀴베.

내추럴 와인의 신세계?
오스트리아에서 주목받는 형제 와인메이커

바인구트 베를리치 / 브리기테 & 에발트 체페
Weingut Werlitsch / Brigitte & Ewald Tscheppe
바인구트 안드레아스 체페
Weingut Andreas Tscheppe

"나는 밭의 관리인, 아니면 포도라는 아이의 능력을 길러주는 선생님 같은 존재이고 싶습니다"라는 에발트.

내추럴 와인 팬들 사이에서 「New Old world wine」으로 주목받는 오스트리아. 유기농지 비율이 약 20%로 EU 최고이면서도, 야생효모에 의한 자연발효나 인적・화학적 개입을 최소한으로 제한한 양조가 「일반적으로」 이야기되기 시작한 것은 최근 10년 이내인 듯하다. 빈에 오스트리아 최초의 내추럴 와인 전문 와인바 「오 보우페스(O Boufes)」가 생긴 것도 2015년의 일이다. 이 와인바와 그 옆에 있는 미쉐린 2스타 레스토랑의 오너 셰프인 콘스탄틴 필립포(Konstantin Filippou)와 함께 오스트리아의 내추럴 와인계를 이끌어 온 사람이 쥐트슈타이어마르크의 생산자 그룹 「슈멕트 다스 레벤(Schmeckt das Leben, 인생을 맛보다)」의 멤버 5명이다. 2014년 내추럴 와인 축제 RAW가 처음으로 본거지인 런던 이외의 장소에서 열리게 한 것도 이들이다. 그중에서도 최근 몇 년 사이에 일본에서도 주목받고 있는 생산자가 안드레아스와 에발트 체페 형제인데, 사실 형제의 큰누나는 앞에 나온 제프 무스터*의 부인 마리아이다. 각자 다른 브랜드로 개성적인 와인을 만들고 있는 최강 3남매이다.

3층 경사면의 개성을
서로 다른 퀴베로 구현하는 에발트 체페
(베를리치)

17세기부터 이어져온 체페 가문의 농원 「베를리치」를 2004년에 세상을 떠난 아버지로부터 물려받은 사람은 장남 안드레아스가 아닌 막내 에발트였다.

"안드레아스는 이미 자기 브랜드로 와인을 만들고 있었습니다. 우리는 서로 방식이 달라서 함께 와이너리를 운영하는 것은 무리였지요. 하지만 셀러는 예전부터 있

「오스트리아의 토스카나」라고도 불리는 슈타이어마르크 지방. 바로 옆이 슬로베니아 국경이다.

던 것을 공동으로 사용하고 있으니까 큰 의미에서는 한 팀입니다」라고 이야기한다.

2017년 7월에 방문한 베를리치 농원은 마치 울창한 숲 같아서, 8ha의 급경사면에 있는 포도밭으로 향하자 풍성한 야생화 향기와 새소리가 따라왔다. 2009년에 처음 제프 무스터의 밭을 방문했을 때, 새순을 따지 않아 그대로 자란 새가지가 바람에 흔들리는 모습을 보고 놀란 나에게, 「마리아의 아버지가 고안한 방법」이라고 알려준 그 광경이 눈앞에 있었다. "페놀의 균형(phenolic balance)이 맞으면, 가지 끝부분이 자연스레 지면을 향해 휘어져 잎이 생장을 멈추고 열매의 숙성이 시작됩니다. 매우 합리적인 나무모양을 만드는 방법입니다."

슈타이어마르크에서는 농민 개인의 이름이 아닌 농원의 상호를 와이너리 이름으로 하는 관습이 있으며, 에발트도 그에 따르고 있다.

"그러는 편이 토지와 연결된 느낌이 듭니다. 선조에게 경의를 표하고 그 이름을 계속 잘 이어가는 것이 물려받은 자의 책임입니다."

에발트는 농원에서 차로 30분 정도 떨어진 라이프니츠에 있는 재배·양조 전문학교를 졸업한 뒤, 오스트레일리아와 뉴질랜드에서 연수를 받으며 바이오다이나믹 재배에 대해 배웠다. 바이오다이나믹의 핵심은 조제(préparation)가 토양에 적당한 습도를 주어 미생물의 움직임을 활성화하고 땅의 힘을 키우는 것이라고 한다. 경사면에 있는 밭 아래쪽에서 에발트가 삽으로 흙을 파내자 굵은 뿌리가 나타났다. 흙에 얼굴을 가까이 대고 냄새를 맡았더니 뭐라 말할 수 없이 따스한 냄새가 난다. 이 뿌리가 포도밭 옆에 심은 밤나무의 뿌리라는 말을 듣고 이해가 갔다. 분명히 밤 냄새다. 트랙터를 사용하지 않아 흙이 살아 있다. 이 테루아를 표현하고 싶었던 에발트는 단일 품종이 아니라 한 구획의 품종을 블렌딩하는, 오스트리아에서 「퀴베」라고 부르는 와인

엑스 베로 I 2006
Ex Vero I 2006

샤르도네를 메인으로 사용한. 단단한 미네랄 느낌이 가득한 톱 퀴베. 묵직한 골격과 발랄한 산미가 공존한다.

175

엑스 베로Ⅲ 2012
Ex Vero Ⅲ 2012
벌꿀과 견과류의 향이 진하다. 마셔보면
바위틈에서 흘러나온 샘물이 몸에 스며
드는 듯한 온화한 느낌.

소비뇽 블랑 폼 오포크 2015
Sauvignion Blanc vom Opok 2015
고객인 레스토랑의 요청으로 탄생한 첫
단일 품종 와인은 슈타이어마르크 고유
의 품종으로 만들었다.

에 집중하기로 했다.

소비뇽 블랑과 샤르도네를 기본으로, 그 외에 소수의 화이트품종을 섞어서 심은
경사면의 밭은 표고에 따라 크게 3가지 성질로 나뉜다고 한다. 돌이 울퉁불퉁한 상부
의 메마른 토양은 이 지방의 독특한 토양인 오포크(석회암, 점토, 실트 등이 굳게 다져
진 것)의 비율이 높아서, 상부에서 수확한 포도는 가장 풀바디의 〈엑스 베로Ⅲ〉가 된
다. 경사면 하부의 제일 비옥하고 오포크의 비율이 낮은 토양에서 수확한 포도는 〈엑
스 베로Ⅰ〉, 그 사이에서 수확한 포도는 〈엑스 베로Ⅱ〉가 된다. 엑스 베로는 라틴어로
「진실로부터」라는 뜻이다.

포도 품종의 블렌딩 비율은 해마다 다르며, 최소 22개월 정도 오래 숙성시키는 것
이 특징이다. 시음 적기라고 판단한 시점에 출하되기 때문에, 퀴베에 따라 현재 나와
있는 빈티지가 다른 점도 흥미롭다. 예를 들어 〈엑스 베로Ⅰ〉은 2006년 빈티지인데,
가장 기본이지만 샤르도네 비율이 80%인 데다 10년 이상 숙성시켜서 마치 돌을 핥
는 듯한 광물의 질감이 있고, 모르고 마시면 부르고뉴의 고품질 샤르도네처럼 느껴
지기도 한다. 반면 〈엑스 베로Ⅲ〉는 2012년 빈티지로 소비뇽 블랑 90%여서 산뜻한
산미로 가볍게 마실 수 있다.

스킨 콘택트(화이트와인을 만들 때 발효 전까지 껍질을 함께 담가두고 폴리페놀을 추
출하는 방법) 와인을 만들기 시작한 것은 2014년인데, 그가 만든 와인 색깔이 진해서
스킨 콘택트를 하는지 궁금해 하는 사람이 많아 흥미를 갖고 만들게 되었다.

밭은 남쪽에서 남동쪽을 향해 있다. 1985~91년
에 걸쳐 아버지가 심은 포도나무가 중심인데, 그중
에는 1960년대에 혼합 재배(Gemischter Satz)한
나무도 있다.

밭의 흙을 파자 덩어리 흙(떼알)이 보인다. 오포크 토양은 베를리치 와인의 혼이다.

와인과 함께 따라준 샘물 맛에 놀랐다. "병에 담아서 파는 물에는 생명이 없습니다"라고 이야기하는 에발트.

체페 가문에서 가장 익살맞은 안드레아스. 4남매 중 3명이 와인생산자이고, 여동생 바바라는 유기농 화장품을 만든다.

블라우 리벨르(파란 잠자리)
블랑 2016
Blau Libelle Blanc 2016
오포크 토양의 개성이 모두 표현된 소비뇽 블랑 100% 와인. 감귤과 초록사과의 향에 은은한 허브향이 악센트가 된다.

샐러맨더(도마뱀) 2016
Salamander 2016
두 구획의 샤르도네를 블렌딩해서 만든 와인. 레몬향에 부싯돌 같은 미네랄 느낌이 가득하다.

〈글뤼크(Glück)〉는 2주 동안 가볍게 침용해서 산초 같은 스파이시한 향이 특징이다. 〈프로이데(Freude)〉는 1년 동안 충분히 침용해서 만든 와인으로, 보이차와 말린 살구 등 동양적인 향이 인상에 남는다.

와인양조는 일이 아니라 삶의 일부라고 이야기하는 에발트. "인간은 나무, 곤충, 동물과 마찬가지로 자연의 일부입니다. 그들과 공존하고 싶습니다. 아무리 애를 써도 자연이 이뤄놓은 것처럼 밭일을 훌륭하게 해낼 수는 없습니다. 양조에 대해서는 아직 배울 것이 많지만, 목표를 정하지 않고 와인을 만듭니다."

포도재배 동료인 곤충을 그린 라벨이 인상적인 안드레아스 체페

에발트의 밭과 이어진 표고 500m에 안드레아스의 밭이 있다. 원래 숙부의 밭인데, 안드레아스가 물려받은 것은 2006년이다. 이 부근은 예전에 깊은 바다였기 때문에 산호초 등의 퇴적물이 토양을 형성한다.

"한 번도 농약을 사용하지 않은 땅을 물려받은 것은 행운이었습니다." 재배·양조 학교에서 배운 교과서식 관행농법으로 만든 와인에 점점 회의를 느끼던 안드레아스는 유기농 재배를 모색했다. 2003년, 자연 재배에 도전하기 시작한 매형 제프의 와인을 마시고 감동한 것도 커다란 계기가 되었다.

와인 라벨을 4종류의 곤충으로 장식한 이유는 "그들이 밭의 동료니까요"라고. 소비뇽 블랑은 「잠자리」, 겔버 무스카텔러(Gelber Muskateller)는 「나비(Butterfly)」, 샤르도네는 「도마뱀」, 소비뇽 블랑과 샤르도네로 만든 와인은 「사슴벌레(Stag Beetle)」 라벨이다. 「베를리치」의 와인이 강렬한 데 비해, 안드레아스의 와인은 꽃향과 섬세한 맛이 특징이다. 표고가 높기도 하지만 오포크보다 석회질의 비율이 높고, 작은 구획별로 알맞은 땅에서 재배하는 것이 이유라고 한다. 에발트와 마찬가지로 최소 2년 정도 숙성한 뒤 출하한다. "재배는 자연의 사이클에 따르고, 인간은 한발 물러서는 것이 중요합니다. 그리고 스위스의 시계 장인처럼 정밀한 양조를 하고 싶습니다. 2007년에 심은 피노 누아가 슬슬 다 자랐으니 와인을 만들어야겠어요."

슈타이어마르크에서 본격적으로 피노 누아 와인을 만드는 사람은 안드레아스가 처음일 텐데 정말 기대된다!

슈타이어마르크 최고봉(?)에서 드라우 (Drau)강으로 향하는 협곡의 밭에서는 강물이 흐르는 소리가 들린다. 아침에는 동쪽에서 불어오는 바람이 아침이슬을 털어낸다.

좋아하는 생산자를 묻자 파트리크 마이어*, 크리스티앙 비네*, 세바스티앙 리포*를 꼽았다.

DATA ● Weingut Werlitsch
http://www.werlitsch.com/
Weingut Andreas Tscheppe

헝가리 국경마을에 100년 전 포도를 되살린,
와인의 언플러그드 프로젝트

모리츠 / 롤란트 벨리히
Moric / Roland Velich

Moric(모릭)을 헝가리식으로 발음하면 모리츠이다. 롤란트는 자신이 내추럴 와인을 만든다고 생각하지 않으며, 「내추럴한 것」으로 와인을 만든다고 이야기한다.

롤란트 벨리히가 아니었다면 블라우프렌키슈라는 품종의 매력을 깨닫지 못했을 것이다. 오스트리아 와인에 정통한 독일인 저널리스트 필립 블롬(Philipp Blom)이 『The Wines of Austria』에서 "1990년 후반 이후 블라우프렌키슈로 만든 고급와인을 지향하는 생산자 중에는 강렬한 포도의 개성에 맞춰서 새로운 바리크(Barrique, 오크통)를 사용하는 경우가 많다"고 썼듯이, 새 오크통으로 인해 과일맛이 가려진 투박한 와인밖에 몰랐기 때문이다. 블라우프렌키슈를 다시 한번 마셔보고 싶다고 생각하게 만든 것은 《와인 애드버킷》의 기사였다.

"롤란트 벨리히는 블라우프렌키슈를 부르고뉴의 그랑 크뤼처럼 만든다"라고 해서 시음해보니 부르겐란트 지역 북부 네켄마르크트(Neckenmarkt) 마을의 알테 레벤(올드 바인)에서 수확한 블라우프렌키슈(참고로 2006년 빈티지는 파커 포인트 95점)는 다크 체리와 흰 후추, 허브 향이 독특하고, 해초가 연상되는 응축된 감칠맛이 있었다. 남동부 루츠만스부르크(Lutzmannsburg) 마을의 블라우프렌키슈는 매력적인 산딸기 향에 기분 좋은 산미, 촉촉하게 완성되는 균형감이 확실히 부르고뉴 와인 같다. 언뜻 보면 어두워 보이지만 웃는 얼굴이 매력적인 롤란트는 부르고뉴와 비교하는 데 익숙해져 있는 듯, "네켄마르크트는 본 로마네, 루츠만스부르크는 뉘 생 조르주

블라우프렌키슈
부르겐란트 2007
Blaufränkisch Burgenland 2007

"기본 와인이 그 와이너리의 모든 것을 말해준다"라고 말하는 롤란트의 입문편 와인. 모리츠는 리저브(Reserve, 와이너리에서 가장 좋은 와인), 네켄마르크트는 단일 포도밭 와인.

블라우프렌키슈 모리츠 2007
Blaufränkisch Moric 2007

네켄마르크트와 루츠만스부르크, 양쪽 밭에서 수확한 포도의 장점만을 취해 균형을 이루도록 블렌딩한 와인.

스타일리시한 인테리어가 멋진 거실에는 와인과 글라스가 즐비하다. 찾는 손님이 많다는 것을 말해준다.

에 비유할 수 있습니다. 사실적 vs 서정적이라고 할 수 있지요.” 그리고 일본인인 나를 위해 인상파 화가들에게 큰 영향을 준 일본 에도시대를 대표하는 판화가들에 비유해 “호쿠사이 vs 히로시게?”라고 덧붙였다.

상호인 「Moric」을 헝가리식으로 모리츠로 읽는 것에서 짐작할 수 있듯이, 롤란트가 15ha의 밭을 관리하는 부르겐란트는 1921년까지 헝가리 영토였다. 유럽 알프스의 가장 동쪽에 있으며, 고생대 결정질암과 편암, 신생대 조가비 석회암과 퇴적층이 섞인 복잡한 지층을 형성한다. 롤란트는 이 지역의 가장 오랜 자산이자 진정한 매력을 알리지 못한 포도를 사용하여, 아무런 방해도 받지 않고 본래의 개성을 표현하는 와인을 만들기 위해 2001년 「블라우프렌키슈 언플러그드 프로젝트」를 시작했다. 부르겐란트주 아페틀론(Apetlon)에 있는 본가의 와이너리를 떠나, 10년 동안 유럽 각지를 방랑한 뒤의 일이다. 왜 블라우프렌키슈가 없는 곳을 찾아갔는지 물었더니, “내가 블라우프렌키슈를 고른 이유는 토지의 정체성을 표현하고 싶었기 때문이에요. 그래서 그 선구자인 조르주 루미에(Georges Roumier), 장 루이 샤브(Jean Louis Chave, 론 북부), 지아코모 콘테르노(Giacomo Conterno)를 찾아가 가르침을 청했지요. 와인양조는 지극히 심플합니다. 훌륭한 포도와

과거의 유산에서 배우면 되니까요”라고 답했다.

돌아온 롤란트는 토양의 구성과 토지의 역사를 조사해, “올드 바인은 현명한 노부인처럼 과하지도 부족하지도 않은 정보를 와인에게 줍니다”라며 수령이 높은 나무가 있는 밭을 골랐다. 그중에는 100년이 넘는 나무도 있다. 수확량이 많으면 타닌이 거칠어지므로 25~39hℓ/ha만 수확하고, 화학비료나 제초제는 사용하지 않는다. 비료는 직접 만드는데, 바이오다이나믹을 맹신하지 않고 가장 좋은 방법을 찾는다.

양조에서 중요한 점은 모처럼 잘 키운 완벽한 포도를 망치지 않는 것이다. 추출은 적을수록 좋으며, 양적으로나 시간적으로 와인에 여유를 주는 것이 중요하다. 500ℓ짜리 대형 나무통에서 하는 발효는 자연에 맡기기 때문에 1년 이상 걸릴 때도 있다. 되도록 오래 앙금과 접촉시키며(앙금은 와인에게 양수 같은 존재라고 한다), 그 뒤로 2년 정도 재우고, 병입할 때는 SO₂를 필요에 따라 (최대 20mg/ℓ) 첨가해서 출하한다.

“내가 지향하는 것은 세상의 평가가 아니라, 스스로 태생을 이야기하는 스토리가 있는 와인입니다. 탐구는 끝이 없어요. 수령 100년이면 4세대의 사람이 관여된 일입니다. 만난 적도 없는 4세대 전 사람의 밭에서 자란 오래된 품종을 부활시켜 새로운 미래를 만드는, 와인양조는 그런 일입니다.”

블라우프렌키슈 알테 레벤 네켄마르크트 2006
Blaufränkisch Alte Reben Nekenmarkt 2006
블라우프렌키슈의 최고봉은 수확량 25hℓ/ha, 청징이나 여과 없음, SO₂ 미량의 이 와인이다. 얼마나 고귀한 맛인가.

DATA ● Moric
http://www.moric.at/

라벨만 보고 골라도 정답!
스타일리시한 「가계도」 와인

구트 오가우 / 스테파니 & 에두아르드 체페 에젤뵈크
Gut Oggau / Stephanie & Eduard Tscheppe Eselböck

서로를 존경하는 에두아르드와 스테파니. 이들이 만드는 와인은 뉴욕이나 북유럽의 톱 클래스 레스토랑에서도 인기가 높다.

베르톨디
Bertholdi
100% 블라우프렌키슈로 만든 와인. 1세대에 해당하는 베르톨디는 「자신감 넘치고 분별력 있는, 뿌리부터 부르겐란트 사람」.

네덜란드의 아티스트 아녜 야허(Anje Jager)가 그린 강한 인상의 「얼굴」 라벨로 익숙한 와이너리.

"같은 포도원의 와인은 공통된 DNA를 지닌 가족입니다. 그리고 각각의 와인에는 독자적인 개성이 있습니다"라며 와인 라인업을 3세대의 가계도로 가정하여 스토리를 만든 사람은, 패션잡지 표지에 나와도 이상하지 않을 아름다운 커플, 에두아르드 체페와 스테파니 에젤뵈크 부부이다.

에두아르드는 쥐트슈타이어마르크주 출신으로 본가가 와인농가여서 아버지의 일을 도왔으나, 전문적인 와인양조를 배운 적은 없다. 지금 생각하면 관행적인 와인양조를 배우지 않은 것이 오히려 다행이라고 이야기한다. 스테파니의 본가는 헝가리와의 국경에 가까운 노이지들러(Neusiedler)호 근처에 있는 오스트리아 굴지의 레스토랑(포브스지 「The 16 Coolest Places to Eat 2016」에도 선정)인 타우벤코벨(Taubenkobel)로, 스테파니는 어릴 때부터 미식과 와인에 둘러싸여 자랐고 프랑스 로젠의 호텔학교와 오스트리아 남부 그라츠의 사진학교에서 공부했다. 두 사람은 빈의 와인시음회에서 만나 결혼했다. 뭔가 재미있는 일을 하고 싶었을 때, 스테파니의 본가와도 가까운 오가우(Oggau) 마을에서 20년 동안 비어 있던 17세기에 지어진 운치 있는 오래된 저택을 보고 이사했는데, 낡은 셀러와 압착기도 있어서 와인을 만들어보기로 결심했다. 2007년의 일이다.

마침 오스트리아에서도 내추럴 와인을 만드는 사람이 하나둘 생기기 시작한 무렵이어서, 밭을 구해 바이오다이나믹으로 재배하기 시작했다.

"솔직히 처음에는 잘 안되었고, 관행농법을 하는 현지 생산자들에게 정신 나갔다는 말도 들었어요(웃음)"라는 스테파니. "악몽이었습니다!"라는 에두아르드.

그러나 "바이오다이나믹은 처음에는 수단이었지만, 지금은 우리 생활 그 자체입니다. 열정 100%예요!"라고 말하듯이, 밭이 가진 땅의 힘이 점차 강해지면서 저절로 자신들의 방향성을 믿을 수 있게 되었다고 한다.

데메테르 오스트리아의 일원으로 바이오다이나믹의 선구자 니콜라 졸리의 본거지인 프랑스 루아르에서 해마다 2월에 열리는 시음회, 「그르니에 생 장 아 앙제(Grenier Saint-Jean à Angers)」에도 항상 참가해서 프랑스의 생산자들과 교류하며 많은 것을 배운다고 한다.

「가계도 와인」이라는 아이디어를 낸 사람은 글쓰기를 좋아하는 에두아르드이다.

조부모 세대에 해당하는 〈메히틸트(Mechthild, 그뤼너 벨트리너, 화이트)〉와 〈베르톨디(블라우프렌키슈, 레드)〉는 바스켓

프레스를 사용해 수작업으로 압착해서 만든다.

두 사람의 세 자녀인 2세대 와인은, 충분히 햇빛을 받은 포도로 만든 응축감 있는 와인이다. 장남 〈요슈아리(Jochuari, 블라우프렌키슈)〉는 카리스마 있는 인물이지만, 아내 〈윌트루드(Wiltrude, 스위트)〉는 바람기로 집을 비우기 일쑤(작황이 좋은 해에만 한정 생산)이다. 극락조 같은 존재인 차남 〈에메람(Emmeram, 게뷔르츠트라미너)〉과 짧지만 정열적으로 외도를 한 적도 있다고! 3남 〈티모테우스(Timotheus, 그뤼너 벨트리너+바이스부르군더를 침용)〉는 부인이 얼마 전에 사라져서, 〈요제핀(Josephine, 블라우프렌키슈+로즐러)〉이라는 섹시한 숙녀와 막 결혼했다.

3세대는 캐주얼하고 마시기 편한 타입이다. 요슈아리와 윌트루드의 장남 〈아타나지우스(Atanasius, 츠바이겔트+블라우프렌키슈)〉는 잘생겨서 인기가 많다. 그 여동생인 〈테오도라(Theodora, 그뤼너 벨트리너+웰치리슬링)〉는 어쩌면 에메람의 딸일지도? 드라마틱한 배역 설정이 와인의 개성과 겹쳐져 흥미롭다.

그중에서도 내가 매우 좋아하는 〈티모테우스〉용으로 재배되는 바이스부르군더(Weißburgunder)의 밭에 함께 갔다. 옛

티모테우스
Timotheus
「개방적인 사고방식으로 새로운 것에 도전하는 사람」이라는 설정의 이 와인은 스킨 콘택트를 한다.

비니프레드
Winifred
블라우프렌키슈와 츠바이겔트를 반씩 블렌딩한 로제와인은 「이상할 정도로 부끄러움이 많은 여자아이」라고 한다.

날에는 해안이었다는 남동쪽을 향한 석회암 토양의 밭은 밤사이 포도에 맺힌 이슬을 아침 햇살이 적당히 말려준다. 이랑 사이에 자생하는 잡초는 건조가 염려되는 계절(7월)에는 베지 않고 밑동에서 쓰러뜨린다. 자연농법의 대가 후쿠오카 마사노부의 방식이다. 잎은 광합성을 잘하고 있다는 증거인 옅은 녹색이며, 포도는 성긴 송이다. 한편, 그뤼너 벨트리너의 밭은 85세의 할아버지가 스테파니를 위해 빌려준 밭이다.

"할아버지의 후계자가 없어서 방치될 밭이었는데, 자연적인 재배를 하고 싶다는 우리의 생각과 맞아서 빌리게 되었습니다." 농약과 비료는 전혀 사용한 적 없는 밭이다.

셀러는 원래 이 집에 딸려 있던 엄청나게 오래된 것이다. 최근 10년 동안 와인양조는 더욱더 단순해졌고, 그 방법은 뜻밖에도 이 부근 사람들이 예전부터 해오던 방식과 매우 비슷하다고 한다. 발효도 숙성도 나무통에서 하며, 스테인리스 탱크는 사용하지 않는다. 바이오다이나믹 조제도 직접 만든다. SO_2는 처음에는 병입 전에 조금 첨가했지만, 지금은 거의 넣지 않는다.

자연 사이클에 맞춰서 여름에는 밭에서 일하고, 겨울에는 느긋하게 쉰다. 여름 동안 마당은 호이리게(Heurige, 그해에 생산된 와인을 파는 선술집)가 되어 스테파니가 요리실력을 뽐낸다.

생산자들의 화려한 외모나 대중적인 라벨 때문에 임팩트가 강한 와인을 상상하기 쉽지만, 「조신한 와인을 좋아해요」라는 두 사람이 일하는 모습은 성실한 농민이라 할 만하다.

티모테우스용 포도를 수확하는 이 밭에서는 마살 셀렉션(Massal selection)에도 도전하고 있다.

"정성껏 포도나무를 가꿔서 이 지역에 발자취를 남기고 싶습니다"라고 말하는 두 사람.

"모든 것이 구식인 이 저장고를 손에 넣
으면서 인생이 바뀌었습니다"라고.

와인숍도 열었다. 프랑스와 이탈리아 내
추럴 와인의 매력적인 셀렉션.

본격적으로 요리를 배운 스테파니는
여름에만 호이리게(선술집)를 연다.

DATA ● Gut Oggau
http://www.gutoggau.com/

도전정신 넘치는
신세대 블라우프렌키슈 생산자

클라우스 프라이징거
Claus Preisinger

"와인생산자가 아니면 셰프나 건축가가 되고 싶었습니다. 자연의 재료를 이용해서 문화를 표현하는 일이지요"라고 말하는 클라우스.

칼크운트키젤 2017
Kalkundkiesel 2017

와인 이름은 「석회암(Kalk)과 조약돌(Kiesel)」이라는 뜻으로, 그뤼너 벨트리너와 피노 블랑의 2가지 포도가 자라는 토양을 말한다. 우아한 느낌의 오렌지와인.

2017년, 7년 만에 만난 클라우스 프라이징거에게서 관록이 느껴졌다. 처음 만났을 무렵 클라우스는 아직 20대이면서도 블라우프렌키슈와 메를로를 블렌딩해 처음 만든 와인 〈파라디그마(Paradigma) 2000〉이 권위 있는 와인잡지 《팔스타프(Falstaff)》의 블렌딩 와인부문에서 2위를 차지한 「화제의 인물」이었다. 밭 한가운데에 있는 우주선 같은 콘크리트 건물의 와이너리, 새하얀 바탕에 자필로 「Claus」라고 날려 쓴 것이 전부인 라벨, 잔근육이 탄탄한 몸에 골반까지 내려 입은 청바지까지. 모든 것이 근사하다. 하지만 이런 경우 와인은 기대에 어긋나기 마련이라고 생각하며 한 모금 마셨는데, 활기찬 과일맛이 느껴지는 신선한 풍미였다.

2010년, 오스트리아의 와인축제 「비비눔」의 여러 행사 중 모리츠*의 롤란트 벨리히가 기획하고 「Blaufränkisch tribute to a great wine variety(블라우프렌키슈, 위대한 포도 품종에 바치는 헌사)」라고 이름 붙인, 오스트리아 고유품종에 초점을 맞춘 시음회에, 클라우스는 부르겐란트 북동부의 노이지들러제 바이든(Neusiedlersee Weiden) 마을에서 만든 〈뷰엘(Buehl)〉을 들고 나타났다. 밭의 표고는 약 180m로 노이지들러제에서 가장 높고 남서향이며 경사는 20°. 또한 호수에서 불어오는 바람이 해충을 막아줘서 포도가 가장 일찍

그리고 건강하게 익는 밭에서 작황이 좋은 해에만 만드는 톱 퀴베이다. 신세대 블라우프렌키슈 생산자의 등장이 기뻤다.

클라우스는 부르겐란트의 주도 아이젠슈타트(Eisenstadt) 출신인데, 본가는 낙농을 중심으로 하는 농가로 약 3ha의 포도밭도 갖고 있었다. 클라우스는 "가업과는 조금 다른 장르의 농업이고, 게다가 집을 떠날 수 있다"는 이유로 빈 근교의 클로스터노이부르크(Klosterneuburg) 양조학교에 진학했다. 그 뒤로 노이지들러제의 한스 니트나우스(Hans Nittnaus) 밑에서 3년 동안 어시스턴트로 일했고, 그 사이에 앞에서 이야기한 「팔스타프 어워드」에서 스타가 되었다. 하지만 독립은 그로부터 4년 뒤에 했는데, 그동안 기술을 습득했을 뿐 아니라 자금도 모았다. "자유롭게 와인을 만들려면 경제적으로 자립해야 합니다." 겉모습이 멋져서 무엇을 해도 화려해 보이지만 사실은 건실한 사람이다.

밭은 노이지들러제 이외에 노이지들러호 북동부의 라이타베르크(Leithaberg)에도 있는데, 노이지들러제에서는 사양토(sandy loam)에 조약돌과 부드러운 석회질 암석인 백악이 섞인 토양에서 파워풀한 와인이 생산된다면, 라이타베르크에서는 석회암과 편암 토양에서 우아한 와인이 생산된다. 두 지역을 합쳐서 20ha를 소유하고 있고 추가로 20ha를 빌렸다. 구획

은 포도의 다양성을 위해 60곳 이상(7a~2ha)이며, 날마다 랜드로버를 몰고 동분서주한다.

유기농 재배에 흥미를 갖게 된 것은 2005년 무렵이다. 잿빛곰팡이병이 번져서 대책을 찾다가 이웃 생산자 중 유기농으로 재배한 사람은 피해가 적다는 사실을 알았고, 이것이 바이오다이나믹으로 바꾸는 계기가 되었다. 낙농가인 아버지가 한 번도 합성비료나 사료를 쓰지 않았던 것도 큰 이유가 되었다. 2006년에는 데메테르가 아닌 오스트리아 생산자들의 바이오다이나믹 단체 「리스펙트(Respekt)」에 가입했다. 그 이유는 "데메테르는 나라에 따라 규정이 다릅니다. 예를 들어 오스트리아에서는 배양효모가 인정되지 않지만, 독일에서는 인정되지요. 그리고 데메테르 오스트리아는 관료적입니다."

2017년에 다시 방문했을 때는 매우 금욕적인 작업 태도에 새삼 놀랐다. 클라우스가 나의 검은 「금」이라고 부르는 것은 아버지 농장의 말과 국립공원에서 자라는 소의 변, 그리고 호수의 갈대를 섞어서 만든 퇴비이다. 1ha 정도 되는 공간에 있는 작은 산 3개는 숙성 1년째, 2년째, 3년째 되는 퇴비더미로, 2개월에 1번씩 뒤섞으면서 3년을 재운다. 클라우스의 권유로 2년째 숙성 중인 작은 퇴비더미 안에 손을 넣어봤더니 뜨겁다. 약 90°C로 아직 발효가 진행중이라고 한다. 3년째가

피노 누아 2015
Pinot Noir 2015
아는 사람은 다 아는 피노 누아에 적합한 토지이고, 섬세한 투명함과 허브의 뉘앙스가 매력적이다.

되면 양이 절반으로 줄고 「전생」을 알 수 없을 정도로 향기로운 냄새로 바뀌어 사용할 수 있게 된다. "포도는 스스로 균형을 잡으며 살기 때문에 문제가 있을 때만 사용합니다"라고.

"전통에 얽매여 따분한 와인을 만들기보다 계속 새로운 것에 도전하고 싶습니다"라는 클라우스. 그중에서도 2009년부터 조지아의 크베브리를 사용해서, 라이타베르크의 에델그라벤(Edelgraben) 밭의 피노 블랑으로 양조한, 〈에르데루프트그라스운트레벤(ErDELuftGRAsundreBEN)〉은 새로운 경지라고 할 수 있는 심오한 풍미를 자랑한다. 앞으로도 계속 지켜보고 싶은 생산자이다.

아름다운 뷰엘의 밭. 이랑 사이에는 개망초를 심는다. 경사면은 노이지들러호를 향한 내리막이다.

클라우스가 「검은 금」이라고 부르는 퇴비. 3년 숙성시킨 퇴비는 엄청난 힘이 있다고 한다.

친구이자 동지인 프란츠 베닝거 (Franz Weninger) Jr.에게 소개받은 건축가 그룹 프로펠러Z가 지은 와인셀러.

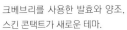

크베브리를 사용한 발효와 양조, 스킨 콘택트가 새로운 테마.

중력을 이용하도록 설계된 와이너리의 2층은 테이스팅룸이다. "포도의 라이프 스타일은 포도 자신이 알고 있습니다. 필요 이상 도와줄 필요는 없습니다."

DATA ● Claus Preisinger
http://www.clauspreisinger.at/

반골정신과 미의식으로 무장하고 오스트리아 와인에 새로운 바람을!

크리스티안 치다
Christian Tschida

"슈엘러의 피노 누아가 정말 너무 좋습니다. 최근 마시고 감동한 와인은 라디콘과 오베르누아예요"라고 말하는 크리스티안.

뉴욕과 북유럽에서 높은 평가를 받고 있는 크리스티안 치다. 첫 빈티지는 2003년인데, 내가 그의 소문을 들은 것은 매우 최근의 일이다.

크리스티안은 "기존 와인이 주류를 이루는 이 나라에서 자연발효, 무여과, 무첨가 와인을 만드는 것은 스캔들감입니다. 몰래 만들었어요"라고, 「디캔터 월드 와인 어워드(Decanter World Wine Awards)」의 심사위원으로 널리 알려진 데렉 모리슨(Derek Morrison)이 MC를 맡은 유튜브 방송 「BRING YOUR OWN」에서 이야기했다. 여러 인터뷰 기사에 실린 그의 대답도 독특하다. "자신의 와인을 어떻게 평가합니까?"라는 질문에는 "이야기는 지루합니다. 마셔보는 것이 좋아요.", "밭 앞에 있는 노이지들러호의 영향을 받나요?"에는 "영향은 다소 있겠지만 '없는' 경우와 비교할 수 없습니다. 호수는 예전부터 거기 있었으니까요.", "당신은 양조가입니까, 농민입니까?"에는 "굳이 고르자면 농민입니다. 어둡고 추운 양조장보다는 숲이 우거진 밝은 대지가 편안해요"라고 답했다.

2017년 7월, 알려준 주소로 찾아가 명패도 없고 흰색 벽으로 둘러싸인 집 문을 두드리자, 덥수룩한 머리에 록가수 풍의 검은 티셔츠를 입은 남자가 나왔다. 와인생산자라기보다 아티스트 느낌. 그러고 보니 그는 원래 그래픽 디자이너였다고 한다.

히멜 아우프 예든 2017
Himmel auf Erden 2017
수령 55년의 쇼이레베(Scheurebe)를 메인으로 바이스부르군더를 블렌딩. 마치 신성한 음악을 듣고 있는 듯한 깊은 여운이 느껴진다.

히멜 아우프 예든 로제 2017
Himmel auf Erden Rosé 2017
섬세하고 강렬한 카베르네 프랑으로 만든 로제와인은, 이 품종을 좋아했던 아버지를 위해 만들었다.

"내가 와인을 수출하는 나라 중에서도 일본은 매우 중요한 곳입니다. 내 와인은 두툼한 스테이크와는 어울리지 않아요. 감칠맛 있는 섬세한 일본음식에 잘 어울립니다."

어떻게 내추럴 와인을 만들게 되었는지 물었더니 "아침에 일어나서 갑자기 '자, 내추럴 와인을 만들자!'라고 하는 건 좀 이상하지요. 모든 것은 하나로 귀결됩니다. 밭이 유기농이어도 배양효모를 쓰면 모든 개성을 잃어요. 모던한 스타일은 내가 지향하는 바가 아닙니다. '레세 페르(laissez-faire, 자유방임주의)', 인간이 한발 물러서면 와인의 질이 높아집니다."

본격적으로 와인양조를 시작한 것은 10년 전인데, 와인농가였던 집안에서 아버지가 돌아가시고 유산을 상속받지 못해 모든 것을 잃었지만, 우연히 근처에서 셀러가 딸린 집이 매물로 나와서 구입하고, 수령 30년 이상의 포도나무가 있는 밭도 손에 넣을 수 있었다고 한다. 현재 20곳에 모두 해서 10ha를 소유하고 있다.

"오스트리아는 볼 것이 없어서 유럽을 여행했습니다. 그곳에서 급진적인 재배방법이 포도의 품질을 해친다는 것을 깨달았어요. 라디콘*과 오베르누아* 등을 보고 감탄했습니다. 와인은 건강하고 온전한 포도로 만들어야 된다는 사실을 처음 알았어요. 아버지는 공산품처럼 만들어서 팔았으니까요."

반골정신과 미의식으로 무장하고 오스트리아의 정통파를 의심하는 데서 시작한 그의 와인양조 특징은, 예를 들면 〈논 트라디치온〉에서 찾아볼 수 있다. 오스트리아 고유품종인 그

뤼너 벨트리너 100%로 만든 와인이지만, 이 품종의 특징인 어린 풀과 흰 후추의 풍미가 아니라, 하귤 같은 숙성된 과일맛과 생각에 잠기게 하는 깊은 여운이 있다.

치다 가문의 오랜 지인이자 저명한 조각가인 알프레드 허들리카(Alfred Hrdlicka)의 소묘를 라벨에 담은 〈히멜 아우프 예든(독일어로 지상 위의 천국)〉 시리즈의 경우 화이트와인과 오렌지와인도 있지만, 내가 좋아하는 것은 100% 카베르네 프랑으로 만든 로제와인이다. 루아르를 여행했을 때 이 품종의 포로가 된 크리스티안이 10년 전에 사들인 밭에 전 주인이 「이상한 메를로」라고 말한 포도가 있었는데, 조사해보니 놀랍게도 그 포도가 카베르네 프랑이었다고 한다. 포도 추출물의 결정체라고 할 만한 기품 있는 질감과 스파이시한 악센트도 좋다. 모든 와인에서 느껴지는 응축감과 편안한 목넘김은 오래된 바스켓 프레스로 「악수하듯이 부드럽게 압착」하여 완성된다고 한다.

해마다 수확한 포도의 10%로 새로운 아이디어를 시도하고, 결과가 좋으면 병입한다. 2015년에는 같은 밭에 여러 품종을 심어서 양조하는 필드 블렌드(Field Blend)로 재배한 포도에 시라를 더해 1년 동안 침용한 와인을 〈브루탈〉로 출하했다.(p.231 참조)

논 트라디치온 2015
Non Tradition 2015
거대한 권력에 편입되지 않고 와인을 만들고 싶다는 생각에서 탄생한 자유로운 와인.

DATA ● Christian Tschida
http://www.tschidaillmitz.at/

전 세계 생산자가 그에게 주목,
늘 도전하는 베네토의 거장

라 비안카라 / 안지올리노 마울레
La Biancara / Angiolino Maule

베테랑이면서도 젊은 정신으로 늘 도전하는 안지올리노. "경험이 늘면서 와인양조 방법은 변하지만, 철학은 달라지지 않습니다"

사사이아 IGT 2012
Sassaia IGT 2012
가르가네가 95%, 트레비아노 5%. 밭에 「Sassi(돌)」가 여기저기 굴러다닌다고 해서 붙여진 이름이다. 와인 평가지 《감베로 로소(Gambero Rosso)》에서도 인정받은 비노 나튀렐레(Vino Naturale)의 표본.

안지올리노 마울레는 유럽 생산자들에게 존경받는 존재이다.

원래는 솜씨 좋은 피자 장인이었지만 가게가 크게 번창하자 염원하던 포도밭을 구입하고, 1988년에 고향 베네토주의 감벨라라(Gambellara)에서 와인을 만들기 시작했다.

처음에는 컨설턴트를 고용했지만 교과서적인 방식에 불만을 느끼고 좀 더 토지의 개성이 잘 느껴지는 와인을 만들려면 어떻게 해야 하는지 고민하던 중, 이웃 도시 비첸차(Vicenza)에서 우연히 마신 와인에 충격을 받았다고 한다. 그 와인은 프리울리 베네치아 줄리아주의 요스코 그라브너(Josko Gravner)가 만든 〈리볼라 잘라(Ribolla Gialla)〉였다. 그 뒤로 시간만 나면 요스코의 와이너리를 찾았다. 그곳에서 뜻이 같은 스탄코 라디콘(Stanko Radikon, p.208), 다리오 프린칙(Dario Princic), 라 카스텔라다(La Castellada)의 니콜로(Nicolò)와 조르지오 벤사(Giorgio Bensa) 형제, 에디 칸테(Edi Kante), 발터 믈레츠니크* 등이 모여, 서로 자극을 주고받으며 내추럴 와인을 지향하게 되었다. 2003년, 이 모임은 생산자 단체 「비니 베리(Vini Veri)」로 발전했지만, 안지올리노는 2005년에 탈퇴하고 이듬해 이탈리아뿐 아니라 프랑스, 오스트리아 등의 생산자로 구성된(현재 7개국, 약 170명), 「뱅 나튀렐」이라는 그룹을 조직했다. 뱅 나튀렐은 내추럴 와인을 만

드는 동시에 환경보호를 목적으로 한 단체로, 멤버들이 출하한 와인을 연구기관에 보내 화학비료나 제초제의 잔류량을 점검하기도 한다.

"회칙을 지키지 않는 사람을 벌하려는 것이 아니라, 화학적인 것을 쓰지 않고 좋은 포도를 만들도록 지도하기 위해서"라고 뱅 나튀렐의 인터뷰에서 이야기했다.

다비데 스필라레*, 다니엘레 피치닌* 등 안지올리노의 지도를 받은 젊은 생산자들의 약진도 눈부시다. 안지올리노는 60세가 넘었으나 대가의 자리에 안주하지 않고 늘 발전하려는 의지로 가득하다.

토양은 미네랄 성분이 풍부한 화산암질로, 남동·남서향의 밭은 지역 품종인 가르가네가(Garganega)에 적합하며, 한 번도 비료를 주지 않았다. 이탈리아 최대 규모의 파다나(Padana) 평야를 마주한 습기가 많은 지역이어서, 병해에 취약해 무농약 재배는 상당한 모험인데, 바이오다이나믹과 EM농법(Effective Microorganisms, 유용미생물군을 이용한 농법)도 시도해서 땅의 힘을 키우고 있다. 농약은 유기농법에서 인정되는 보르도액조차 배제하기 위해 노력 중이다.

가장 기본적인 와인 〈사사이아〉는 누구든 미소 짓게 만드는 순수한 풍미이다. 가격도 2만 원대로 양심적이어서 이탈리아 내추럴 와인의 본보기가 되고 있다. 가르가네가에 트레비아노(Trebbiano)를 조금 블렌딩해 어릴 때부터 마시기 편한 풍미로 완성한다. 해에 따라 SO_2「첨가」, 또는 「무첨가(senza SO_2)」로 출하된다. 와인은 모두 같은 탱크에서 발효시키는데, 바닥쪽은 앙금이 가라앉아 탁해지기 쉬워서 청징 목적으로 SO_2를 첨가할 때도 있기 때문이다(2016 빈티지는 「첨가」와 「무첨가」가 모두 있다).

화이트와인의 톱 퀴베는 표고 250m에 있는 세 구획의 가르가네가를 사용한 〈피코(Pico)〉. 표고가 높아서 포도가 천천히 익는다. 피코 밭의 가장 우수한 구획에 심은 가르가네가를, 작황이 좋은 해에만 늦게 수확해서 만드는 와인이 〈타이바네(Taibane)〉이다. 귀부균이 발생한 포도를 스위트와인으로 만들지 않고 완전히 발효시킨, 기막힌 응축감이 있는 와인이다. 근래에는 2000, 2007, 2008, 2011 빈티지만 만들었다. 게다가 SO_2를 첨가하지 않고, 그늘에서 건조시킨 포도를 발효시켜서 만드는 베네토 지방의 고급 스위트와인인 〈레치오토(Recioto)〉도 있다. 남은 당분 때문에 재발효 위험이 있는 스위트와인에 SO_2를 넣지 않는 사람은 전 세계에서도 안지올리노 외에 찾아보기 힘들다. 소량생산인 만큼 이 와인을 발견하면 반드시 마셔보길.

로소 마시에리 IGT 2016
Rosso Masieri IGT 2016

메를로 50%, 토카이 로소(Tocai Rosso) 40%, 카베르네 소비뇽 10%. 포도의 생명력이 느껴지는 풍미이다. 뒷맛에서는 청량감도 느껴진다.

DATA ● La Biancara
http://www.angiolinomaule.com/

193

오래전 양조방법을 그대로 따라가는
밀레니얼 세대의 고참 선수

다비데 스필라레
Davide Spillare

"가지치기할 때부터 포도가 달리고 와인이 된 모습을 상상하며 일합니다. 자연적인 와인이 만드는 행복한 세계를 목표로, 우선은 내 땅을 건강하고 온전하게 만들어가고 싶습니다"라는 다비데.

1987년생, 31살의 젊은 나이지만 와인양조 커리어는 무려 16년이다. 놀랍게도 14살 때 처음으로 와인을 만들었다고 한다. 2017년 4월, 이탈리아의 내추럴 와인 시음회「빌라 파보리타(Villa Favorita)」에서 만난 다비데에게 밭을 보여 달라고 청하자 "나는 낯을 많이 가리지만, 와인에 대한 이야기라면 얼마든지 할 수 있어요"라며 흔쾌히 수락했다.

스필라레 가문은 베네토주 빈첸차(Vincenza) 근처 감벨라라(Gambellara)의 겸업농가로, 재배한 포도는 근처 양조장에 판매하거나 집에서 마실 레치오토 스푸만테(Recioto Spumante, 응달건조한 포도로 만든 스위트와인을 2차 발효시킨 스파클링와인)를 만들었다.

다비데는 꽃을 좋아해서 농업학교에 진학했는데, 아버지가 라 비안카라의 안지올리노 마울레*와 어릴 적 친구여서 안지올리노가 독자적인 와인을 만드는 것에 흥미를 갖고 방과후에는 그의 와이너리를 찾아 와인양조를 도왔다.

"안지올리노에게 배운 것은 내추럴 와인에 대한 열정입니다. 점점 직접 만들어보고 싶어졌어요."

스필라레 가문은 특별히 자연농법을 고집하지는 않았지만, 합성화학비료나 농약을 쓴 일은 없었다. "부모님이 늘 '토지는 신에게서 빌린 것이다. 건강하고 온전한 형태로 빌렸으니

비앙코 루골리 IGT 2016
Bianco Rugoli IGT 2016
가르가네가 70%를 스킨 콘택트해서 만든다. 기간이 짧아서 감칠맛이 있어도 깔끔하고 마시기 편하다.

로소 자로니 IGT 2016
Rosso Giaroni IGT 2016
100% 메를로로 만든 와인이 이렇게 온화하고 그윽하다니! 다비데의 성품처럼 부드러운 풍미가 특징이다.

"10년이 지나서 이제는 내 땅과 토양을 잘 알게 되었습니다. 실패도 필요했다는 것을 압니다. 지금은 내추럴 와인을 선택한 것에 자신이 생겼습니다"라는 다비데.

그 상태로 돌려줘야 한다'라고 가르치셨습니다."

할아버지가 심은 수령 70년의, 전통적인 퍼걸러(Pergola, 덩굴 식물이 타고 올라가도록 만들어 놓은 아치형 구조물)를 이용해 재배하는 가르가네가는 다비데의 보물이다. 2006년 아버지로부터 2ha의 밭과 자체 병입 권리를 물려받아 몇 백 병의 와인을 만들었다. 그리고 1년 뒤에 본격적으로 데뷔했는데, 한동안은 안지올리노의 와이너리에서 양조했지만, 2010년에 자택 부지 안에 작은 와이너리를 만들었다.

스킨 콘택트에도 새롭게 도전하고 있는데, 〈비앙코 루골리(Bianco Rugoli) 2016〉은 70%의 가르가네가를 늘 하던 대로 압착한 뒤 발효시키고 나머지 30%는 5일 동안 스킨 콘택트를 한 다음, 나무통에서 각각 10개월 동안 숙성시켜서 블렌딩했다.

"스킨 콘택트는 프리울리 베네치아 줄리아주의 전통이지만 감벨라라에는 스킨 콘택트를 하는 생산자가 거의 없습니다. 내가 이 방법을 도입한 이유는 내 와인이 뭔가 부족하다고 생각했기 때문이에요."

타닌이 강한 와인으로 만들고 싶지 않아서 스킨 콘택트 기간은 짧게, 압착은 천천히 정성껏 한다고 한다. 싱싱한 산미와 포도 추출물이 가득한 깊이 있는 풍미이다. 완성도에는 상당

히 만족하며, SO₂도 첨가하지 않는다.

"정말 좋은 와인은 SO₂가 필요 없어요. 처음에는 산화하거나 휘발산이 많더라도 점점 균형을 찾아간다고 믿습니다."

500년 전부터 이 땅에서 자란 가르가네가 품종은 화산재와 점토질 흙이 섞인 토양에 가장 적합한 품종이다. "토지에 맞는 품종을 고른 뒤 세심하게 관찰하며 지켜보는 것, 가지치기를 시작하는 단계부터 완성된 상태를 생각하면서 작업하는 것이 중요합니다." 밭은 8ha로 늘었지만 와인용 포도는 그 절반에서만 재배한다. 그 정도가 혼자서도 제대로 관리할 수 있는 한계라고 한다. 나머지 절반은 생식용 포도를 재배한다.

밭에서 돌아와 집 부엌에서 시음했는데, 마지막에 나온 와인은 14살 때 만든 파시토(Passito, 응달건조한 포도로 만든 스위트와인)였다. 벌꿀 같은 향과 깨끗한 산미, 인품이 배어나는 꾸밈없는 맛이다.

"최근 10년 동안 배운 가장 중요한 것은?"이라고 묻자 "내 땅에 대해서 누구보다 잘 알게 된 것이요. 많은 잘못을 경험해서 좋았습니다. 주위에서는 내추럴 와인을 만든다니 바보 같다고 하지만, 내추럴 와인이 아니면 나는 만족할 수 없습니다. 모든 것을 스스로 선택했기 때문에 자신 있어요."

다비데는 바이오다이나믹 등을 도입할 생각은 없으며, 예전부터 해온 밭일을 그대로 정직하게 따라가고 싶다고 한다.

비앙코 크레스탄 IGT 2016
Bianco Crestan IGT 2016
비앙코 루골리에 사용하고 남은 포도로 만든 세컨드 와인. 깔끔하고 깨끗한 목넘김이 특징이다.

DATA ● Davide Spillare
http://www.davidespillare.it/

「살아 있는 와인」을 만나 방향 전환, 늘 높은 곳을 지향하는 전 소믈리에

다니엘레 피치닌
Daniele Piccinin

어떤 모임이었는지 잊어버렸지만, 장소는 긴자의 그레이프 감보(Grape Gumbo)였다. 2011년 무렵 수입사 비나이오타(Vinaiota)의 사장 오타 히사토가 안지올리노* 키즈라며 추천해 준 것이 다니엘레의 와인, 그리고 두렐라(Durella)라는 산미가 깔끔한 지역 품종(화이트)과의 만남이었다. 그로부터 6년 뒤 실제로 만난 다니엘레는 키가 매우 크고 멋있었다. 완벽한 영어로 빠르고 정확하게 이야기하지만, 손에는 2G폰을 들고 "페이스북 계정은 있지만 일이 바빠 올릴 시간이 없어요"라고 말하는 아날로그적인 모습도 근사했다.

원래는 레스토랑의 공동경영자 겸 소믈리에였던 다니엘레가 와인양조에 흥미를 갖게 된 것은 가게에서 안지올리노의 와인을 취급하게 되었을 때였다고 한다. "처음으로 '살아 있는' 와인을 만났습니다." 안지올리노에게 조수로 써달라고 부탁해서 휴일에는 이른 아침부터 해가 질 때까지 밭과 셀러에서 일하고, 결국 2006년에 경영자 자리를 버리고 고향 베네토주 베로나(Verona) 옆의 산 지오반니 일라리오네(San Giovanni Ilarione)에서 와인을 만들게 되었다. 개간한 무니(Muni) 지구는 그의 할아버지가 태어난 곳으로 자가소비용 와인을 만드는데, 가족을 많이 사랑하는 다니엘레는 언젠가 이곳에 집을 짓고 싶다고 한다.

밭은 5곳에 있다. 대부분이 화산재 흙과 석회암이어서 미네랄 밸런스가 잘 맞는다. 나름의 방법으로 시작한 토양 만들기가 막 궤도에 오르기 시작했다.

아리오네 IGT 2015
Arione IGT 2015
두렐라 품종으로 만드는 스푸만테(Spumante, 이탈리아에서는 스파클링 와인을 스푸만테라고 한다). 2년간 동안 쉬르 리 숙성하고, 그늘에서 말린 두렐라를 압착한 모스토(Mosto, 발효 시키기 전의 포도즙)를 더해 곶감 같은 향과 응축감이 생긴다.

몬테마그로 IGT 2016
Montemagro IGT 2016
다니엘레가 가장 소중히 여기는 품종인 두렐라의 매력이 활짝 피어난 와인. 꿀 같은 화려한 향에 해초 같은 악센트와 깊은 단맛이 특징.

뒷모습은 부인 카밀라. 요리는 카밀라가 하고, 와인과 식후 치즈는 다니엘레가 서빙해주었다. "포도는 우리보다 훨씬 오래 살고 많은 지식을 축적하고 있습니다"라는 다니엘레.

화산재로 이루어진 현무암과 점토 토양이 섞인 땅에 심은 것은 앞에서 말한 두렐라다. 산미가 상당히 강해서 현지에서는 「분노한」이라는 의미의 라비오사(Rabbiosa)라고도 불리는 품종인데, 샤르도네 등 국제품종으로 바꿔 심는 사람이 많지만 다니엘레는 지역 품종을 소중히 여기고 완숙시키면 분명 위대한 화이트와인이 될 것이라 믿었다.

"요스코 그라브너의 〈리볼라 잘라〉, 파올로 보도피벡*의 〈비토브스카〉 등 위대한 생산자는 모두 토지 고유의 품종으로 와인을 만들었습니다."

두렐라 밭보다 표고가 높은 곳(약 500m)에는 피노 네로(Pinot Nero, 이탈리아에서는 피노 누아를 피노 네로라고 한다)를 심었다. 이들이 다 자라려면 시간이 걸리기 때문에 샤르도네, 두렐라, 메를로, 카베르네 소비뇽을 심은 1.6ha의 밭을 빌려 만들기 시작한 것이 캐주얼 라인인 〈비앙코 무니〉와 〈로소 데이 무니(Rosso dei Muni)〉이다. 현재 밭은 5구획, 7ha로 늘었다. 두렐라 품종의 경우 표고가 낮은 곳에서 재배한 포도는 스파클링와인 〈비앙코 디 로소(Bianco di Rosso)〉에, 엄선한 포도는 대표 와인 〈몬테마그로〉에 사용한다.

다니엘레는 더 높은 품질을 추구하며 늘 시행착오를 반복하는 사람이다.

셀러 2층에서는 대량의 두렐라를 그늘에서 말리고 있었는데 스위트와인으로 만들지 않고 압착해서 저장한 뒤, 두렐라로 만드는 스파클링와인 〈아리오네〉의 스타터(발효 촉진용)로 사용한다고 한다.

밭에는 독자적으로 개발한, 식물에서 유래한 제제를 도입했다. "유기농 재배에서 흰가룻병 대책으로 사용이 인정된 보르도액에 늘 회의를 느끼고 있었습니다. 보르도액은 황산구리와 수산화칼슘의 혼합액체인데, 중금속인 구리는 토양과 지하수에 축적됩니다." 보르도액을 대체할 것을 찾던 중 우연히 사람이 걸리는 진균감염증 전문가를 만났고, 전문가의 지식과 다니엘레의 바이오다이나믹 경험을 모아 제제를 완성했다. 방법은 와인을 증류시켜 브랜디(Eau-de-vie)를 만들고, 여기에 허브와 꽃을 한 달 정도 담가서 압착한 다음 액체와 고형물을 분리한다. 고형물은 피자용 오븐에 넣고 가열해 재로 만드는데, 식물의 무기염이 응축된 이 재를 다시 액체에 넣고 반년 동안 재운다. 이 제제를 사용하기 시작하자 포도나무에 확실히 저항력이 생겼다고 그는 자신 있게 말한다.

시음 적기에 이르기 전까지는 병입하지 않는다는 보기 힘든 〈피노 네로〉도 빼어난 와인이다.

비앙코 무니 IGT 2016
Bianco Muni IGT 2016
두렐라와 샤르도네를 블렌딩한 와인. 열대과일 같은 향이 있으며 깨끗하고 친숙한 풍미.

MUNI

BIANCO

DATA ● Daniele Piccinin

할아버지의 방법으로 돌아가 재생한, 정직하게 테루아를 표현한 와인

멘티 / 스테파노 멘티 (베네토)
Menti / Stefano Menti

스테파노는 밭일을 사랑하는 한편, SNS로 직접 와인을 알리는 디지털 네이티브이다.

화산재 토양에서 자란 가르가네가의 미네랄 느낌과 바위틈에서 솟아나는 샘물 같은 풍미가 일본 음식과 잘 어울리고 가격도 합리적이어서, 우리 집 식탁에도 자주 오르는 멘티의 〈파이엘레(Paiele)〉. 생산자 스테파노는 "스푸만테인 〈오모모르토(Omomorto)〉는 기름기 많은 소시지와, 〈몬테 델 쿠카(Monte del Cuca)〉는 고기요리나 생선요리, 냄새가 독특한 치즈와도 잘 어울립니다"라고. 정말 음식과 잘 어울리는 와인이다.

감벨라라 지구의 멘티 가문은 19세기까지 거슬러 올라가는 오래된 농가인데, 무역회사의 우수한 사원이던 스테파노가 아버지 부탁으로 가업에 합류한 것은 2000년이었다. 와인 양조를 전문적으로 배운 적은 없지만 포도재배는 익숙한 일이었다. 모든 책임을 맡게 된 스테파노가 처음 한 개혁은 할아버지의 방법으로 돌아가는 것. 아버지는 밭도 양조장도 화학약품의 힘에 기댔다. 주위의 생산자를 방문해 아버지의 와인과 비교한 결과, 할아버지가 해온 자연농법을 기본으로 포도를 키워야 좋은 와인을 만들 수 있다는 것을 깨달았다.

"나는 실리적인 인간입니다"라는 스테파노의 와인양조는 PDCA(Plan, Do, Check, Action) 사이클을 따른다. 바이오다이나믹 조제는 반년 정도 지켜봐서 효과가 보이면 채택한다. 다음으로 야생효모와 배양효모를 반씩 적용해서 1년 뒤에 시음했더니 야생효모가 이겼다. 그늘에서 말린 포도로 만드는 스위트와인 빈 산토(Vin Santo)에도 도전하고 있다.

"해마다 실험의 연속인데 성공할 때도 있지만, 실패할 때도 있습니다. 하지만 가족들은 실수를 탓하지 않아요. 정직하게 테루아를 표현한 와인은 모두 가치가 있으니까요."

론카이에 수이 리에비티
Roncaie sui Lieviti

1차발효 후 감벨라라의 레치오토(Recioto, 반건조 와인)를 넣고 다시 발효시킨 호화로운 스푸만테.

빈 산토 디 감벨라라 클라시코 2004 (하프)
Vin Santo di Gambellara Classico 2004 (Half)

가르가네가로 만든 디저트 와인. 과일맛과 산미의 균형이 잘 맞으며, 은은한 아니스의 풍미가 있다.

DATA ● Menti
https://www.giovannimenti.com/

이탈리아·프랑스의 거장에게 배운 실험정신 넘치는 젊은 스타

레 코스테 / 지안 마르코 안토누치 (라치오)
Le Coste / Gian Marco Antonuzi

벌컥벌컥 마실 수 있는 1ℓ짜리 〈리트로초(Litrozzo, 레드·화이트)〉가 인기인 레 코스테는 2004년, 로마에서 자란 지안 마르코 안토누치가 아버지의 고향인 이탈리아 중부 라치오주 그라돌리(Gradoli) 마을에 연 와이너리이다. 칼데라호인 볼세나(Bolsena)호 부근에 있는 밭은 역암(퇴적암의 하나로 조약돌이 진흙이나 모래에 섞여 이루어진 암석)과 응회암(화산 분출물이 엉겨서 만들어진 바위)으로 이루어진 미네랄과 철분이 풍부한 토양으로, 포도에 진한 풍미가 생긴다고 한다.

할아버지가 심은 포도에 더해 새로 3ha에 포도나무를 심었는데, 1/3은 접붙이지 않은 피에데 프랑코(Piede Franco)이다. 알레아티코(Aleatico, 레드품종) 묘목은 놀랍게도 그 유명한 마사 베키아*에서 입수했다고 한다.

재배는 바이오다이나믹, 양조는 화학약품을 전혀 쓰지 않으며, 디디에 바랄*, 브뤼노 슈엘러* 등 많은 내추럴 와인의 거장 밑에서 일한 풍부한 경험 덕분에 경직된 사고방식에 빠지지 않고 포도의 상태에 맞춰서 발효용기의 종류, 줄기 제거 비율, 침용 기간 조절 등 다양한 방법으로 도전하고 있다.

창업자의 정신을 계승하면서 젊은 New Massa Vecchia로

마사 베키아 (토스카나)
Massa Vecchia

토스카나 마렘마(Maremma) 지구에 1985년에 탄생한 순환형 농가 겸 와이너리. 창업자 파브리치오 니콜라이니(Fabrizio Niccolaini)는 "항상 자연과 함께 일한다"라는 철학으로, 2003년에 동료들과 생산자 그룹 「Vini Veri」를 시작한 비노 나투랄레(Vino Naturale, 내추럴 와인)의 선구자이다. 파브리치오는 2009년 딸 프란체스카에게 오너 자리를 물려줘서 양조책임, 낙농, 채소, 곡물재배는 딸과 젊은이들에게 맡기고, 본인은 와인양조에 전념하고 있다.

부지 6ha 중 3.6ha는 포도, 1.5ha는 올리브, 0.8ha는 곡물을 재배하고, 낙농도 하는 순환형 농가이다.

톱 퀴베는 파브리치오의 아버지가 심은 쿠에르치올라(Querciola) 밭의 산지오베제(Sangiovese)와 알리칸테를 토스카나다운 블렌딩으로 만든 〈라 쿠에르치올라〉. 2014 빈티지는 일조량이 풍부하지 않았는데도 서양자두의 과일맛이 독특하며, 진하고 부드러운 풍미이다.

비앙코 크뤼 레 코스테 VdT 2014
Bianco Cru le Coste VdT 2014
레 코스테밭의 포도만 사용하며, 귀부균이 생긴 프로카니코(Procanico)를 60% 사용한 빈티지.

알레아 얙타 에스트 VdT 2014
Alea Jacta Est VdT 2014
레드품종 알레아티코를 이용해 여러 가지 실험적인 방법으로 만든 와인. 독창성을 맛볼 수 있다.

비앙코 VdT
Bianco VdT
특히 인기 있는 화이트와인. 베르멘티노(Vermentino) 품종을 주로 사용, 해에 따라 품종 구성이 바뀌어 전혀 다른 맛이 되기도 한다.

라 쿠에르치올라 IGT 2009
La Querciola IGT 2009
포도 추출물이 가득하지만 놀랄만큼 목넘김이 좋다. 마사 베키아의 진수.

DATA ● Le Coste

DATA ● Massa Vecchia, https://www.massa-vecchia.com/

와인은 자연의 힘으로 사람과 이야기하는 수단
그림처럼, 음악처럼, 시처럼

파네 비노 / 지안프랑코 만카
Panevino / Gianfranco Manca

지안프랑코가 소중히 여기는 것은 틀에 갇히지 않는 것이라고. "내가 살아 있는 순간의 모든 것이 에너지와 자극을 가져다줍니다. 나의 시간은 늘 '자유'입니다."

우.부.아 2016
U.V.A. 2016
3종류의 다른 와인을 만들고 남은 포도를 주로 사용해서 만든 희소한 아이템(레드와인). UVA는 이탈리아어로 「포도」이지만, 그 외에도 다양한 뜻이 있다고 한다.

이탈리아 서쪽 사르데냐섬에 있는 「빵과 와인」을 뜻하는 독특한 이름의 와이너리. 오너인 지안프랑코 만카의 집안은 대대로 무농약 밀과 물려받은 자연 효모종을 사용해 화덕에서 구운 빵을 파는 한편, 포도를 재배하고 와인을 만들어 무게를 달아서 팔았다.

6ha(1ha는 임차), 5개 구획으로 나뉜 밭의 포도로 자체 병입을 시작한 것은 2004년이며, 토양은 화산재질, 점토, 편암으로 다양하고, 칸노나우(Cannonau), 무리스텔루(Muristellu), 카뉼라리(Cagnulari) (이상 레드품종), 모스카토(Moscato), 베르멘티노, 세미다노(Semidano) (이상 화이트품종) 등 사르데냐의 지역 품종을 소중히 재배하고 있다. 밭에는 비료를 전혀 뿌리지 않고 보르도액도 사용하지 않으며, 고운 가루 상태의 흙과 유황 섞은 것을 필요에 따라 사용한다. 양조과정에서도 포도 외에는 아무것도 넣지 않고, 청징·여과도 하지 않으며, SO₂도 첨가하지 않는다.

지안프랑코가 제창하는 것은 「자유로운 와인」이다. 와인은 하나의 빈티지만 출하할 때가 많고, 와인 이름이 상당히 독특하다. 그야말로 틀에 갇히지 않은 와인을 만든다.

"와인 이름이 해마다 같을 필요는 없습니다. 그보다는 그해의 특징을 나타내는 이름이 훨씬 기억에 남는다고 생각하지 않

나요?"라며, 그해에 생각한 것, 느낀 것을 라벨에 표현한다.

첫해에 출하한 〈스키스토스(Skistos) 2004〉는 사르데냐어로 편암이라는 뜻인데, 자신의 뿌리가 이 땅에 있다는 것을 나타낸다. 이듬해의 〈페르다코두라(Perdacoddura) 2005〉는 와이너리와 밭이 있는 오래된 구획의 이름인데, 더 미세한 시점에서 지안프랑코라는 인물이 만든다는 것을 전하기 위해 붙인 이름이다. 또한 〈오구(Ogu) 2007〉은 사르데냐어로 불꽃, 싹, 눈을 뜻한다. 2007년 여름, 칸노나우와 무리스텔루 밭에서 산불이 났는데(불꽃), 열풍으로 말라버린 나무가 그 뜨거움을 봄이 온 것으로 착각하여, 이듬해 나야 할 「싹」이 몇 개월 뒤 가을에 나오고 열매가 달렸다고 한다. 인간이 일으킨 어리석은 일을 이겨내고 포도가 생명을 키우는 모습을 관찰한다(눈)는 의미를 담았다고 한다.

"와인양조는 자연의 힘을 빌려 사람들과 이야기하는 수단입니다. 그림을 그리듯, 노래를 부르듯, 또는 시를 쓰듯이"라고 말하는 지안프랑코. 그에게 포도는 그림물감이거나 음표이거나 언어이다. 예술을 완성하기 위해 밭일에 힘을 쏟는 셈이다.

2010년에는 생각한 그림을 그리지 못했다는 이유로 완성된 와인에 이름을 붙이지 않고, 통상의 루트로 판매하지 않고 지인들에게 싸게 판매했다. 그래서 2011을 평소대로 출하하

면 먹고살 수 없었으므로, 반년 일찍 병입하기 위해 놀랍게도 셀러에서 나무통을 꺼내 햇빛을 받게 해서 와인이 여름이라고 착각하기를 빌었다고 한다. 믿을 수 없는 이야기이지만 와인은 생산자의 뜻을 헤아려 봄에는 병입 가능한 상태가 되었다고. 그 기적의 와인 〈치.치.피(C.C.P.) 2011〉은 코르테무라스(Cortemuras), 쿠구시(Cugussi), 페르다코두라라는 세 밭의 머리글자를 따서 붙인 이름이다. 조상으로부터 물려받은 수령이 많은(100년을 넘은 것도) 포도였기 때문인지 박테리아의 번식으로 발생하는, 원래는 결함으로 여겨지는 휘발산이 절묘하게 효력을 발휘하여 한없이 매력적인 와인이다.

〈보제 크로주(Box'e Croxu) 2016〉은 따로따로 발효시켜 압착(프레스)한 것을 블렌딩했는데, 와인이름을 직역하면 「껍질의 소리」이다. "프레스에는 압착 외에 저널리즘이라는 뜻이 있다"는 지안프랑코는 전자가 프레스 와인에 존재하는 강렬한 풍미를 얻기 위한 것이라면, 후자는 겉으로 보이는 것만 이야기한다는 메시지가 담겨 있다고 하는데, 후자에 몸담은 입장에서는 듣기 거북했지만……

자신의 와인이 "자유롭고, 감상적이며, 자애롭고, 사회적이며, 무정부 상태였으면 합니다"라고 말하는 지안프랑코. 다음에는 어떤 방법으로 우리를 놀라게 할지 기대된다.

지로톤도 2016
Girotondo 2016
잘 익은 지로 품종을 산화에 가까운 풍미로 완성한 독창적인 와인. 와인 이름은 이탈리아어로 아이들이 원을 그리며 노래하는 놀이를 의미한다.

DATA ● Panevino

컬트? 카리스마?
우주의 힘을 아군으로 삼은 시칠리아의 귀재

프랑크 코넬리센
Frank Cornelissen

포도밭 주위에는 전통적인 채소, 과일, 아몬드, 올리브를 심었다. 발효 용기는 다양한 실험을 거쳐 고른다.

콘타디노 9
Contadino 9
네렐로 마스칼레제를 메인으로, 밭에 심은 다양한 포도를 야외의 나무통에서 함께 발효, 숙성시킨다.

DATA ● Frank Cornelissen
http://www.frankcornelissen.it/

처음 마신 프랑크 코넬리센의 〈로소 델 콘타디노(Rosso del Contadino) 1〉은 오픈한 지 10일째인 글라스 와인이었다. 에트나산 기슭의 밭에서 함께 재배한 포도를 나무통에 같이 넣고 발효시켰다는 이 와인은, 크렌베리의 진한 향에 뿌리채소와 철, 흙, 효모, 오베르누아의 와인에서 자주 느껴지는 사람의 피부에서 풍기는 장미향수 같은 향기, 신선한 산미, 치밀한 타닌이 충분히 유지되어 한참 더 지속될 수 있는 힘이 있었다.

벨기에인으로 와인상인이었던 프랑크는 「진격의 양조」로 유명한 시칠리아의 귀재이다. 이 정도로 화학물질을 전혀 쓰지 않고(자연농법에서 인정된 보르도액조차 거의 사용하지 않는다) 양조하는 사람도 드문데, 그 와일드한 풍미 때문에 기존 와인에 익숙한 사람이 그의 와인을 거부하는 모습도 몇 번 보았지만, 반대로 와인 입문자라도 채소맛을 아는 미식가들은 좋아하는, 어떤 의미로는 시금석 같은 생산자다.

「병해가 포도에 집중되는 것을 피할」 목적으로 20ha의 포도밭 외에는 올리브나무를 심어, 밭 주위는 관목으로 둘러싸여 있다.

"나의 목표는 내가 반한 테루아를 최대한 표현하는 것입니다. 인간이 위대한 자연을 이해하는 것은 무리예요. 유일하게 가까워지는 방법은 따르는 것이지요. 나는 밭에서 배웁니다."

단일 밭의 네렐로 마스칼레제(Nerello Mascalese)로 작황이 좋은 해에만 만드는 톱 퀴베 〈마그마(Magma)〉는 포도를 껍질과 함께 장시간 침용하여 도기 항아리에서 발효·숙성시킨다. 우주의 흐름을 아군으로 삼아 태어나는 압도적인 존재감의 와인이다.

해마다 만드는 와인은
포도가 태어난 땅과 자신을 표현하는 선언

아리안나 오키핀티
Arianna Occhipinti

"와인은 내 인생 그 자체입니다. 취미는 생산자를 방문해서 와인에 대해 이야기하고 함께 와인을 마시는 것이 무엇보다 즐거워요"라는 아리안나.

아리안나는 1998년에 14살에는 와인을 만드는 사람이 되겠다고 결심했던 신념의 인물이다. 아리안나의 숙부 주스토(Giusto) 오키핀티는 당시 이미 유명했던 코스(Cos) 와이너리의 양조가였는데, 베로나에서 열린 시음회에 조수로 동행한 아리안나는 와인의 세계에 매료되어 밀라노의 재배·양조학교에 진학했다. 하지만 그곳에서 가르치는 내용은 숙부의 철학과는 정반대인 공업생산형 와인이었다. 아리안나는 와인잡지《베로넬리(Veronelli)》앞으로 "와인의 본질을 되찾자"라는 내용으로 편지를 보냈는데, 이 편지가 전국적으로 주목을 받아 단번에 유명인이 되었다. 1년 뒤에 1㏊의 포도밭에서 실험적으로 만든 와인 4,000병은 유명세에 힘입어 완판되었다.

그 뒤로 아리안나는 숙부에게 의지하지 않고 혼자서 포도나무를 심었고, 그 나무들이 다 자랄 때까지는 수령이 높은 포도나무를 가진 나이 많은 농부의 밭을 빌리고 폐가였던 양조장을 개축해 길을 개척했다. "내추럴 와인은 처음에는 나의 사명이었지만, 점점 토지를 존중하고 모든 것을 받아들여 표현하는 것이 중요하다는 것을 알게 되었습니다. 그러기 위해 가장 효과적인 수단이 내추럴 와인을 만드는 것입니다. 와인은 토지의 역사와 성질, 그해의 기후 그리고 나라는 사람의 감수성을 담고 있습니다. 매년 완성되는 와인은 그 '선언'입니다."

대표 와인은 시칠리아에서 보조품종으로 사용하는 프라파토(Frappato) 100%로 만든〈일 프라파토〉. 섬세하지만 강렬한 풍미가 느껴진다. "무모하며 개성적이고 반골정신이 가득한 나와 닮았다"라는 아리안나. 좋아하는 생산자를 물었더니 이탈리아의 동료와 더불어 프랑스 루아르의 스테판 베르노도(Stephane Bernaudeau)를 꼽았다.

일 프라파토 IGT 2015
Il Frappato IGT 2015

수령 40년의 프라파토로 만드는 유연한 타닌을 가진 와인. 에너지 넘치고 우아한 개성은 그야말로 아리안나 그 자체이다.

시카뇨 IGT 2014
Siccagno IGT 2014

충분히 숙성시킨 네로 다볼라(Nero d'Avola)로 만드는 이 와인은 베리와 카시스의 산뜻한 과일 맛에 허브의 뉘앙스가 특징이다.

DATA ● Arianna Occhipinti, http://www.agricolaocchipinti.it/it/

포도의 본래 역할은 씨앗을 남기는 것,
이를 감사히 받아서 만드는 「크로칸테」한 와인

다미안 포드베르식
Damijan Podversic

"와인은 1년에 1번밖에 만들 수 없습니다. 34년이면 34번이지요. 인생은 짧습니다. 목표를 갖고 행동하는 것이 중요해요"라는 다미안. 그의 자녀인 타마라와 야콥도 중요한 일손이다.

카플라 IGT 2013
Kaplja IGT 2013
단일 품종을 중요시하는 다미안의 화이트와인 중 유일한 블렌딩 와인. 샤르도네, 말바지아(Malvasia), 프리울라노를 3개월 침용하고 발효시켜서, 40개월 숙성시켰다. 출하까지 5년이 걸린 위대한 빈티지.

다미안 포드베르식의 와인에 공통되는 중후한 존재감은 독특한 방법으로 사용하는 귀부포도의 힘이 아닐까. 화이트와인에 귀부포도를 사용하는 것이 프리울리 베네치아 줄리아주 고리치아(Gorizia) 지방의 전통이이지만, 그 비율이 50~60%인 만큼 어지간히 꼼꼼하게 포도를 고르지 않으면 건강하고 온전한 와인으로 완성하기 어렵다. 다미안이 이 방법을 찾아낸 것은 와인양조를 시작한 지 15년이 지난 무렵이었다고 한다.

17세에 양조학교를 졸업한 1980년대 중반은 근대기술을 구사한 신선하고 과일맛이 강한 와인의 전성기여서, 다미안은 귀부균이 발생한 포도로는 좋은 와인을 만들 수 없다고 단정했다. 식당을 경영하던 아버지가 가장 중요한 것을 버리려 한다고 충고하자 "학교에서 배운 방법으로 만들어요. 아버지는 잠자코 계세요"라고 듣지 않았다. "나를 천재라고 생각했습니다. 결국 아버지가 옳았다고 깨닫기까지 상당한 시간이 걸렸지요".

할아버지가 와인농가였지만 밭과 양조장은 장남인 큰아버지가 물려받았고, 아버지는 완성된 와인을 팔기 위해 식당을 열었다. 하지만 큰아버지는 와인을 사랑하지 않았다. 할아버지가 돌아가신 뒤 큰아버지는 0.5ha만 남기고 밭을 모두 팔았다. 그 0.5ha와 아버지가 돈을 마련하여 손에 넣은 밭까지 모두 2ha의 산 플로리아노(San Floriano) 밭에서 와인양조를 시

다미안의 밭. "일본인 친구가 말했습니다. 와인양조는 큰 구멍으로 들어가서 작은 구멍으로 나오는 것이라고. 나오는 것은 정말 지극히 어려운 일입니다"라고 다미안은 말한다.

작한 다미안은 곧바로 높은 평가를 받았다. 근대기술(배양효모, 프랑스산 나무통)을 구사한 〈리볼라 잘라 1999〉가 파커 포인트 94점을 획득한 것이다.

그런 다미안에게 중요한 점을 일깨워준 사람은 아버지의 지인인 천재 양조가 요스코 그라브너였다. "그에게 배운 것은 와인양조보다도 철학입니다. 식물, 동물을 하나의 생태계로 인정하고 존중하는 것, 가족을 소중히 여기는 것입니다."

요스코에게 배우는 동안 자신이 하고 있는 것이 본질적인 와인양조가 아니라는 것을 깨닫고 본질적인 와인양조를 모색하게 되었다. "포도는 와인이 되기 위해 태어난 것이 아닙니다. 씨앗을 지키고 다음 세대에 자손을 남기는 것이 포도의 임무예요. 그것을 우리가 받아서(수확해서) 와인을 만든다는 사실을 잊어서는 안 됩니다."

다미안이 지향하는 크로칸테(Croccante, 씹는 느낌)가 있는 와인을 만들기 위해서는 수확 전 30일 동안의 포도의 완숙도가 가장 중요하다. 씨의 성숙도가 그 지표다. 비가 적은 해에는 11월까지 나무에 남겨두고 수확한다. 이렇게 해서 귀부균이 발생한 포도 중 건강하고 온전한 것만 꼼꼼하게 골라내고 줄기를 제거한 뒤, 피자주를 반복하며 60~90일 동안 껍질과 함께 침용한다. 압착한 뒤에는 대형 나무통에서 2년 이상

숙성시킨다. 포도 추출물을 전부 와인에 담기 위해 필터를 쓰지 않기 때문에, 미생물 오염의 우려가 있는 코르크를 합성 코르크 DIAM으로 바꾸었다. 확실히 와인의 신선도가 좋아지고 SO_2 사용량이 줄었다고 한다.

다미안은 품종의 특성을 여성에 자주 비유한다. "토카이 프리울라노(Tocai Friulano)로 만드는 〈네카이(Nekaj)〉는 아로마틱합니다. 200m 앞에서 봐도 아주 예쁜 사람 같아요. 〈리볼라 잘라〉는 스쳐지나갈 때는 특별히 눈길을 끌지 않지만, 함께 식사하면 화제가 풍부해서 내면의 아름다움에 빠지게 되는 매력이 있습니다. 둘 다 훌륭해요." 그리고 와인은 빈티지에 따라 두 가지 타입으로 나뉜다고 한다. "기온이 온화하고 적당히 비가 내린 해(2005, 2008, 2010, 2012)에는 베토벤 교향곡처럼 촉촉하게 완성됩니다. 반면, 태양이 눈부시게 빛난 해(2007, 2009, 2011)에는 다이어 스트레이트(Dire Straits, 영국 록 밴드)나 ACDC(오스트레일리아 록 밴드) 등의 헤비메탈처럼 강렬한 와인이 됩니다."

12살 때부터 와인양조가 꿈이었다는 다미안. "또 한 가지 꿈이 있다면, 트리에스테(Trieste)의 바다가 내려다보이는 밭을 사서 최고의 리볼라 잘라를 만들고 싶습니다. 60살이 되면 책을 쓰는 것도 좋겠지요." 그 책이 읽고 싶다!

리볼라 잘라 IGT 2013
Ribolla Gialla IGT 2013
리볼라 잘라 귀부포도를 50% 정도 사용해서 만드는 와인. 기품과 강렬함을 겸비한 인상적인 와인이다.

리볼라 잘라 셀레치오네 IGT 2005
Ribolla Gialla Selezione IGT 2005
거의 모든 포도에 귀부균이 생긴 경이적인 해로, 꼼꼼하게 포도를 골라서 만든 와인은 병입하고 7년 뒤에 출하했다.

"와인을 만들려면 땅을 사랑하고, 포도를
사랑하고, 지구를 사랑할 것. 그 관계가
잘 이루어지면 좋은 와인이 완성됩니다"
라는 다미안.

프랑스에서는 레드와인이 인기라고 하지
만, 다미안은 화이트와인과 화이트도 레
드도 아닌 피노 그리 와인을 좋아한다.

보통 사람이면 포기해버릴 정도로 골라내기 힘든 귀부포도이지만, 다미안은 정신이 아득해질 정도로 꼼꼼하게 포도를 골라서 위대한 와인을 만든다.

양조장의 내부 모습. 니콜라 만페라리(Nicola Manferrari), 마리오 스키오페토(Mario Schiopetto), 요스코 그라브너를 인생에서 만난 3명의 스승으로 꼽는다. 그리고 아버지와 할아버지도.

프렐리트 IGT 2013
Prelit IGT 2013
메를로를 주로 사용한 다미안의 유일한 레드 와인. 산미가 깔끔하고 균형감이 좋다.

DATA ● Damijan Podversic
https://www.damijanpodversic.com

위대한 아버지의 일을 자연스럽게 계승,
라디콘 제2막이 시동을 걸었다!

라디콘 / 사샤 라디콘
Radikon / Saša Radikon

"오렌지와인으로 불리는 것이 옳은지 아닌지는 모르겠지만, 확실히 화이트와인이 아닌 새로운 이름은 필요하다고 생각합니다"라는 사샤.

"재능 있는 양조가. 가장 용감하며 유일무이한 정신을 지닌 사람." 2016년 9월 영국의 권위 있는 와인잡지 《디캔터》는 최상의 단어로 스탄코 라디콘(향년 62세)의 죽음을 애도했다. 스킨 콘택트 와인, 이른바 오렌지와인은 요스코 그라브너와 스탄코가 세상에 알린 것이라고 할 수 있다. 청포도를 레드와인을 만들 때처럼 껍질과 함께 침용하면, 색소와 타닌이 추출되어 색은 오렌지색이 되고, 맛은 깊어진다. 고기요리에도 생선요리에도 어울리는 와인이어서 최근 몇 년 동안 대단한 인기를 누리고 있다.

그러나 스탄코는 사람들의 이목을 끌기 위해 새로운 와인을 만든 것이 아니었다. 그가 원하는 것은 "이탈리아 북부 프리울리 베네치아 줄리아주 콜리오(Collio) 지구 오슬라브예(Oslavje)의 지역 품종인 리볼라 잘라를 알리고 싶다", 그리고 "화이트와인보다 레드와인이 고급이라는 생각을 불식시키고 싶다"였다. 그래서 레드와인처럼 복잡한 맛이 있는 화이트와인을 만들기 위해 1995년, 포도를 껍질과 함께 침용하는 방법에 다다른 것이다. 신기하게도 이 방법은 그의 할아버지가 양조하던 방법이었다. 스탄코가 오너가 된 지 16년째의 일이다. 껍질에 효모가 많이 함유되어 있어서 배양효모는 필요 없

야코트 IGT 2009
Jakot IGT 2009

강렬한 리볼라 잘라에 비해 프리울라노는 순수하며 우아하다. 현재 유통되는 빈티지는 무려 2009인데, 그 풋풋함에 놀란다.

피노 그리지오 IGT 2016
Pinot Grigio IGT 2016

오슬라브예에도 사용되는 피노 그리지오로 만든 와인. 산뜻한 로제 색깔로 적당한 타닌이 있어서 고기요리나 생선요리에 모두 어울린다.

취미는 바이크 여행이지만, "지금은 두 아들 아담(4세)과 다비데(2세)와 함께하는 시간이 소중합니다"라는 사샤.

다. 타닌 덕분에 SO₂를 사용하지 않아도 된다. 2002년에는 뒤에 나오는 〈리네아(Linea)S〉 이외의 모든 와인을 SO₂무첨 가로 만들게 되었다. 스탄코의 장남 사샤가 20세에 재배·양 조학교를 졸업한 것이 딱 그 무렵이었다.

"아버지가 '진심으로 함께 와인을 만들 생각이 있느냐'고 물어서 '그렇다'고 대답했고, 이때 운명은 정해졌습니다." 좋은 결단이었고, 그때부터 아버지가 그에게 일을 맡겼다. 스탄코에 게도 커다란 전환점이 된 시기였다. 사샤는 몇몇 생산자 밑에 서 연수를 받은 뒤 2009년, 본격적으로 가업에 합류했다.

"아버지에게 배운 가장 중요한 것은 수확할 때도 양조할 때 도 인내심을 갖고 기다리는 것입니다. 내추럴 와인을 만들려 면 자연적인 정신을 가져야 합니다. 마시는 사람은 그 정신을 생산자의 혼으로 느낄 것입니다. 화학적인 와인은 이 정신을 표현할 수 없어요. 다만 내추럴 이전에 건강하고 온전한 액체 여야 합니다. 양조상의 결함을 자연에 맡겼기 때문이라고 변 명하는 생산자도 있으니까요."

라디콘에서는 원래 리볼라 잘라와 프리울라노를 단일 품종 으로 양조했다. 프리울라노는 예전에 토카이 프리울라노라고 불렸지만, 와인 산지 토카이(Tokay)와 혼동된다고 건의한 헝 가리의 주장을 EU가 지지해서 그 이름을 사용할 수 없게 되

었다. 스탄코는 이에 위트로 대항하여 와인에 Tokay를 거꾸 로 한 〈Jakot(야코트)〉라는 이름을 붙였다. 샤르도네, 소비뇽 블랑, 피노 그리지오는 함께 발효시키기 때문에 토지 이름인 〈오슬라브예〉라고 이름을 붙였다. 스킨 콘택트 기간은 「와인 이 정하기 때문에」 일정하지 않으며, 나무통 숙성과 병내 숙 성에도 충분한 시간이 필요하므로 와인의 80%는 수확에서 출하까지 6년 가까이 걸린다. 그래서 도멘의 경제적 문제를 해결하기 위해 사샤가 제안한 것이 〈리네아S(S라인)〉인데, 샤 르도네와 프리울라노를 블렌딩한 〈슬라트닉〉과 〈피노 그리지 오〉가 있다. 나무통 숙성, 병내 숙성을 합쳐 20개월로 상대적 으로 기간이 짧아서, 병입 직전에 소량의 SO₂를 첨가한다.

좋아하는 생산자를 묻자 재미있는 대답이 돌아왔다. "'우리 지역'에서는 다리오 프린칙(Dario Prinčič), 파올로 보도피벡*, 마테이 스케를리(Matej Skerlj). 그리고 '이탈리아'에서는 아리 안나 오키핀티(시칠리아), 라 스토파(La Stoppa)의 엘레나 판탈 레오니(Elena Pantaleoni, 에밀리아 로마냐), 알프레드와 루카 로아냐(Alfred & Luca Roagna) 형제(피에몬테)"라고. 이탈리아 는 지방의 집합체라고들 하는데, 피에몬테나 에밀리아 로마냐, 하물며 시칠리아섬은 사샤에게는 다른 나라인 셈이다.

포도의 뿌리를 소중히 생각하기에 라디콘의 와인이 있는 것이라고 새삼 생각했다.

슬라트닉 IGT 2016
Slatnik IGT 2016
샤르도네에 소비뇽 블랑을 블렌딩해서 만드는 라디콘에서 가장 가벼운 화이트와인.

DATA ● Radikon
http://www.radikon.it/en/

비토브스카 품종의 가능성을 찾아
확고하고 파워풀한 맛을

보도피벡
Vodopivec

밝게 웃는 얼굴로 인기가 많은 파올로. "시간이 되면 아내와 딸과 함께 요트를 탑니다. 휴가는 새로운 아이디어를 주지요."

비토브스카
Vitovska
암포라에서 약 반년 동안 껍질째 발효 및 초기 단계 숙성. 압착 후 다시 반년을 암포라에서 숙성시키고, 대형 나무통에서 2년 동안 재운다.

오리지네
Origine
나무로 만든 개방식 발효조에서 2주 동안 껍질째 발효시킨 뒤 압착. 대형 나무통에서 3년 동안 재우고 양조한다. 라벨의 녹색 선이 나무를 의미한다.

DATA ● Vodopivec
http://www.vodopivec.it/

2013년 6월, 조지아(구 그루지아)에서 열린 국제 크베브리 와인 심포지엄에 초대되어 저널리스트와 각국 생산자들과 함께 산지를 방문했을 때, 운동선수 같은 에너지로 주위를 환하게 밝힌 사람이 파올로 보도피벡이었다. 그가 만드는 와인은 밝게 웃는 얼굴에서 상상할 수 있듯이 파워풀하다.

조지아에서 주문한 크베브리로 발효시킨 〈비토브스카〉는 색이 황금색이다. 껍질째 침용하여 포도 추출물을 모두 간직한 액체는 모과, 벌꿀의 향과 미네랄 톤이 있고, 야성미와 우아함을 겸비해 마음을 울리는 여운이 있다. 포도는 이탈리아 북동부 프리울리 베네치아 줄리아주 카르소(Carso) 지구의 지역 품종인 비토브스카. 파올로가 가장 아끼는 품종이다.

보도피벡 가문은 대대로 이어온 혼합 농가로, 5ha의 포도밭에서 자가소비용이나 알고 지내는 레스토랑에 도매로 판매하기 위한 와인을 만들었다. 파올로는 아버지와 함께 14살 때부터 와인을 만들었고, 양조학교를 졸업한 뒤 자연스레 가업에 합류하여 1997년부터 자체 병입을 시작했다. 아버지에게 물려받은 것은 농민으로서 진지하게 포도와 마주하는 자세, 그리고 스스로 깨달은 것은 자신의 땅에 가장 알맞은 품종은 비토브스카라는 것이다. 기존의 레드품종을 뽑아내고 이 포도로 바꿔 심었다.

"와인은 사람이 만드는 것이 아닙니다"라고 말하는 파올로. 전통에서 배우고 포도를 믿는 힘이 확고하고 강렬한 맛을 만들어낸다.

치즈 전문가가 만드는
최고 품질의 스파클링 오렌지와인

포데레 프라다롤로
Podere Pradarolo

"나에게는 와인양조 교과서가 없습니다. 다만 우리 땅을 자세히 관찰합니다. 그러면 이 땅에서 내가 해야 할 일이 보입니다"라는 알베르토.

베이 비앙코 안티코 메토도 클라시코 브루트 2014 / 270
Vej Bianco Antico Metodo Classico Brut 2014/270

오렌지와인을 병내 2차발효시킨 세계적으로도 드문 스파클링와인. 감칠맛의 응축감과 산뜻한 목넘김에 나도 모르게 한잔 더 손이 간다.

베이 비앙코 안티코 2015 / 210
Vej Bianco Antico 2015/210

100% 말바지아 품종으로 210일 동안 스킨 콘택트하면서 숙성시켜 만든 와인. 오렌지와 엘더베리 향이 산뜻하며, 딱 알맞은 타닌이 느껴진다.

샴페인 등의 가스 압력이 강한 기포보다 부드러운 기포의 페티양 나튀렐(펫 낫)을 좋아하지만, 포데레 프라다롤로의 〈베이 비앙코 안티코 메토도 클라시코 브루트 270〉은 각별하다. 화이트품종 말바지아를 껍질째 침용한 이른바 오렌지와인을 병내 2차발효로 완성해서, 허브의 아로마와 감칠맛이 느껴지는 깊이 있는 풍미, 부드러운 목넘김은 권위 있는 영국의 와인 잡지 《디캔터》도 「great value skin contact wine」이라고 인정했다.

생산자는 에밀리아 로마냐주 파르마(Parma) 인근 세라발레(Serravalle) 마을의 체노(Ceno) 협곡에 60ha의 농원을 소유한 알베르토 카레티(Alberto Carretti). 대대로 치즈와 쿨라텔로(culatello, 돼지의 넓적다리 살로 만든 소시지)를 만들어온 집안에서 태어난 알베르토는 어릴 적부터 발효과정에 흥미를 가졌고, 대학에서 농학을 배운 뒤에는 치즈 감식가가 되어 세계적으로 활약했다. 1990년, 약 20년 전에 아버지가 햄 공방을 만들기 위해 산 땅을 물려받아, 포도나무를 심고 와인양조를 시작했다. 그곳은 일찍이 와인생산지로 번성했던 땅으로, 사라질 위기에 있던 전통품종을 지키고 싶었다고 한다. 우연히도 줄곧 농약을 사용하지 않아 토지는 건강했다. 와인 이름인 〈베이〉는 이 토지의 중세 무렵의 이름이다. 전 세계적으로 드문 오렌지 스파클링와인을 만든 것은 "무언가에 영향을 받은 것이 아니라, 토지를 깊이 관찰하니 나아가야 할 길이 보였습니다. 좋은 와인을 만드는 것은 어렵지 않아요. 하지만 감동을 주는 와인은 생산자의 정신이 투영된 와인입니다."

DATA ● Podere Pradarolo
http://www.poderepradarolo.com/

생각을 함께하는 6명의 동료가 결집,
전통품종「부활」을 위한 와인 프로젝트

칸티나 자르디노
Cantina Giardino

"안토니오는 직관력과 감수성이 넘치며, 와인양조에 대해 잘 압니다"라고 이야기하는 다니엘라. 한편 안토니오는 "다니엘라는 나보다 더 나를 믿어줍니다. 그래서 나는 그녀의 판단을 신용합니다"라고.

파스키 IGT 2016
Paski IGT 2016

코다 디 볼페(Coda di Volpe)라는 지역 품종을 2일 동안 껍질과 함께 침용하고, 밤나무 통에서 1년 동안 숙성시킨 산뜻한 화이트와인.

가이아 IGT 2016
Gaia IGT 2016

「칸티나 자르디노」가 가장 소중히 여기는 화이트품종 피아노(수령 30년)를 2일 동안 껍질과 함께 침용하고, 밤나무 통에서 1년 동안 숙성시켜 과일맛이 잘 느껴진다.

칸티나 자르디노는 캄파니아의 지역 품종 알리아니코(Aglianico, 레드)와 피아노(Fiano, 화이트)를 지키기 위해, 양조가인 안토니오 그루톨라(Antonio Gruttola)와 다니엘라(Daniela) 부부를 중심으로 한 6명의 동료가 모여서 2003년에 설립한 와이너리이다. 이 프로젝트는 유명 와이너리의 양조가였던 안토니오가 포도농가에서 들은「어떤 사실」로부터 시작되었다. 이 마이너한 산지에서는 개별 농가가 직접 와인을 양조하는 대기업에 포도를 팔아 생계를 꾸리고 있다. 그런데 올드 바인인 지역 품종을 다산형 품종으로 바꿔 심으려는 움직임이 나타나면서 전통을 잃게 될지도 모른다는 것이었다. 안토니오 등은 이를 우려해 자연재배한 올드 바인이 있는 밭에서 포도를 사들여 와인을 만들기로 결정했다. 2010년에는 1933년에 포도나무를 심은 오래된 (5ha) 밭을 손에 넣어, 와인에 치밀한 응축감을 더했다.

"다양한 시대를 살아온 포도나무는 시간의 흐름을 알고 있습니다. 그리고 매우 개성적이며 표현력이 있어요", 올드 바인 포도여야 하는 이유를 다니엘라는 이렇게 말한다. "우리는 심플하고 맛있는 와인을 지향합니다"라는 그녀의 말처럼, 칸티나 자르디노 와인의 공통점은 궁극의 뛰어난 목넘김이다.

다니엘라는 도예가여서 암포라를 직접 만드는데, 점토는 피아노의 밭에서 채취한다. 〈소피아(Sophia)〉는 포도가 자란 그 흙으로 만든 암포라에서 껍질과 함께 침용한 와인이다. 수확한 포도가 다시 어머니의 뱃속으로 돌아가 와인이 된다는 스토리가 숨어 있다. 좋아하는 생산자를 물었더니 바로 "리노 마가(Lino Maga, 롬바르디아)!!"라고 대답했다.

DATA ● Cantina Giardino

밭을 절반 이하로 줄이고 품질을 추구한
단일 포도밭 바르베라의 명수

트린케로
Trinchero

"기후가 좋은 해든 나쁜 해든 포도의 개성을 면밀히 살피면서 작업합니다. 그러면 어떤 와인이든 모두 둘도 없이 소중한 와인이 됩니다"라고 말하는 에치오.

트린케로는 대표 와인 〈바르베라 다스티 비냐 델 노체(Barbera D'asti Vigna Del Noce)〉로 유명한, 바르베라의 명수이다. 나와의 첫 만남은 〈소뇨 디 바코(Sogno Di Bacco) 2001〉였다. 현지 외에는 거의 보기 힘들지만 오너 에치오 트린케로(Ezio Trinchero)가 잠재력을 확신하는 품종인 말바지아 비앙카(Malvasia bianca)를 늦게 수확해서 독특한 풍미를 만들어낸 와인이다. 아카시아 꿀, 정향, 보이차와 같은 독특한 향, 농후하면서도 가벼운 목넘김을 잊을 수 없다.

게다가 에치오의 와인양조는 놀라웠다. 1920년대에 창립된 이 유서 깊은 와이너리를 이어받아 3대 오너가 된 에치오는, 놀랍게도 높은 품질의 포도재배에 집중하기 위해 40ha였던 밭을 무려 13ha까지 줄였다. 하지만 소중하게 남겨둔 단일 포도밭 「비냐 델 노체」는 1920년대에, 「라 바르슬리나(La Barslina)」는 1930년대에 포도나무를 심은 밭으로, 현재 이탈리아에서 재배되는 바르베라로는 가장 오래된 것이다. 특히 비냐 델 노체는 해마다 다른 모습을 보이기 때문에 「서로 다른 개성을 블렌딩해서 완벽한 균형이 생기도록」 만든 와인이, 작황이 좋은 해의 포도를 블렌딩한 〈로소 델 노체(Rosso Del Noce) NV(1997, 98, 99, 01)〉이다. 대호평에 힘입어 제2탄(03, 04, 06)도 출하되었다.

"밭일에서 중요한 점은 다 안다고 여기지 않는 것입니다. 동시에 (포도의 숙성을) 기다리는 것을 두려워하지 않는 것이지요." 신중하면서도 대담한 에치오의 인품은 와인에 그대로 나타난다.

아유키! VdT 2014
a-yuki! VdT 2014
일본 수입사 사장의 3남이 태어난 해를 기념해, 그 이름을 와인에 붙였다. 맑고 강한 바르베라의 매력이 활짝 피었다.

비나주 VdT 2015
Vinage VdT 2015
2014년에 수확한 그리뇨리노(Grignolino) 30%, 2015년에 수확한 메를로 50%와 네비올로(Nebbiolo) 20%를 사용해서 만든 와인. 방법은 복잡하지만 목넘김은 경쾌하다.

DATA ● Trinchero

박사의 지혜와 경험＋자연과의 조화가 만든, 독특하고 신비한「코리니 맛」

카제 코리니
Case Corini

돈을 쫓지 않는 와인양조는 "가훈이 와인으로 생계를 유지하면 안 된다고 되어 있기 때문"이라고 한다.

아킬레 VdT 2015
Achille VdT 2015
바르베라와 네비올로를 반씩 심은 구획의 포도로 만든 와인. 2015는 바르베라가 메인이다. 카제 코리니에서는 가장 어릴 때부터 즐길 수 있는 와인.

「프로페서」라는 애칭으로 알려진 지식의 거장, 로렌초 코리노(Lorenzo Corino). 1846년 피에몬테의 코스틸리올레 다스티(Costigliole d'Asti)에 설립된 카제 코리니의 5대 오너 로렌초(1947년, 바르베라가 풍년인 해에 출생)는 와인 관련 지질학 전문의 농학박사로, 이탈리아에서는 연구자나 컨설턴트로 더 유명하다. 바르베라를 메인으로 훌륭한 와인을 만드는 양조가로서의 모습은 이웃들에게도 많이 알려지지 않았다.

14ha의 농원 중 5ha가 포도밭이며, 포도나무는 모두 65년 이상의 올드 바인이다.

그중에서도 수령 90년이 넘는 바르베라로 만든 와인이 톱 퀴베〈라 바를라(La Barla)〉인데, 최소 3년, 빈티지에 따라서는 5년이라는 오랜 숙성기간을 거쳐 출하된다.

그 외에 비교적 어릴 때부터 즐길 수 있는〈아킬레(Achille, 바르베라와 네비올로)〉, 네비올로를 메인으로 만든〈첸틴(Centin)〉, 로렌초가「가장 나를 혹사시킨 밭」이라고 농담으로 말한, 다양한 실험의 무대가 된 브리코(Bricco) 밭의 바르베라를 중심으로 이름도 없는 지역 품종을 함께 발효시키고 같은 이름을 붙인〈브리코〉등 4종의 와인이 있다.

이들 와인의 공통점은 압도적인 응축감과 이와 상반되는

부지 중 가동되는 면적은 약 1/3. 나머지는 다음 세대의 와인양조를 위해 휴경지 상태이다. 농원 전체가 완전한 생태계를 이룬다.

미끄러지듯 넘어가는 목넘김이다. 그 뒤에 찾아오는 「코리니 맛」이라고 부르고 싶은, 한마디로 표현하기 어려운 신비한 여운은 우아한 태도와 늘 호기심으로 눈이 빛나고 익살맞은 농담을 연발하는 로렌초 본인의 분위기와 어딘가 겹쳐진다.

"와인양조에서 가장 중요한 것은?"이라는 질문에는 "와인양조의 기본은 최고의 포도를 수확하는 것, 셀러에서는 단지 포도를 보조할 뿐 인간의 개입은 최소한으로 충분합니다. 이를 가능하게 하는 건 코리노 가문의 오랜 역사 속에서 만들어진 완벽하게 균형 잡힌 밭입니다"라고 답했다.

"자연과의 조화를 소중히 하면서 지속 가능한 농업을 지원하고 싶습니다"라는 철학은 대대로 이어져 온 것인데, 로렌초에게 와인양조는 그 철학을 증명하는 일이기도 하다.

"특히 최근에는 기술이 발달해서 본질적인 와인양조가 사라지고 있다고 느낍니다."

코리노 가문의 밭은 한 번도 갈지 않아, 땅속 미생물이 활하게 움직여 푹신푹신하며 향기로운 냄새를 간직하고 있다.

수확은 포도의 생리학적 에너지가 충만한 단계에서 하는데, 그 지표는 씨의 성숙도다. 깨물면 견과류처럼 바삭하게 갈라지는 상태가 됐을 때, 씨는 그 역할을 끝내고 다음 세대에 생명을 남길 준비를 완료한다.

동시에 과일도 가장 건강하고 온전한 성숙을 끝내고, 와인이라는 발효 음료가 되는 데 최적인 상태라고 판단한다.

2013년에는 농업에 관한 이론을 「메토도 코리노(Mètodo Corino, 코리노 이론)」로 정리해, 이에 동조한 토스카나의 실업가 안토넬라 마눌리(Antonella Manuli)와 공동 프로젝트로 파토리아 라 말리오사(Fattoria la Maliosa) 포도원을 설립하고 와인양조에 반영하고 있다.

농원에서 순수배양된 듯한 미모의 6대손인 귀도(Guido)는 "선조의 공적을 자랑스럽게 생각합니다. 그것을 기준으로 내가 중심이 되어 진행하는 일도 늘었습니다. 앞으로는 자각을 갖고 더 정확하게 일하고 싶습니다"라고 말한다.

카제 코리니에서는 발효 후, 일반 생산자가 압착하는 단계에서 탱크 아래의 밸브를 열어 포도 자체의 무게로 으깨져 나오는 액체인 프리 런만 병입한다.

그런데 그전까지는 폐기했던 프레스 런(압착한 과즙)도 충분히 맛있다는 일본의 수입사 비나이오타의 권유로 만든 〈비노트(Vinot, 매그넘)〉도 현재 네 빈티지째 진행 중이다. 2007, 2009, 2010은 단일 빈티지이며, 2011, 2012, 2013은 세 빈티지를 블렌딩했다. 아쉽지만 일본에서만 마실 수 있다.

바를라 VdT 2011
Barla VdT 2011

2011년은 더운 해여서 좀처럼 발효가 끝나지 않아 나무통에서 5년 이상 발효, 숙성시켰다. 아마로네(Amarone, 이탈리아 레드와인 중 가장 강한 맛을 내는 명품 와인) 같은 농밀한 풍미가 특징이다.

DATA ● Case Corini
http://lorenzocorino.com/

실험을 반복하여 품종 특성을 탐구하는
진술한 자세의 와인 장인

에우제니오 로지
Eugenio Rosi

소중히 아끼는 마르제미노 품종은 울타리 외에도 유럽에서는 보기 드물게 시렁을 이용한 재배방법도 시도하고 있다.

카베르네 프랑 13, 14, 15
Cabernet Franc 13,14,15
접붙이지 않고 자기 뿌리를 가진 카베르네 프랑으로 만든 와인을 3년에 걸쳐 계속 보충하며 발효시켜 놀라운 항산화 작용이 있다. SO₂없이 장기 숙성하여 유연하고 부드러운 풍미.

모든 면에서 검소한 에우제니오 로지. 자라는 대로 기른 머리, 오래 입어 낡은 셔츠, 모두 6ha의 빌린 밭도 방치된 땅을 직접 개간한 것이라고 한다. 셀러만은 유난히 훌륭한 저택인데, 사실 지하만 빌린 것이다. 하지만 와인은 혁신적이며 아름답고 불가사의한 매력을 간직하고 있다.

에우제니오가 있는 곳은 북이탈리아 트렌티노 남부 도시 로베레토(Rovereto) 근교의 볼라노(Volano) 마을. 옛날 아디제(Adige)강의 바닥이었던 곳으로, 벽돌을 만드는 양질의 점토 산지이다. 에우제니오의 아버지도 벽돌로 난로를 만들었다.

농업 관련 일을 하고 싶었던 에우제니오는 산 미켈 알라디제(San Michele all'Adige)의 와인 인스티튜트에서 공부하고, 트란티노의 와인협동조합에서 양조책임자로 일했다. 하지만 관행농법과 교과서대로 만드는 와인이 적성에 맞지 않아, 11년째에 자신의 와인을 만들기 위해 회사를 그만두었다.

밭을 빌리기 위해 동분서주한 결과, 마침내 마을 중심에 있는 공원에 딸린 밭을 발견했다. 2001년의 일이었다.

에우제니오의 바람은 단 한 가지. 지역 품종, 그중에서도 마르제미노(Marzemino, 레드)로 와인을 만드는 것이었다. 하지만 이 품종은 껍질이 얇아서 병에 약하고 모래땅 토양에도 맞지 않았으므로, 적절한 품종인 카베르네 프랑을 심었다. 아

최근에 사들인 공원에 딸린 밭 외에는 모두
급경사. "남이 원하지 않는(사람 손을 타지
않은) 밭이야말로 잠재력이 있습니다"라고
말하는 에우제니오.

침부터 오후까지 해가 내리쬐는 밭에서 자란 포도는 비료나 농약에 기대지 않고도 건강하고 온전하게 자랐다. 이 자신감이 자연 재배로 전환하는 계기가 되었다. 이제는 극히 소량의 보르도액을 제외하고는 무비료, 무농약으로 재배한다. "후쿠오카 마사노부의 책을 좋아해서 자주 읽어요. 바이오다이나믹에도 찬성하지만 유감스럽게도 규칙이 너무 많습니다. 자연은 인간이 속박할 수 없어요. 밭을 하나하나 관찰해서 임기응변으로 대응해야 합니다."

샤르도네를 심은 바라사(Barassa) 밭은 무려 표고 800m에 있어서 나에게는 거의 등산이었지만, 에우제니오는 얼굴색 하나 변하지 않고 "나는 행운아예요. 사람들이 밭을 방치해 가격이 내려가서 빌릴 기회를 잡았지요. 표고가 높을수록 좋은 포도를 수확할 수 있습니다"라고 말했다. 화학비료나 제초제, 살균제가 이 땅에 들어오기 전에 방치된 땅이어서, 약품에 오염되지 않은 것도 큰 장점이다.

그 옆에 있는 친퀘 테라체(Cinque Terrazze, 5계단 밭)는 동물들이 만든 통로를 통해 들어가야 되는 밭으로, 원래는 길이 없었지만 3년 동안 관청과 교섭해서 길을 내는 데 성공했다. "끈질기게 버텨서 이겼어요"라고. 모암에 점토질 자갈이 섞인 토양이어서 주로 노시올라(Nosiola, 화이트)를 재배한다.

그가 염원하던 마르제미노는 볼라노 마을의 평지에 있는 밭에서 재배한다. 병에 약해서 어릴 때 수확하는 생산자가 많지만, 늦게 여무는 이 품종은 그렇게 해서는 본래의 개성이 발휘되지 않는다. 에우제니오는 울타리나 시렁을 세우는 등 햇빛을 충분히 받을 수 있는 방법을 연구한 끝에 완숙 상태로 수확한다. 100% 마르제미노로 만든 〈포이에마(Poiema) 2014〉는 어릴 때는 병약했으나 이제는 건강하게 자라 아버지를 도와주는 딸의 이름을 딴 와인이다. 해에 따라 일부는 그늘에서 말린 포도로 만든 스위트와인 파시토(Passito)를 첨가해 응축감을 낸다. 2014년은 파시토를 50% 정도 섞어서 신선함과 복잡한 맛이 공존하는 맛이라고.

〈트레디치 콰토르디치 퀸디치(Tredici Quattordici Quindici = 13, 14, 15)〉는 세 가지 빈티지의 카베르네 프랑을 블렌딩한 야심작. 모두 자기 뿌리로 재배한 포도이며 2015 빈티지를 발효하는 도중에 2014, 2013 빈티지를 몇 차례에 나누어 더함으로써, 효모의 활성화가 촉진되어 놀랄 만한 하모니가 생겼다. 그 밖에도 항산화력을 높일 목적으로 샤르도네를 압착하고 남은 찌꺼기를 더한 로제와인 등 에우제니오의 와인은 도전정신의 산물이다. 시음 적기를 확인한 시점에 출하되기 때문에 여러 빈티지가 혼재하는 점도 흥미롭다.

DOC 에세제지 2013
DOC Esegesi 2013
카베르네 소비뇽 80%, 메를로 20%를 50일 침용, 24개월 나무통 숙성, 36개월 병내 숙성. 섬세한 풍미와 깊은 여운으로 숙성이 기대되는 와인.

DATA ● Eugenio Rosi

마시기 편한 순수한 와인을 목표로,
인생의 절반 이상을 테롤데고와 함께

엘리자베타 포라도리
Elizabetta Foradori

티나하(암포라) 155개가 늘어선 모습은 장관이다. "도기의 구멍은 와인이 호흡하는 데 최적"이라는 엘리자베타.

세계에서 가장 영향력 있는 여성 와인메이커 중 한 명으로 불리는 엘리자베타 포라도리. 엘리자베타는 양조인생 대부분인 35년을 지역 품종인 테롤데고(Teroldego)에 바쳤다. 테롤데고는 이탈리아 최북단의 돌로미티(Dolomiti) 산맥에 둘러싸인 캄포 로탈리아노(Campo Rotaliano) 평원 외의 지역에서는 별로 볼 수 없지만, 피노 누아의 친척이라는 이야기도 있는 적포도이다. 28ha 밭의 75%를 차지하는 이 품종을 엘리자베타는 「나의 심장」이라고 부른다.

 "나는 밭에서 태어나 셀러에서 자랐습니다"라고 이야기하는 그녀 인생의 최대 전환점은 11살에 찾아왔다. 아버지 로베르토가 암으로 갑자기 세상을 떠났고, 와인양조에 대한 지식이나 경험이 없던 어머니 가브리엘라는 외동딸에게 와이너리의 운명을 맡겨서, 엘리자베타는 학교에서 돌아오면 직원들을 도우면서 일을 배웠다. 와이너리는 엘리자베타의 할아버지 비토리오가 1939년에 산 것으로, 아득한 옛날부터 이탈리아, 오스트리아, 독일, 스위스의 문화적 교차점으로 불린 이 마을의 와인 고객은 합스부르크 제국의 부유층이었다. 2대째 오너인 로베르토는 1960년에 자체 병입을 시작해 현지 협동조합에 도매로 판매했다.

 1984년에 명문 산 미켈 알라디제(San Michele all'Adige)

테롤데고 「포라도리」
IGT 2014
Teroldego 「Foradori」 IGT 2014
13개 구획의 테롤데고 포도를 블렌딩해서, 토지가 아닌 포도 본래의 개성을 표현했다.

배경이 된 돌로미티산맥이 그림 같이 아름다운 밭. 취재로 방문한 날에는 마침 바이오다이나믹 조제를 만들고 있었다.

의 와인 인스티튜트를 졸업한 엘리자베타는 대량생산에서 품질을 중시하는 와인양조로 전환하기로 결심했다. 그녀의 눈길을 끈 것은 「거칠지만 깨끗한 산미가 마음에 든」 지역 품종 테롤데고였다. "캄포 로탈리아노를 흐르는 노체(Noce)강은 산에서 자갈과 모래를 영양분처럼 가져다줍니다. 테롤데고는 이 토양을 아주 좋아하지요." 시렁을 울타리로 바꾸고, 15종 정도의 클론으로 마살 셀렉션을 시행하고, 해충 필록셀라에 내성이 있는 모래땅에서는 접붙이지 않은 묘목도 시험하였다. 그렇게 하면서 밀식(密植), 수량 제한, 손 수확을 철저히 지켜서 수확한 품질 높은 테롤데고를 프랑스산 작은 오크통으로 숙성시킨 리저브 와인(와이너리에서 가장 좋은 와인) 〈그라나토(Granato)〉를 1986년에 출하했다. 약 10년 뒤에는 와인잡지 《와인 스펙테이터》에서 96점이라는 고득점을 획득했다. 하지만 현지의 오랜 고객에게는 인기가 없었으며, 로베르토 시대의 와인을 원한다는 의견에 엘리자베타는 정신적으로 불안정한 상태에 빠졌다. 그녀는 사실 어느 쪽도 좋아하지 않았다.

"결점이 없는 와인을 만들기 위해 필사적이었습니다. 토지의 목소리에 전혀 귀를 기울이지 않았어요. 그때 만든 와인에는 혼이 없었습니다." 엘리자베타는 선대의 유산을 지키고 가

족을 굶기지 않겠다는 압박과 필사적으로 싸웠던 것이다.

본래의 농업으로 되돌아가기 위해 찾은 것은 책이었다. 루돌프 슈타이너에게 깊이 빠져서 2002년부터 바이오다이나믹을 시작했다. "토지가 활성화되려면 3년이 걸린다고 하는데, 내 밭은 균형을 찾는 데 7년이 걸렸습니다." 그 뒤 시칠리아 코스 와이너리의 주스토 오키핀티(p.203 참조)를 만나면서 배양효모를 사용하지 않고, 오래 침용시키며, 펀칭다운(위로 떠오른 포도껍질을 눌러 색과 타닌을 추출하는 작업) 횟수를 줄이고, 병입할 때 외에는 SO$_2$를 사용하지 않게 되었다. 인적, 화학적 개입을 줄이자 와인에 점점 싱싱한 에너지가 증가했다.

2008년부터는 스페인산의 티나하(Tinaja)라는 점토를 구워 만든 발효용기를 사용하고 있다. "점토는 토양과 우주를 잇는다"라는 슈타이너의 이론에서 생각해냈다고 한다. 현재 155개나 되는 티나하가 지하 저장고에 늘어서 있다.

"와인은 순수하고 깨끗하며 강렬해졌습니다. 나는 과학을 배운 사람이어서 이 변화를 인정하는 데 시간이 걸렸지요."

2012년부터는 대학에서 철학과 양조학을 공부하고 독일, 프랑스, 아르헨티나에서 경험을 쌓은 아들 에밀리오가 합류했다. 우여곡절을 거친 지금, 앞으로 만들고 싶은 와인에 대해 묻자 "마시기 편한 와인을 만들고 싶어요. 식사를 방해해도 안 되고 너무 무난해도 안 됩니다. 그런 와인을 만드는 것이 가장 어렵지 않을까요?"라며 웃는 얼굴로 대답했다.

테롤데고 「모레이」 암포라 IGT 2011
Teroldego 「Morei」 Anfora IGT 2011
이 지방 사투리로 「진한 색」을 의미하는 단일 밭 모레이에서 수확한 응축감 있는 포도로 만든다. 암포라에 의해 균형 잡힌 풍미로 완성.

DATA ● Elizabetta Foradori
http://www.elisabettaforadori.com

스스로 찾아낸 새로운 세계,
밀레니얼 세대의 자유로운 와인!

밀란 네스타레츠
Milan Nestarec

"와인양조는 나의 사명이자 나를 표현하는 수단입니다. 내추럴 와인을 만들어 각지의 시음회에 나가면서 세계가 넓어졌어요"라고 말하는 밀란.

다양한 내추럴 와인 이벤트에서 주목받는 잇 보이(It boy) 밀란 네스타레츠. "이런 방법이 있었구나" 하고 무릎을 치게 만드는, 누구도 생각지 못한 자유로운 방법(게다가 뛰어난 완성도!)에는 1988년생 밀레니얼 세대 특유의 기세가 있다.

네스타레츠 가문은 수도 프라하보다는 오히려 오스트리아 빈에 가까운 체코 제2의 도시 브르노(Brno)에서 차로 1시간 정도 동쪽으로 가야 되는 남모라비아의 모라프스키 지슈코프 (Moravský Žižkov) 마을에서 대대로 농업에 종사해왔다.

체코의 와인양조는 나라의 전후 역사와 큰 연관이 있다. 1945년 이후 철의 장막의 동쪽, 소련의 위성국이 된 체코의 와인생산은 국가의 통제를 받았지만, 밀란의 아버지 밀란 네스타레츠 시니어는 독일의 팔츠(Pfalz)에서 살길을 찾아 약 20년 동안 와인을 양조했으며, 1989년 벨벳혁명으로 공산정권이 무너지고 2년 뒤에 고향으로 돌아왔다. 2001년, 13살이 된 밀란은 아버지의 오른팔이 되었다.

"재배·양조 전문학교에 진학해 처음으로 직접 포도를 수확하고 와인을 만든 것은 그로부터 2년 뒤였습니다. 학교에서 배운 것은 관행농법으로, 카탈로그에서 고른 배양효모와 첨가물을 듬뿍 사용하는 양조방법인데, 그렇게 4년 동안 와인을 만들었지만 행복하다고 느낀 적은 없었습니다."

진 토닉 2015
Gin Tonic 2015
"모라비아 지방은 소비뇽 블랑에 적합하지 않다"라는 정설에 30%는 껍질과 함께 침용, 70%는 바로 압착해서 블렌딩하는 방법으로 도전.

러브 미 헤이트 미 2015
Love Me Hate Me 2015
마치 재스민차 같다. 게뷔르츠트라미너(화이트)의 새로운 가능성이 표현되었다.

"밭은 나에게 영감을 줍니다. 와인양조에 대한 아이디어가 떨어진 적은 없습니다"라는 밀란.

외국 와인을 마시거나 책을 통해 알게 된 바이오다이나 믹에 대해 질문해도 교사들은 대답해주지 않았다. 전환점은 2007~2008년에 찾아왔다. 스킨 콘택트에 대해 알고 싶어 몇 차례나 이탈리아와 슬로베니아를 방문했기 때문이다.

"모비아*나 다리오 프린칙을 만나, 교과서대로 하지 않아도 된다는 것을 알았습니다. 와인은 완벽하지 않아도 됩니다. 애초에 완벽이란 무엇일까요? 수확한 포도를 통해 자신을 표현하는 것이 중요합니다. 내추럴 와인은 나를 자유롭게 합니다."

모라프스키 지슈코프 마을과 벨케 빌로비체(Velké Bílovice) 마을에 있는 합계 13ha의 밭은 대부분 뢰스(황토) 토양이다. 그뤼너 벨트리너, 웰치리슬링(Welschriesling), 뮐러 투르가우(Muller Thurgau), 노이부르거(Neuburger) (이상 화이트), 블라우프렌키슈, 상크트 라우렌트(Sankt Laurent) (이상 레드) 등 나로서는 자주 방문하는 오스트리아에서 낯이 익은 품종을 재배하고 있다.

밀란의 와인은 대부분 스킨 콘택트를 하는데, 필요 이상의 껍질 추출은 신선함을 떨어뜨리고 균형을 무너뜨린다고 생각해서 며칠 또는 길어도 2주 정도만 하거나 스킨 콘택트를 하지 않은 와인과 블렌딩한다.

라인업을 빠짐없이 소개하고 싶을 정도로 흥미로운 와인이 즐비한데, 굳이 하나를 꼽자면 〈포드퍽(Podfuck) 2015〉가 가장 으뜸이다. 100% 피노 그리로 만드는데, 14일 동안 스킨 콘택트해서 청징이나 여과 없이 병입하고, SO₂는 첨가하지 않는다. 아세로라 같은 발랄한 산미와 싱싱한 바이브레이션이 있다. "피노 그리는 그리(회색) 포도여서 화이트품종처럼 다루면 안됩니다"라는 밀란. 포도의 복잡한 맛과 신선함이 훌륭하게 표현되어 있다. 체코어로 속임수라는 뜻을 지닌 「Podfuk」의 u와 k 사이에 c를 넣은 것은 밀란 특유의 조크이다.

〈왓 더 플로르(What the Flor)〉는 100% 그뤼너 벨트리너 와인이다. "이 품종은 플로르(산막효모)와 함께 있는 것이 이상적입니다. 그런 생각을 갖게 된 것은 사실 균이 번식해서 생긴 우연의 산물 때문인데, 생각지도 못한 흥미로운 맛이 되었습니다." 이 와인도 절반은 스킨 콘택트한 다음 압착한 과즙과 섞어서 7개월 동안 앙금과 함께 숙성시켰다. 젤리 같은 독특한 향이 특징이며, 투명함과 숙성감이라는 2가지 상반된 요소가 공존하는, 밀란 특유의 매혹적인 세계를 맛볼 수 있다. 밀란의 모토는 "베스트 빈티지는 내년!"이다. "최고 걸작은 차기작"이라고 말한 채플린 같다.

미키 마우스 2015
Miky-mauz 2015
웰치리슬링(화이트)이 이토록 신선하다니! 영원한 아이돌 미키 마우스에게 바치는 와인.

DATA ● Milan Nestarec
http://nestarec.cz/

계절 과일, 채소와 함께 포도를 키운다,
성실한 삶 속에 존재하는 와인양조

크메티야 슈테카
Kmetija Štekar

양코와 타마라. 제2차 세계대전 뒤 공산권에 편입되지 않았다면, 분명히 좀 더 일찍 주목받았을 참다운 내추럴 와인 생산자.

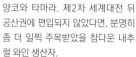

시비 피노 2017
Sivi Pinot 2017
피노 그리를 산막효모와 함께 숙성시킨 이 와인은 알코올 도수가 무려 16%. 셰리(와인에 브랜디를 첨가하여 알코올 도수를 높인 스페인 와인) 같은 향과 깔끔한 과일맛이 공존한다.

2015년 영국의 와인잡지 《디캔터》의 오렌지와인 테이스팅에서 같은 지역 출신의 믈레츠니크*, 이탈리아의 포라도리*, 레코스테* 등과 함께 동점 1위에 빛나며 이 분야의 일인자로 주목받은 양코(Jankot) 슈테카와 부인 타마라(Tamara). 하지만 이들의 생활은 유명해지기 전과 다르지 않다. 크메티야가 슬로베니아어로 농원을 뜻하는 것에서 알 수 있듯이, 계절 채소와 과일을 재배하고 가축을 키우며 살라미와 잼을 만든다. 그들을 방문한 6월, 아드리아해를 내려다보는 계단식 밭에서는 마침 앵두 수확이 끝났고, 그 반대편에는 포도나무의 새가지가 하늘을 향해 뻗어 있었다.

슈테카 가문이 대대로 살고 있는 슬로베니아 북서부에 있는 고리스카 브르다(Goriška Brda) 지구의 스네자트노 (Snežatno) 마을은 이탈리아와의 국경에 가까워서, 다미안 포드베르식*이 사는 고리치아 마을과 이웃하며, 라디콘*이 사는 오슬라브예는 2km 거리에 있다. "할아버지 시대에 이곳은 오스트리아·헝가리 제국의 영지였습니다. 아버지는 이탈리아, 나는 유고슬라비아, 아들은 슬로베니아 태생이지요. 물론 한 번도 이사하지 않았습니다"라며 시대의 흐름에 농락당한 마을의 과거를 이야기한다. 이탈리아 생산자와는 동료 의식이 강해서, 안지올리노 마울레*가 만든 뱅 나튀렐에도 참여

와이너리의 2층은 게스트하우스(방 3개)이다. 복층 스타일의 방은 편안해서 눌러앉고 싶어진다.

하고 있다.

자체 병입을 시작한 것은 크메티야 슈테카 10대 오너인 현재의 오너 얀코이다. 그전까지는 만든 와인을 협동조합에 팔았다. 스킨 콘택트는 이 지역의 전통적인 양조방법이지만, 1971년에 할아버지가 돌아가시자 아버지는 스킨 콘택트를 그만두었다. 거듭되는 전쟁으로 인해 토지가 피폐해져, 제초제와 비료를 사용하게 되었다. 그것이 당시의 유행이었다.

1992년에 아버지로부터 양조 일을 물려받은 얀코는 할아버지가 하던 방법으로 돌아가기로 결심했다. 그 이유는 동급생이던 모비아의 알레스 크리스탄치치*의 자연적인 재배(사회주의 시대에도 특권적으로 티토 대통령의 공식 와인인 고품질 와인을 양조했다), 인생을 즐기는 자세에 공감했기 때문이라고 한다. 아버지는 "와인이 팔리지 않을 것"이라고 했지만, "남을 모방하기보다 미숙한 와인이 나아요. 와인양조는 결국 시장의 요구에 맞출 것인가, 나에게 공감해주는 소비자를 생각할 것인가 중 양자택일입니다(얀코는 당연히 후자)".

5ha의 밭은 먼 옛날 바다였다는 퇴적토양으로, 자라는 힘이 강한 새가지를 얀코는 열심히 자른다. 이랑 사이의 잡초 베기, 밭 갈기 등 모든 것은 포도나무의 상태에 맞춘다. 매뉴얼은 없다. 「Less is more.」 벌레가 나와도 굳이 죽이지 않는데, 해충은 익충이 먹어서 균형을 이룬다. "나는 모든 것을 정하는 신이 아닙니다. 내 위에는 자연이 있어요. 와인양조는 즉흥 연주이니 해마다 다른 것이 당연합니다."

스킨 콘택트 기간도 정해져 있지 않다. 껍질이 완전히 떨어지는 때가 끝낼 타이밍인데, 대개 20~50일. 하지만 예를 들어 〈레불라(Rebula) 2014〉처럼 껍질이 완전히 익지 않았을 때는 스킨 콘택트를 하지 않았다. 반면 〈메를로 이즈보르 2008〉은 수확시기를 늦췄더니 좋은 귀부균이 생겨서 그대로 양조했다. 희귀한 레드 귀부와인은 압도적인 응축감이 있으면서도 목 안으로 사르르 녹아든다.

양조장 2층의 방 3개는 게스트하우스이다. 타마라는 예전에 관광국에 근무했고 그린 투어리즘이 꿈이었다. 지붕모양으로 경사진 창에서 별이 총총한 하늘과 아침해가 보인다. 아침에 일어나자 이미 밭일을 하고 온 얀코가 포도나무 옆에 심은 복숭아와 살구를 따와서는 어서 먹으라고 권했다. 조식 샐러드용으로는 나무 밑에서 자라는 루콜라와 바질을 원하는 만큼 딸 수 있다고 한다. "아침 식사가 끝나면 야생 아스파라거스를 따러 갑시다. 현지인밖에 모르는 곳이지요. 그 다음은 순지르기(포도의 새순을 자르는) 작업입니다." 와인양조는 성실한 농민의 삶 속에 있었다. 당연히 맛있을 수밖에.

피노 드라가 2011
Pinot Draga 2011
피노 그리를 약 20일 동안 껍질과 함께 침용한 응축감 있는 오렌지와인. 살구 같은 과일향에 생강향이 악센트.

밭일을 할 때 점심은 요리를 잘하는 양코의 어머니
가 준비한다. 채소와 과일 모두 직접 재배한 것이다.

밭일은 가족이 함께한다. 같은 부지 안에 사는 아버지도 중요한 일손.

포도에 생긴 귀부균도 함께 수확해서 발효시키는 것이 이 땅의 전통적
인 양조방법이다.

아드리아해와 알프스 사이에 있는 슬로베니아 북부의 산지. "4월에는 바다에서 수영한 뒤 스키를 탈 수 있어요"라는 양코.

밭은 포도와 다른 식물이 공존해서 건전한 생태계를 이루고 있다.

메를로 이즈보르 2008
Merlot Izbor 2008

귀부균이 생긴 메를로를 그대로 수확해서 발효. 무두질한 가죽, 버섯, 보이차 등, 복잡하며 고혹적인 향과 벨벳 같은 뒷맛에 압도된다.

DATA ● Kmetija Štekar
http://kmetijastekar.si

이익을 생각하지 않고,
호화로운 방법으로 만드는 영혼의 와인

모비아 / 알레스 크리스탄치치
Movia / Aleš Kristančič

"포도뿐 아니라 미생물과 사람의 힘이 하나가 되어 만드는 와인은 토지가 주는 메시지입니다. 건강하고 온전한 형태로 다음 세대에 물려줘야 합니다"라고 말하는 알레스.

루나 샤르도네 2008
Lunar Chardonnay 2008
루나는 슬로베니아어로 보름달을 의미한다. 와인의 에너지가 가장 강한 날에 병입한 와인.

푸로 로제 2010
Puro Rose 2010
스파클링와인인 로제는 100% 피노 누아로 만든 매력적인 블랑 드 누아.

DATA ● Movia
　　　http://www.movia.si/

구 동유럽 국가에서는 처음으로 최고 수준의 와인으로 인정받은 모비아. 에너지 넘치는 오너 알레스 크리스탄치치는 늘 세계를 누빈다. 와이너리의 역사는 1820년으로 거슬러 올라간다. 유고슬라비아연방공화국의 구성국인 슬로베니아의 사회주의 체제에서도 변함없이 높은 수준의 와인을 계속 만들 수 있었던 이유는, 요세프 브로즈 티토 대통령이 모비아 와인의 가치를 알고 공식 와인으로 인정했기 때문이다.

한 번 마시면 잊을 수 없는 파워풀한 와인은 알레스가 「와인의 혼」이라 부르는 앙금의 힘을 빌려 완성된다. 작황에 따라 리볼라 잘라, 또는 샤르도네로 만드는 〈루나〉는 포도 줄기를 제거하거나 압착하지 않고 나무통에 넣어 약 8개월 뒤 보름달이 뜨는 밤에 데캉타주(Décantage, 디캔팅)한다. "근원적인 와인 양조에 가까운 방법"이라고 알레스는 말한다. 오픈하기 전에 1주일 정도 똑바로 세워두면, 앙금은 가라앉고 깨끗하고 깊은 맛의 액체가 나타난다. 스파클링와인 〈푸로〉는 리볼라 잘라와 샤르도네를 블렌딩한 와인. 일반적인 관습에 따르지 않고 늦게 수확한 포도를 사용해서, 자당이 아닌 수제 모스토를 넣고 1차 발효시킨 베이스 와인을 4년 동안 나무통에서 숙성시킨다. 그 뒤에 병입하는데 놀랍게도 데고르주망(Dégorgement, 샴페인을 제조할 때 앙금을 제거하는 작업)을 하지 않는다. 와인은 앙금의 보호를 받으며 병 속에서 계속 살아 있는데, 와인을 오픈하는 것이 곧 데고르주망이며 이 중요한 작업은 소비자의 손에 맡겨지는 것이다. 이 과정이 상당히 어려우므로, 정확한 오픈 방법은 모비아의 웹사이트를 참고하는 것이 좋다.

토지의 운명과 가족의 역사를 소중히 하며,
마시면 기분이 좋아지는 와인을 만든다

플레츠니크 / 발터 & 클레멘 플레츠니크
Mlecnik / Valter & Klemen Mlecnik

발터와 클레멘 부자. 언제 어디서 만나도 품위 있고 예의 바르다. 그리고 키가 매우 크다(2m 정도?).

아나 2010
Ana 2010

아나는 발터의 할머니 이름이다. 2010은 샤르도네가 메인인데 아로마틱하며 존재감이 있다.

메를로 2009
Merlot 2009

2004년이 첫 빈티지. 메를로의 일반적인 이미지와는 달리 부드러우면서 섬세하고 깊이가 있다.

플레츠니크의 대표 와인 〈아나〉를 마실 때는, 포도가 자란 밭의 운명을 생각하지 않을 수 없다. 북이탈리아와 국경을 접하고 있지만 1991년까지 유고슬라비아였던 비파바(Vipava) 계곡의 부코비카(Bukovica) 마을에서, 사회주의라는 이름 아래 정부에 몰수됐던 할아버지의 밭을 현재 오너인 발터가 민주화의 흐름을 타고 다시 매입해, 1989년에는 자체 병입을 시작했다. 대량의 화학약품으로 피폐해진 밭은 유기농 재배를 도입하면서 다시 살아났다. 그 뒤로 발터는 요스코 그라브너를 만나 내추럴 와인에 깊이 빠져들었고, 1999년 무렵부터 스스로의 길을 모색하기 시작했다고 한다.

〈아나〉는 할아버지의 와인을 목표로 만들었다. 원래는 지역 품종 3종을 껍질과 함께 침용한 와인이었는데, 여기에 80년대 후반~90년대 초에 심은 국제품종인 샤르도네를 더했다. "당시에는 그 방법이 흥미롭다고 생각했습니다. 하지만 샤르도네는 병에 약해서 언젠가는 지역 품종만으로 만들고 싶습니다." 동시에 예전에는 7~10일이었던 침용 기간도 3~4일로 줄여서 더 마시기 편해졌다. 「마시기 편한 것과 복잡한 맛」, 상반되는 2가지 요소의 공존이야말로 발터와 아들 클레멘의 대단한 점인데, "건강하고 균형 잡힌 포도를 수확해 셀러에서 그 개성을 해치지 않으면, 포도 본래의 신선한 개성을 유지하면서 완성도 높은 와인이 됩니다." 그 뒤로 최소 3년을 재운 다음 출하한다. "진심이 담긴 와인을 만들고 싶습니다"라는 플레츠니크 부자. 전통에 얽매이지 않고 시대의 추세를 정확히 간파하고 조율함으로써, 독자적인 세계를 추구한다.

절멸 위기 품종인 수모이에 빠져 시작된,
모녀의 네버엔딩 스토리

엘스 헬리핀스 / 글로리아 가리가
Els Jelipins / Glòria Garriga

2018년에 재회한 글로리아는 2012년보다 젊어 보였다. 좋아하는 생산자를 묻자 "한 명을 꼽는다면 랑글로르*"라고 답했다.

엘스 헬리핀스 2014
Els Jelipins 2014
수모이 90%, 가르나차 10%. 개방나무통에서 발효(약 70%는 송이째)시키고, 3개월 반 동안 침용한다. 800ℓ와 1,000ℓ짜리 푸드르(Foudre, 대형나무통)와 암포라에서 36개월 동안 숙성시킨, 유연하고 복잡한 풍미.

연간 생산량이 불과 2,300병으로 가격은 10만 원이 넘고, 「산 파우(Sant Pau)」나 「무가리츠(Mugaritz)」등 카탈루냐와 바스크의 유명 레스토랑에서 「운이 좋으면」 마실 수 있는 보기 드문 와인을 여기에서 소개하는 것이 의미가 있을까 싶지만, 2012년 글로리아가 일본을 찾았을 때 마신 〈엘스 헬리핀스 2006〉은 잊을 수가 없다. 페네데스의 전통품종인 수모이(Sumoll, 수몰이라고도 함. 적포도)를 메인으로 가르나차(Garnacha)를 블렌딩한 와인은 얼마나 순수하고 아름다운지. 라즈베리와 장미꽃 향에 동양적인 향신료의 악센트가 알코올 도수가 13%인데도 은은하게 입안에서 녹아든다.

엘스 헬리핀스는 같은 이름의 와인 1종만을 위해, 2003년 농업기술자인 글로리아 가리가와 파트너이자 소믈리에인 오리올 일라(Oriol Illa)가 바르셀로나에서 서쪽으로 차로 1시간 거리에 있는, 인적이 드문 폰트 루비(Font-Rubi) 마을에서 시작한 프로젝트 와이너리이다. 오리올은 프리오라토(Priorato) 지구의 혁명가 중 한 사람으로 불린 르네 바르비에(Rene Barbier)의 아들 르네 Jr. 밑에서 일했으나, 「레시피」대로 만드는 와인에 진력이 났다. 글로리아는 와인에 대해서는 아무 것도 몰랐지만 테이스팅 능력만큼은 뛰어났다. 두 사람은 파리의 와인숍 「라비니아」의 바이어를 알게 되면서, 와인을 만든다면 내추럴이어야 의미가 있다는 생각에 이른다.

전 세계에서도 거의 이곳에서만 볼 수 있는 수모이. 대지의 힘을 모두 응축시키도록 덤불모양으로 작게 가지치기했다.

그리고 어느 날, 수모이라는 들어본 적도 없는 올드 바인이 있는 밭을 가진 나이든 농부를 만났다.

"그가 만든 와인을 마시고 놀랐습니다. 좋지도 나쁘지도 않은, 테크닉 제로인 농부의 와인. 피노 누아 같은 산미도 마음에 들었어요. 그 무렵의 스페인은 강하게 추출한 묵직한 와인뿐이었으니까요."

페네데스의 전통품종 수모이는 산미가 강한 데 비해 타닌은 적어서 와인양조에 적합하지 않다고 원산지통제명칭 와인 DO(Denominación de Origen)의 품종으로 인정받지 못했다. 카베르네 소비뇽이나 메를로 등의 국제품종으로 바꿔 심는 사람도 많았지만, 두 사람은 정성껏 키워서 완전히 성숙시키면 좋은 와인이 되리라는 것을 직감했다. 수모이로 와인을 만들자고 결심한 시점에 DO 와인은 포기했다. 100년이 넘는 올드 바인의 밭을 살 경제력이 없었으므로, 여러 밭의 소유자와 교섭해 같이 밭일을 하기로 계약을 맺었다. 모두 화학비료를 사용하지 않는 밭이지만 바이오다이나믹은 아니다. 바이오다이나믹은 스페인에서 새로운 재배방법이기 때문이다.

"건강한 포도를 키우는 것뿐입니다. 사람이 조작하지 않습니다. 포도는 저절로 와인이 됩니다. 아이를 키우는 것과 마찬가지예요. 자유롭게 놔두면 창의적인 와인이 됩니다. 목표도 정하지 않아요. 처음부터 결과를 알면 얼마나 재미없겠어요?"라고 글로리아는 그들의 방식을 설명했다. 처음 2년은 글로리아의 아버지가 소유한 오두막에서 와인을 양조했다. 포도는 송이째 발효시키는데(해에 따라 줄기를 제거할 때는 수작업으로), 수개월 동안 껍질과 함께 침용하고 시음 적기라고 판단될 때까지 나무통에서 숙성시킨다. 청징이나 여과도 하지 않고 소량의 SO_2를 더해 병입한다.

와인은 페네데스에서는 전혀 팔리지 않았지만, 바스크에 있는 레스토랑의 프랑스인 소믈리에가 극찬하자 순식간에 완판되었다. 몇 년 뒤에는 전 세계에서 주문이 쇄도했다.

"2011년에 오리올이 세상을 떠났고, 그때부터 와인은 나의 이야기가 되었습니다. 와인은 생산자를 닮으니 급진적 또는 영적인 와인이 되었을까요?" 프로젝트를 시작할 당시 5살이었던 딸 베르타(Berta)가 지금은 그녀의 오른팔이다. 글로리아를 능가하는 테이스팅 능력의 소유자라고 한다.

최근 몇 년 동안 시도하고 있는 것은 몬토네가(Montonega) 품종으로 만든 화이트와인이다(미발표). '화이트와인을 만들고 싶다, 되도록 스킨 콘택트로'라고 생각했더니 마술처럼 정말 만들게 되었다고 한다. 10월에 수확해 2월 후반인 시점에 아직 발효가 끝나지 않았다는 몬스터 와인이다. 참고로 와이너리 이름은 베르타가 만든 이야기에 나오는 요정의 이름이다. 〈엘스 헬리핀스〉 와인은 그 요정의 마력으로 보호되고 있다.

스페인에서 가장 작은 DO에 나타난,
젤 쇼베를 스승으로 삼은 신세대

마스 펠리세르 / 오리올 아르티가스
Mas Pellisser / Oriol Artigas

"어릴 때부터 사물의 구성요소에 흥미가 있었고, 이를 밝히기 위해 화학을 배워야겠다고 생각했습니다. 그렇게 젤 쇼베에게 다다랐어요"라고 이야기하는 오리올.

스페인 와인계의 신세대를 대표하는 오리올 아르티가스. 2017년에는 「브루탈(p.231 참조)」에도 참가하여 더욱 주목받고 있다.

나는 판사 블랑카(Pansa Blanca)라는 알려지지 않은 품종을 메인으로 한 〈라 룸베라〉에 매료되었다. 열대과일의 화려한 풍미에 생강 같은 악센트, 그런 응축된 감칠맛 뒤에 밀려오는 아름다운 산미. 남쪽 산지 특유의 소박한 정취가 넘치는 맛에 깨끗한 바람이 부는 듯한 뒷맛은 카탈루냐에서도 해안가에 있는 알레야(Alella)의 개성이라고 한다.

생산자의 경력을 듣고 놀랐다. 놀랍게도 대학에서는 젤 쇼베*를 마음의 스승으로 삼고 유기화학을 전공했다고 한다. 인생의 목적이 바뀐 것은 페네데스 지방에서 수확을 도울 때였는데, 연구보다는 실제로 밭에서 일하는 것에서 의미를 찾아, 2003년 22살 때부터 현지 대학의 양조학 강사로 일하면서 여러 생산자 밑에서 밭일을 배웠다. 2011년 마침내 스페인에서 가장 작은 DO의 한쪽 구석에 있는 고향 빌라샤르 드 달트(Vilassar de Dalt) 마을에 밭을 일구고 와이너리를 지었다. 7.5ha의 밭 중 오리올이 소유한 면적은 1/3, 나머지는 친구 페프가 조상 대대로 물려받은 것으로, 「마스 펠리세르」라는 상호는 농원 이름이다.

"밭에서도 양조장에서도 모든 작업이 배움입니다. 지중해와 숲에 둘러싸인 화강암 토양으로 이루어진 이 아름다운 토지의 혼을 와인에 담고 싶습니다. 새로운 빈티지를 생각하며 하루하루를 보냅니다. 그리고 그때가 오면 나의 감성에 귀를 기울여 와인과 마주합니다"라고 조용히 이야기한다.

라 룸베라 2017
La Rumbera 2017
「룸바 무용수」를 의미하는 경쾌한 맛의 화이트와인. 지역 품종을 25%는 침용하고, 75%는 바로 압착해서 블렌딩.

엘 룸베로 2017
El Rumbero 2017
「남성 룸바 무용수」를 의미한다. 시라, 메를로, 수모이 등을 다양한 방법으로 발효시킨 부드러운 레드와인.

DATA ● Oriol Artigas

내추럴 와인계의 대형 프로젝트,
세계로 확산되는 브루탈의 탄생 비화

멘달 / 라우레아노 세레스 외
Mendall / Laureano Serres

카탈루냐에 있는 멘달의 오너 라우레아노 세레스. 브루탈을 만드는 생산자는 전 세계로 확산되고 있다. 레 뱅 피루에트(Les Vins Pirouettes, 크리스티앙 비네), 록타뱅, 라 보엠, 르 텅 데 세리즈 (이상 프랑스), 레 코스테(이탈리아), 파르티다 크레우스(Partida Creus, 스페인), 구트 오가우, 크리스티안 치다 (이상 오스트리아) 등.

멘달 브루탈 2015 / 2016
Mendall Brutal 2015 / 2016

수령이 어린 가르나차를 10일 동안 껍질과 함께 침용한 뒤, 4개의 암포라에서 9개월 동안 숙성시켜서 만든다. 전체의 25%는 2015 와인이 섞여 있다.

사신이 낫을 내리치는 라벨이 인상적인 와인 〈브루탈〉. 브루탈을 생산자 이름이라고 생각하는 사람도 있겠지만 그렇지 않다. 브루탈은 내추럴 와인 역사에 있어 가장 중요한 프로젝트이다. 2010년 스페인 카탈루냐에 있는 에스코다(Escoda)의 오너 후안 라몬(Juan Ramon), 멘달의 오너 라우레아노 세레스, 프랑스 랑그도크에 있는 라 소르가(La Sorga)의 오너 안토니 토르튈(Antony Tortul), 그리고 같은 지역의 레미 푸졸(Remi Poujol) 등 4명의 생산자가 시작했다.

사건의 발단은 2명의 카탈루냐 사람이 랑그도크를 방문한 일이었다. 랑그도크의 와인을 시음한 카탈루냐 사람들은 와인을 전혀 뱉지 않고, 한 모금 마실 때마다 「브루탈」을 반복했다. 이를 보던 랑그도크 사람들은 불안해져서 결국 우리 와인에 무슨 불만이 있는지 물었다. 그러자 "아, 미안합니다. 브루탈은 원래 거칠다는 뜻이지만, 최근에는 정말 맛있을 때 사용합니다. 매우 좋습니다(Super BON!)"라고 대답했다. 그래서 이 대박 와인은 〈브루탈〉이 되었다. 사용한지 오래된 내추럴 와인이라는 표현보다 멋지다고 생각한 것이다. 브루탈 와인의 대전제는 밭에서도 양조장에서도 아무것도 더하지 않을 것, 생산량은 나무통 1개(또는 200병)이다. 그리고 이 점이 중요한데, 와인은 약간 결점이 있을 것(교과서적인 와인의 기준으로!), 하지만 그 결점이 좋은 의미로 와인의 개성이어야 한다. 몇 년 뒤에는 훨씬 근사해질 것이다. 브루탈을 만들 자격은 누구에게나 폭넓게 부여된다. 단, 열정을 갖고 와인을 만드는 경우에 한해서지만.

무려 표고 1300m 이상,
깔끔한 산미는 독특한 테루아에서

바랑코 오스쿠로
Barranco Oscuro

스페인 역사 속 혼란스런 체험이 마누엘 와인에 진하게 반영되어 있다.

라 트라비에사
부르부하스 2017
La Traviesa Burbujas 2017

비히리에가(Vigiriega, 화이트)의 고운 기포가 특징인 스파클링와인. 트라비에사는 「장난꾸러기」라는 뜻이다. 라벨은 미국 영화 「말괄량이 마리에타」(1935)에서 유래한 것이다.

루바이야트 2012
Rubaiyat 2012

100% 시라로 만든 와인. 베리류와 향신료의 향이 섞인다. 와인 이름은 페르시아 시인 오마르 하이얌(Omar Khayyám)의 시집에서 딴 것이다.

DATA ● Barranco Oscuro
http://www.barrancooscuro.com/

바랑코 오스쿠로의 매력은 누가 뭐래도 발랄한 산미다. 안달루시아 지방의 그라나다에서 남동쪽으로 46㎞ 떨어진 알푸하라(Alpujarra) 마을에 있는 체로 라스 몬하스(Cerro Las Monjas) 밭은 시에라네바다산맥의 남쪽 경사면에 있으며, 표고가 1,368m로 유럽의 유기농 재배지 중에서 가장 높다. 그래서 이런 산미가 유지된다고 한다.

오너 마누엘 발렌수엘라(Manuel Valenzuela)는 60년대 중반 마드리드의 대학에서 화학을 전공했으나 시에 빠져 중퇴하고, 프랑코 정권 아래에서는 자유로운 표현 활동이 어려워 약 15년에 걸쳐 바르셀로나, 파리, 빌바오를 전전하며 리서치회사, 시장, 목공소 등에서 일해 생계를 유지했다고 한다. 1979년, 마침내 고향 마을로 돌아와 19세기에 지어진 낡은 집에서 와인을 만들기 시작했는데, 그 이유는 집에 양조장이 딸려 있었기 때문이다. 마을은 원래 와인생산이 번성했으나, 해충 필록셀라가 맹위를 떨친 뒤 대부분 포도나무를 아몬드나무로 바꿔 심었다. 처음에는 비노 코스타(Vino Costa. 섞어서 심고 함께 발효시킨 와인)를 협동조합에 납품했지만 1981년에 자체 병입을 시작했다. 화학약품을 사용하지 않고, 페드로 히메네스(Pedro Ximenez), 몬투아(Montua) 등 멸종 직전이던 전통 품종으로 이 토지의 개성을 반영한 특별한 와인을 만들고 싶었다고 한다. 1984년에 지중해 연안 나라들을 여행하면서 그 생각은 더 확고해졌다. 2003년, 아들 로렌소(Lorenzo)가 합류했다. "우리 포도는 밭에서도 양조장에서도 느긋하게 기다리면 자연스레 발효되어 와인이 되어버립니다(웃음). 마신 사람도 자유로운 기분을 느꼈으면 합니다!".

아버지에게 비밀로 만든 내추럴 와인이
독일 전통 산지의 와인을 바꿨다!

외콜로기셰스 바인구트 슈미트 / 비앙카 & 다니엘 슈미트
Ökologisches Weingut Schmitt / Bianka & Daniel Schmitt

영원히 이어질 것처럼 보이는 밭 한가운데의 외길은 라벨에 그려진 모습 그대로이다.

리슬링 나투어 2017
Riesling Natúr 2017
내추럴 시리즈는 SO₂를 첨가하지 않고, 1,200ℓ짜리 대형 나무통에서 숙성시킨다. 독일의 리슬링에 대한 이미지가 바뀔 것이다.

슈패트부르군더 2016
Spatburgunder 2016
100% 피노 누아로 만든 와인. 산미가 깨끗하고 수수한 느낌은 맛국물을 사용한 일본 요리와도 잘 어울린다.

DATA ● Ökologisches Weingut Schmitt
https://gutsschaenke-schmitt.de

재능 있는 젊은 생산자의 출현으로 주목 받는 라인헤센. 그 선봉장은 다니엘 슈미트와 부인 비앙카. 슈미트 가문은 200년 이상 이어진 와인농가로, 1990년대에 자체 병입을 시작하고 2007년에 유기농 재배를 시작했지만, 발효는 예전처럼 배양효모로 하고 있었다.

내추럴 와인으로 바꾸는 계기가 된 것은 2012년, 헝가리 부다페스트에서 21살의 비앙카가 연수를 받으러 온 일이었다.

"제가 일하고 싶은 와이너리 후보 중에 슈미트가 가장 엄격할 것 같았어요"라고 비앙카는 지망동기를 말했다. 그런데 만나 보니 양조가는 25살의 젊은이. 두 사람은 1주일 만에 사랑에 빠졌고, 다니엘의 아버지가 데메테르 강연회에서 알게 된 프랑스 알자스에 있는 파트리크 마이어*의 와이너리를 함께 방문했다. "와인이 살아 있는 것처럼 과일맛이 직접적으로 느껴졌습니다. SO₂를 첨가하지 않으면 이런 와인이 만들어지는구나라고 생각했지요." 그래서 2013년, 아버지에게는 비밀로 내추럴 시리즈를 만들기 시작했고 그 와인들이 여러 박람회에서 호평을 받았다.

다음 프로젝트는 스킨 콘택트. 그중에서도 〈에어트라이히(Erdreich) 2015〉는 바커스(Bacchus, 화이트)를 주로 사용했는데, 소량 첨가한 피노 그리만 4주 동안 껍질과 함께 침용하고 대형 나무통에서 산막효모와 함께 산화숙성시켰다. 비앙카의 고향 헝가리 토카이의 스타일이다. 비앙카와 다니엘의 기호는 반드시 같다고는 할 수 없으나, 내추럴 와인을 만난 뒤로는 같은 방향성을 갖게 되었다. 참고로 내추럴 시리즈의 라벨은 비앙카가 디자인했다. 하늘이 다니엘, 대지가 비앙카. 길은 행복한 방향으로 영원히 이어진다고 한다.

포도는 이미 하고 싶은 이야기를 갖고 있다.
기분이 좋으면 아름다운 노래로 이야기한다

바인구트 리타&루돌프 트로센
Weingut Rita & Rudolf Trossen

60세가 넘어서 이제는 느긋하게 살고 싶다는 루돌프. 하지만 세계 각국의 와인생산자들이 그에게 배우려고 찾아온다.

친구이자 동지인 크리스티안 치다*가 「라스트 오브 모히칸」이라 부르는 루돌프. 내추럴 와인 생산자가 거의 없는 모젤에서 고군분투하는 씩씩한 모습에 대한 최고의 찬사이다.

1967년 아버지가 모젤 중부의 킨하임 킨들(Kinheim-Kindel) 마을에 세운 와이너리를 아내 리타와 함께 물려받았던 1978년, 루돌프는 전통을 타파하고 새로운 것에 도전하고 싶다며 바이오다이나믹 재배와 야생효모를 이용한 발효를 시작했다. 시행착오를 거듭해 자기 나름의 방법에 자신이 생기고, 와인 평가도 안정된 것은 2006년의 일이었다. 4년 뒤 「세계의 베스트 레스토랑 50(1,000명의 음식 전문가들이 선정)」에서 최고로 선정된 코펜하겐의 레스토랑 「노마」의 와인 리스트에 올랐다. 소문을 들은 유럽의 소믈리에들이 찾아오기 시작했고, 리타와 루돌프는 그들이 추천한 프랑스 루아르와 쥐라의 내추럴 와인을 만나면서 마침내 새로운 방향성을 발견했다.

"솔직히 그 진가를 이해하는 데 시간이 걸렸습니다. 특히 높은 휘발산 함유량이 문제였지요. 하지만 와인이 살아 있었어요. 이것이 본래의 와인일지 모른다고 생각하게 되었습니다. 상식을 한 번 의심해보는 것을 배웠습니다." 이들은 또한 알자스의 피에르 프릭*과 교류하며, 숙성 중인 나무통에 있

질버몬트 리슬링 파인헤르프 QbA 2016
Silbermond Riesling Feinherb QbA 2016
점판암 토양에서 유래한 미네랄 느낌과 투명함이 은빛 달(독일어로 질버몬트)을 연상시키는 데서 붙여진 이름이다. 오프 드라이(화이트와인은 잔당에 따라서 Dry, Off-Dry, Sweet의 3가지로 나뉜다)여서 음식과 잘 맞는다.

무크로흐 리슬링 푸루스 2013
Muckeloch Riesling Purus 2013
동향 경사면에 있는 구획 특유의 강렬함에 더하여, SO₂무첨가에서 유래한 복잡한 풍미가 매혹적인 와인.

프랑스 등의 시음회와 박람회에 초대받아도 팔 와인이 없다는 이유로 출품을 사양한다.

는 모든 종류의 SO₂무첨가 와인을 시음한 일이 있다. "그 수준이 놀랍지만 과연 이런 순수한 와인을 받아들일 시장이 있을까 하는 의문이 생겼습니다. 와인잔에 따르면 바로 갈변하는 와인을 마시고 싶어 하는 사람이 있을까요?" 하지만 「노마」의 소믈리에게 그 이야기를 하자 기꺼이 사겠다고 했다.

그렇게 해서 처음 만든 SO₂무첨가 와인이 〈리슬링 제로제로 2010〉. 포도는 위로 갈수록 급경사인 점이 피라미드와 닮았다고 해서 「피라미데」라 불리는, 회색과 청색 점판암의 비옥한 토양으로 이루어진 최고의 밭에서 수확한다. 이 와인이 현재 5종류가 있는 SO₂무첨가 리슬링 〈푸루스〉(라틴어로 불순물이 없다는 뜻) 시리즈로 이어졌다. 모젤의 DNA를 이어받은 백도와 백합 같은 고귀한 향이 있으면서, 산속 샘물처럼 아무런 거리낌 없이 목구멍을 통과하는 가벼운 목넘김, 그야말로 모젤 최초의 내추럴 와인이다.

하지만 오랜 고객 중에는 새로운 와인에 거부 반응을 보이는 사람도 있었고, 저널리스트의 비판을 받은 적도 있다.

"물론 결함투성이인 내추럴 와인도 있지만, 그만큼 지루하고 맛이 없는 '정통파' 와인도 있습니다. 내추럴 와인이라는 말 자체도 정의가 애매해요. 와인애호가로서 우리는 솔직하

게 내 감성대로 마시고 싶은 와인을 고르는 시대로 가는 기로에 서 있습니다. 농민으로서 나는 지금 내가 서 있는 포도밭이 있는 대지를 이해하고 싶어요. 그 독특한 성질과 역사, 이 땅에 사는 포도나무, 허브, 꽃, 곤충, 새들을. 양조가로서는 완숙한 포도가 발효하는 과정, 그 메타모르포제(métamorphoser, 변화)와 재생을 소중하게 지키고 싶습니다."

와인은 신비한 음료라고 루돌프는 말한다. 그냥 음료가 아니라 감정과 영혼에 호소하는 음료라고.

"포도는 하고 싶은 이야기를 이미 갖고 있습니다. 기분이 좋으면 와인은 그 이야기를 아름답게 노래로 표현하지요. 테마는 그들의 고향, 그해의 기후, 그리고 관여한 생산자의 열정입니다. 좋은 와인일수록 오픈 마인드이며 말이 많지요."

그렇다면 앞으로의 도전은? "우리 와인이 있는 레스토랑을 방문하는 프로젝트를 시작해서 이미 20개국을 방문했습니다. 그곳에 모인 사람들과 트로센의 와인에 대해 이야기를 나누는 것이 무엇보다 즐거워요. 그리고 언젠가 여유가 되면 독일의 내추럴 와인에 대한 글을 써보고 싶습니다."

트로센 로제 피노 누아 QbA 2017
Trossen Rosé Pinot Noir QbA 2017
수령 약 30년의 완숙한 피노 누아가 매력적인 와인. SO₂를 20mg/ℓ로 극소량만 사용해서 부드러운 풍미가 특징이다.

DATA ● Weingut Rita & Rudolf Trossen
http://www.trossenwein.de

「나의 실패가 최고의 스승」이라 말하는 독일 프랑켄의 신세대

츠바이나투르킨더
2 Naturkinder

역사가 있는 와인산지일수록 내추럴 와인이 뿌리내리기 어렵지만, 미하엘과 멜라니는 주변과의 공존을 모색해 마침내 그 실력을 인정받았다.

츠바이나투르킨더의 〈플레더마우스(독일어로 박쥐)〉를 만났을 때, 딱딱한 이미지의 독일에도 이렇게 재미있는 와인이 있다는 사실이 기뻤다. 레드와인은 피노 뫼니에(Pinot Meunier)를 세미 탄산 침용하고, 화이트와인은 뮐러 투르가우와 실바네르의 스킨 콘택트로 공략하고 있다(이 설명은 2016 빈티지에 대한 것으로, 2017의 경우 레드는 탄산 침용을 하지 않고 화이트는 스킨 콘텍트를 하지 않았다).

생산자는 런던과 뉴욕의 과학 관련 출판사에서 마케팅과 디지털 콘텐츠 운영을 담당하던 미하엘 푈커(Michael Voelker 애칭은 미하)와 멜라니 드레세(Melanie Drese) 부부.

와인에 대한 이들의 생각이 크게 바뀌게 된 계기는 2012년, 우연히 접한 프랑스 루아르의 파스칼 시모뉘티(Pascal Simonutti)가 만든 〈보아르 튀(Boire tue)〉였다. "펑키한 와인이지만 에너지가 넘쳤어요. SO_2 무첨가, 논 필터여서 포도의 모든 것이 응축되었다는 것을 깨닫고, 그 뒤로 내추럴 와인에 중독되었습니다." 그래서 내추럴 와인을 만들기로 결심하였다. 미하의 본가는 프랑켄 지방의 키칭엔(Kitzingen) 마을에서 1843년에 창업한 와이너리 「베른하르트 푈커(Bernhard Voelker)」로 밭과 양조장도 있다. 하지만 아버지는

플레더마우스 바이스 2017
Fledermaus weiß 2017
뮐러 투르가우 70%, 실바네르 30%의 블렌딩으로 가벼우면서 신선한 풍미. 위험할 정도로 술술 넘어간다.

하이마트 실바네르 2016
Heimat Silvaner 2016
경작이 곤란할 정도로 급경사면에 심은 수령 40년 실바네르의 응축감과 균형감을 남김없이 표현한 와인.

와인양조는 인생의 일부이며, 이제는 더 바랄 것이 없다는 두 사람. 취미를 묻자 "5살 아들의 성장을 지켜보는 것"이라고.

원산지명칭위원회의 중진(아펠라시옹을 인정하는 입장)으로 내추럴 와인은 와인으로 인정하지 않았다. 오래된 고객도 있었다. 내추럴 와인으로의 전환은 논외지만, 아버지는 아들에게 기대를 걸고 있었다. 아버지와 결별하면 미하와 멜라니의 신규 사업도 꾸려나갈 수 없어서 고민한 결과, 아버지의 양조장을 도우면서 자신의 브랜드 「츠바이나투르킨더」를 만들기로 했다. 2016년에는 오랜 고객을 내추럴 와인으로 인도하기 위해, 새로운 브랜드 「파터 운트 존(Vater und Sohn, 아버지와 아들)」도 시작했다. 내추럴 와인은 아니지만 자연발효이고, 여과는 매우 가볍게, SO$_2$도 20mg/ℓ 이하로 사용한다.

6ha의 밭은 현재는 모두 유기농 재배를 하고 있다. 현지의 컨설턴트와 상담하거나 해외 박람회에서 만난 동료들에게 영감을 얻고 배웠지만, 가장 큰 스승은 「자신의 실패」라고 한다. "실패의 패턴을 보고 빈티지마다 비교해서 세부적인 조정을 거듭합니다. 무엇보다 중요한 것은 토양은 살아 있으며 우리 인간과 같은 생물, 유기물이라는 점을 잊지 않는 거죠. 처음에는 유기농 재배를 하려면 기계를 갖추는 데 돈이 많이 든다고 생각했습니다. 하지만 동료들과 이야기하고 후쿠오카 마사노부의 「짚 한 오라기의 혁명」 같은 책을 읽었더니 생각한 것과

전혀 달랐어요. 나는 지금 날마다 살아 있는 토양의 힘에 놀랍니다."

아이템 수는 해마다 조금씩 형태를 바꿔서 늘리고 있다. 예를 들어 프랑켄 지방 특유의 토양인 「코이퍼(Keuper, 이회암)」에서 자란 올드 바인 실바네르를 사용한 〈하이마트(독일어로 집)〉는 빈티지(포도의 상태)별로 스킨 콘택트 일수와 숙성 기간이 달라져서, 2년 반 동안 숙성시킨 2015 빈티지가 2016보다 뒤에 출하되었다.

〈플레더마우스〉 외에도 펫 낫인 〈뱃 낫(Bat-Nat)〉 등 도처에 암호처럼 등장하는 박쥐에 대해서도 조금 설명을 하자면, 미하는 현지에서 「박쥐 영웅(bat hero)」으로 불리는 크리스티안 죄더(Christian Söder)와 함께 박쥐 보호활동을 하고 있다. 근처에 박쥐 서식지가 있어서 박쥐 똥의 퇴적물을 포도밭의 비료로 사용하는 대신, 보호단체에 기부를 하거나 널리 알리는 활동을 하고 있다. 〈플레더마우스〉에 사용한 뮐러 투르가우 밭에는 마침 박쥐가 쉬기에 딱 알맞은 오두막이 있어서 동료에게 양도받았다고 한다. 밭에는 아끼는 박쥐들이 쉴 수 있는 휴식용 상자가 몇 개나 설치되어 있다. 참고로 〈플레더마우스〉의 라벨에 그려진 박쥐는 「회색긴귀박쥐(gray long eared bat)」라는 매우 진귀한 종류라고 한다.

바쿠스 펫 낫 2017
Bacchus Pet-Nat 2017
과일맛이 진동하는 바쿠스 품종을 병내 2차발효시킨 뒤 가볍게 데고르주망(Degorgement, 앙금을 제거하는 작업)했다. 입에 닿는 느낌이 가벼우면서 뒷맛은 진하다.

DATA ● 2 Naturkinder
http://2naturkinder.de/

와인은 작황의 좋고 나쁨과 관계없다.
다만 해마다 달라지는 차이를 즐기면 된다

클라이 비엘레 제미에 / 조르지오 클라이
Clai Bijele Zemlje / Giorgio Clai

"좋은 와인은 교향곡이어야 합니다. 선율을 풍부하게 만들 곡조를 늘리기 위해 밭에서 부지런히 일합니다"라고 말하는 조르지오.

말바지아(Malvasia)는 아로마틱하고 과일맛이 강한 품종이라고 생각했는데, 〈스베티 야코브〉는 전혀 다른 음료이다. 색은 연한 적갈색이고, 말린 무화과, 장미꽃잎, 마른 풀, 뿌리채소, 동양적인 향신료의 향이 가득하며, 산미와 타닌이 촉촉하게 녹아들어 파워풀하고 품위가 있다. 석회암질 토양에서 자란 포도를 40일 동안 침용하여 얻는 풍미라고 한다. 오너 조르지오 클라이는 크로아티아에서 국제적으로 평가되는 몇 안 되는 생산자 중 한 명이다. 특히 요즘 대유행인 오렌지와인으로 주목받고 있다. 이 이름을 탐탁지 않아 하는 생산자도 있으나, 조르지오는 "부르는 이름은 무엇이든 상관없습니다. 이 땅에서 와인이라고 불리는 것은 적포도든 청포도든 모두 껍질과 함께 침용해서 만듭니다"라고 이야기한다. 어릴 적 부모님과 함께 사회주의 나라에서 도망쳐 이탈리아 트리에스테로 건너간 조르지오는 부모님이 운영하던 레스토랑을 물려받아 26년 동안 운영했으나, 1980년에 할아버지의 포도밭을 물려받으면서 조금씩 새로운 나무를 심고 언젠가는 와인을 만들고 싶다고 생각했다. 마침내 크로아티아에 돌아오기로 결심한 것은 2001년. 아드리아해로 돌출된 이스트라(Istra)반도 북서부의 브라이키(Brajki) 마을에 포도나무를 8ha, 올리브나무를 3ha 심었다. 와인양조에서 가장 중요한 것을 묻자 "테루아와 기후를 이해하는 것, 나 자신의 철학을 갖는 것, 부인을 소중히 하는 것 등 4가지입니다. 자연을 존중하면서 일하면 작황의 좋고 나쁨은 관계가 없어집니다. 단지 해마다 달라지는 차이가 생길 뿐이지요. 그것을 퀄리티라고 부릅니다."

말바지아 스베티 야코브 2015
Malvazija Sveti Jakov 2015
클라이의 대표 와인. 나무 1그루의 수확량이 겨우 1.5kg이다. 생각에 잠기게 되는 신비한 와인.

오토첸토 비엘리 2014
Ottocento Bijeli 2014
말바지아, 피노 그리, 샤르도네, 소비뇽 블랑을 함께 발효시켜서 만드는 와인. 아로마틱하며 화려하다.

DATA ● Clai Bijele Zemlje
http://www.clai.hr

JAPAN
일본

AUSTRALIA
오스트레일리아

USA
미국

MEXICO
멕시코

SOUTH AFRICA
남아프리카공화국

교과서를 버리자 펼쳐진
누구도 모방할 수 없는 Let It Be의 세계

라틀리에 드 보 페이자주 / 오카모토 에이시
L'Atelier de Beau Paysage / Eishi Okamoto

보 페이자주는 「전망 좋은 풍경」이라는 뜻이다. 해외에서도 높은 평가를 받는 오카모토의 와인이지만, 그 자신은 만약 다른 인생이 있다면 피아니스트가 되어보고 싶다고 한다.

보 페이자주, 오카모토 에이시의 출현으로 일본 와인과 내추럴 와인의 세계가 연결됐다. 일본 와인을 응원해온 사람들은 지금까지 없었던 자연적인 와인이라며 극찬을 아끼지 않았고, 내추럴 와인 애호가들은 유럽 생산자와의 공통점에 놀랐다. 프렌치와 이탈리안 셰프 중에도 열광적인 팬이 많다.

내가 처음 마신 와인은 〈라 몽타뉴 2004〉이다. 100% 메를로로 만들었는데도 투명하고 발랄한 산미는 피노 누아나 풀사르 같다. 오베르누아의 와인이 상기된 피부에서 풍기는 장미 향수의 향이라면, 이 와인은 제비꽃 향이라고 해야 할까. 조신하면서 매혹적인 풍미는 100% 카베르네 프랑의 〈르 부아(Le Bois)〉 등 다른 퀴베에서도 느껴진다.

100% 소비뇽 블랑의 〈구라하라 뉘아주(Kurahara Nuage)〉를 마신 시릴 르 무앙*은 "산꼭대기에 겨우 당도해서 발견한 샘물 같다"고 말했는데, 그 자리에 있던 그의 오랜 지인은 시릴이 다른 사람의 와인을 이렇게 칭찬한 것은 처음이라며 놀라워했다.

대학원에서 발효 화학을 배우면서 일본에서 세계적인 와인을 만드는 것은 무리라고 생각했던 오카모토가 야마나시에서 와인을 양조하기로 결심한 데는, 샤토 메르샨(Mercian)의 양조가 아사이 쇼고가 만든 〈샤토 메르샨 신슈 기쿄가하라 메

쓰가네 라 몽타뉴 2016
TSUGANE la montagne 2016

"지금까지 살면서 가장 힘든 해였지만, 결과적으로 상당히 개성적이며 흥미로운 와인이 되었습니다"라는 오카모토. 2016년의 쓰가네를 보여주는 메를로로 만들었다.

쓰가네 샤르도네 2011
TSUGANE Chardonnay 2011

깔끔한 산미가 특징이다. 최근 몇 년 동안 샤르도네가 익는 정도를 연구해온 오카모토가 이 품종의 다른 면을 알게 된 와인이라고 한다.

훌륭한 조망은 그야말로 보 페이자주라는 이름에 걸맞다. 화산재 토양으로 10년 이상 밭을 갈지 않았다.

를로)를 마신 것이 계기가 되었다. 1999년에 개간한 0.7ha의 토지는 야마나시현 호쿠토시 쓰가네에 있다. 서쪽으로 미나미알프스, 북쪽으로 야쓰가타케를 바라보는 표고 800m의 토지는, 멋진 전망 덕분에 도멘 이름을 프랑스어로 「전망 좋은 풍경」을 의미하는 보 페이자주라고 붙였다.

"사람을 감동시키는 와인을 만들려면 상식을 버리세요" 라는 아사이의 말을 듣고 진지하게 자신을 돌아본 결과, 누구의 모방도 아닌 와인양조에 도달했다. 밭은 갈지 않으며, 포도에 생긴 벌레는 하나하나 손으로 짓눌러 제거한다. 포도는 완전히 부패한 것이 아닌 한, 모두 이 토지를 표현하는 것이기에 골라내지 않는다. 양조과정에서 SO_2는 전혀 사용하지 않으며, 직접 만든 도구를 이용해 수작업으로 줄기를 제거한 뒤 자연스러운 발효를 기다리고, 펌프 없이 작은 양동이로 수십 차례나 왕복해서 나무통으로 옮겨 숙성시킨다. 병입도 사이펀(siphon) 식으로 낙차를 이용한 가는 튜브로 하기 때문에, 1시간에 150병밖에 할 수 없다. 2008년부터는 당도 첨가하지 않는다. SO_2도 샤르도네를 병입할 때 극소량을 사용할 뿐이다(첨가하지 않은 것도 있다).

전환점은 2004년이었다. 좋은 날씨가 이어진 이상적인 여름이 지나고 찾아온 수확기에 태풍을 만나 치명적인 피해를 입었다.

"자연에 감사하며 모든 것을 겸허히 받아들이지 못하고 괴로워하면서, 피해를 입은 포도로 〈트랜스(Trance)〉라는 다른 와인을 만들었습니다. 그런데 1년 뒤에 와인은 생산자의 그런 하찮은 감정을 비웃기라도 하듯, 밝고 개방적이며 순하고 맛있는 와인이 되었지요."

이것이 L.I.B.(Let it be), 아무것도 하지 않는(손대지 않는) 와인이라는 발상으로 이어졌다.

사실 나는 얼마 전에 〈라 몽타뉴 트랜스 2004〉를 마셨다. 블루베리와 매실의 향에 보이차, 생강 등의 향이 섞이고, 매우 잘 숙성된 와인이었다. "이렇게 훌륭한 와인이 되었는데 괴로워했다니 거짓말 같아요"라고 하자, "그 상황이 있었기에 지금이 있다고 생각합니다. 나는 궁지에 몰리지 않으면 아무것도 만들지 못하고, 어떤 상황이든 무언가 의미가 있다고 믿습니다. 다만 당시의 나와 지금의 내가 다른 점은 만드는 일에서 평생 벗어날 수 없다는 것을 알았다는 것"이라고 대답했다. 오카모토는 와인을 통해 자연의 법칙을 전하고 싶다고 한다.

"와인도 인간도 자연의 일부입니다. 자연에서 떨어져 생활하는 현대인이 무의식중에 자연을 느끼고 싶다고 생각할 때, 자연과 만나는 방법 중 하나가 내추럴 와인을 마시는 것 아닐까요. 와인을 마시면서 마음 속 깊이 자연과 공명할 것이라 생각합니다."

DATA ● L'Atelier de Beau Paysage

옛날 그대로의 농업에서 비롯된 테이블와인

도멘 오야마다 / 오야마다 고키
Domaine Oyamada / Kouki Oyamada

"열매가 많이 열리는 포도로 소박한 풍미를 만듭니다. 2만 원 이하가 테이블와인, 3만 원 이하가 특별한 날에 마시는 와인이라는 것이 세대 감각이지요"라는 오야마다.

세바 2017
洗馬 2017

화이트와인 〈세바〉는 함께 재배한 소비뇽 블랑, 프티 망상(Petit Manseng) 등으로 만든다. 감귤류의 향미 뒤에 은은한 쓴맛이 느껴진다.

바우! 2017
BOW! 2017

화이트와인은 델라웨어(Delaware)가 메인이고, 레드와인은 카베르네 프랑, 머스캣 베일리 A(Muscat Bailey A) 등을 블렌딩한다. 궁극의 테이블와인.

DATA ● Domaine Oyamada
http://vinscoeur.co.jp/producer_japan/

한 모금 마시고 꽉 찬 포도의 진액과 부드러운 목넘김에 놀랐다. 산지 이름만 적힌 무정한 라벨의 레드와인 〈세바 2016〉. 포도는 카베르네 프랑 품종을 사용했다. 2014년에 일본의 와인 노포인 르미에르 와이너리에서 독립한 오야마다가 회사에 다니면서 처음 구입한 밭의 포도로 만든 대표 와인이다.

40세의 늦은 독립은 "모든 포도를 자체 농원에서 조달하도록 밭을 준비했기 때문입니다"라고. 자체 농원의 포도는 재배 방법을 스스로 선택할 수 있고, 양조과정에서 포도가 어떻게 변할지 예측할 수 있기 때문이다. 회사원 시절에는 가쓰누 도서관에 있는 와인·농업 관련 책을 독파했고, 농약과 비료는 전부 실험해보았으며, 바이오다이나믹을 10년 동안 검증한 결과 현재는 유기농으로 포도를 재배하고 있다. 마살 셀렉션은 계속 진행 중. 지금은 밭에 농약이 필요하다고 느끼지 않는다.

"양조장에서는 가끔 실패하기도 합니다"라고 하지만, 독립한 이래 배양효모를 사용한 일은 없다.

"내추럴 와인의 맛을 좋아하고 이론적으로도 틀리지 않다고 생각합니다. 테크니컬 와인을 만드는 방법은 이제 잊었어요." 와인 이름은 〈BOW!(그가 좋아하는 오자키 유타카의 노래 제목)〉 외에는 전부 토지 이름이다. "서늘한 산지일수록 품종의 개성이 드러납니다. 야마나시는 그 점에서는 승부가 불가능해요. 포도를 섞어서 토지의 맛을 표현합니다."

도멘 오야마다는 농업법인 페이자나(Paysannat)의 브랜드이다. 2차 대전 전 일본의 어느 농촌마을에나 있었던 물질적·정신적 공동체 「유이[結]」 같은 단체로, 「모두가 와이너리를 갖고 있지 않아도 된다」라는 발상으로 5명의 멤버가 나카라 와이너리를 공유하며 와인을 만든다.

철저하게 밭을 관찰해서 실현한
참다운 도멘 와인

도멘 아쓰시 스즈키 / 스즈키 아쓰시
Domaine Atsushi Suzuki / Atsushi Suzuki

와이너리는 사과 저장고
였던 석조 창고로, 1년
내내 온도 변화가 적다.
작은 바스켓 프레스, 발
효용기, 나무통이 있는
매우 심플한 환경.

아치 블랑 2017
Acchi Blanc 2017

자체 농원의 케르너 품종을
100% 사용해 송이째 압착한 와
인. 단단한 산 + 미네랄과 과일맛
이 하나로 조화를 이룬다. 아치는
스즈키의 옛날 애칭이다.

DATA ● Domaine Atsushi Suzuki
http://atsushi-suzuki.jp/

이렇게 어깨의 힘을 뺀 와인이 있었던가? 홋카이도 도내 한
정 발매 〈요이치 로제 상 수프르(Yoichi Rose Sans Soufre)
2015〉는 서늘한 곳에서 잘 자라는 뮐러 투르가우와 츠바이
겔트 2종을 블렌딩한 와인이다. 갓 딴 딸기 같은 풍미와 여과
하지 않은 포도 추출물의 충만함이 기분 좋다. 생산자인 스즈
키는 〈토모(Tomo) 시리즈〉는 진한 풍미로, 아내(토모에)의
취향입니다. 반면 조건이 될 때만 만드는 〈아치 시리즈〉는 내
가 편애하는 쥐라와 루아르의 옅은 풍미이지요"라고.

스즈키 아쓰시는 홋카이도 요이치에서 자체 농원의 포도로
내추럴 와인을 만드는, 일본에서는 드문 생산자이다. 자체 농
원의 포도로 만드는 이유는 "어떻게 자랐는지 알 수 없는 포도
로 맛있는 와인을 만들 자신이 없습니다"라고 한다. "운 좋게
구한 5.6ha는 두 사람이 감당하기에는 넓지만, 2012년에 예
전 소유주에게 연수를 받아서 밭에 대해 잘 알고 있습니다."

응축된 포도를 키우고 싶다, 되도록 농약을 쓰지 않고. 이것
이 스즈키의 신념이다. 동향의 경사면은 북쪽의 바다와 남쪽
의 요테이산 사이를 건너는 바람이 지나는 길. 경사면에 수직
으로 나무를 심어 병해를 예방한다. 매일 밭을 관찰해서 포도
가 건강하게 자랄 수 있도록 신경을 쓴다. 벌레가 생기기 쉬운
케르너(Kerner) 품종에는 컴패니언 플랜트(Companion plant)
로 민트를 함께 심었다. 2년 동안 연수를 받은 소가 다카히
코*를 따라 와이너리는 매우 심플하게 꾸몄다. 앞으로의 목표
는 너무나 좋아하는 쥐라 풍미의 샤르도네를 늘리는 것인데,
소가는 "어려울 걸, 그만두지"라고 한다고(웃음).

일본 식문화에 다가서는
세계 표준의 농가 와인

도멘 다카히코 / 소가 다카히코
Domaine Takahiko / Takahiko Soga

서늘한 기후의 요이치에서는 밤사이 포도의 호흡량이 줄어 에너지 효율이 좋기 때문에, 햇빛이 잘 들지 않아도 포도의 당도가 쉽게 올라간다고 한다.

**나나쓰모리
피노 누아 2017**
Nana-Tsu-Mori
Pinot Noir 2017

맛국물과 일맥상통하는 감칠맛 같은 풍미를 지닌 일본 피노 누아의 최고봉.

**나나쓰모리
블랑 드 누아 2017**
Nana-Tsu-Mori Blanc
de Noir 2017

귀부균이 생긴 피노 누아를 꼼꼼하게 골라서 만든 오렌지와인. 벌꿀향이 있고 치즈와 궁합이 잘 맞는다.

DATA ● Domaine Takahiko
http://www.takahiko.co.jp/

2016년에 일본을 방문한 저명한 마스터 오브 와인, 잰시스 로빈슨이 "일본에서 가장 인상에 남은 훌륭한 와인"이라고 극찬한 도멘 다카히코의 〈나나쓰모리 피노 누아 2014〉. 와인 메이커들이 동경하는 품종이 일본에서도 위대한 와인이 된다는 것을 증명한 소가 다카히코는 나가노현 오부세 와이너리의 차남으로, 도치기현 코코아팜 와이너리에서 재배책임자로 10년 동안 일한 뒤, 2010년 4.6ha의 농장을 마련하고 그중 2.5ha에서 피노 누아를 유기농으로 재배하고 있다.

2018년 가을 요이치에서 오랜만에 다카히코와 이야기하다가, 그가 지향하는 것이 고급와인이 아니라는 말에 정말 놀랐다. "내가 만들고 싶은 와인은 우리가 늘 먹는 절임이나 된장국 같은 일본 식문화에 어울리는 와인입니다. 그 이미지에 가장 가까운 것이 피노 누아이지요." 송이째 발효시키는 방법을 선택한 이유는 "10월 말에 수확이 끝납니다. 눈이 오기 전에 가지치기를 해야 하니까 줄기를 제거할 여유가 없어요. 자연스레 저온침용 상태가 됩니다. 우리 발효조 안에는 건강한 사람의 장 속처럼 다양한 균이 균형 있게 존재해서 첨가물도 필요 없습니다. SO_2가 나쁘다고 생각하지는 않지만, 넣으면 확실히 '미생물의 쓴 향'이 납니다". 맛의 비밀은 근대기술이 도래하기 전에 하던 와인양조 방법이었다.

다카히코가 좋은 결과를 내면서 요이치도 주목을 받고 있다. 앞으로는 어떤 전개가 기다리고 있을까? "내추럴 와인은 나에게는 지나치게 큰 테마입니다. 그저 발효 중인 미생물에 대한 고마움을 잊지 않고 와인을 만들고 싶습니다."

과학과 전략을 구사해 완성하는,
홋카이도 남쪽 식사와 어울리는 궁극의 목넘김

노라쿠라 / 사사키 켄&가즈코
Norakura / Kazuko & Ken Sasaki

와인양조는 두 사람의 공동작업이지만, 무언가 문제가 발생했을 때는 「재배는 켄, 양조는 가즈코」에게 결정권이 있다고 한다.

2012년 프랑스에서 재배와 양조를 제대로 배운 사사키 켄과 가즈코 부부가 하코다테에 설립한 와이너리다. 그 전해에 개척한 밭은 켄의 부모님의 출신지로 어릴 때부터 익숙한 호쿠토시에 있다. "수확기에 잘 익었는데도 산미가 있습니다. 적산온도(열매가 성숙할 때까지 필요한 온도량)는 30년 전 부르고뉴의 디종과 같아요. 우리가 그리던 와인양조에 적합한 지역입니다." 두 사람이 생각하는 이상적인 와인은 탱크에서 직접 따라 마시는 것처럼 싱싱한, 홋카이도 남쪽의 식사와 잘 어울리는 와인이다. 그러려면 밭에서도 양조장에서도 첨가물을 되도록 줄이는 것이 중요하다. 자체 농원 후미즈키 빈야드의 샤르도네와 피노 누아가 생산량의 40%를 차지한다. 흙에 맞게 바탕나무를 고르고 재배방법을 정했기 때문에, 화학농약을 사용하지 않을 수 있었다. "8년 만에 덩어리 흙(떼알)이 상당히 늘었습니다." 양조할 때도 SO_2를 넣지 않는다. "SO_2를 완전히 부정하는 것은 아니지만, SO_2가 없는 와인은 순수한 풍미와 사르르 넘어가는 목넘김, 스며드는 듯한 풍미가 있습니다. 무엇보다 활어나 어란과의 궁합이 정말 좋습니다."

SO_2를 적게 넣거나 안 넣는 양조가 위험 부담이 많다는 것을 잘 아는 두 사람은 와인을 소중하게 다루는 주류판매점을 고르고, 톱 퀴베 〈노라 시리즈〉는 일부를 직접 판매하는 방법을 택했다. 그 외의 라인업은 토지의 개성을 살린 「AC 홋카이도」 〈노라 폰 시리즈〉, 자유분방하게 실험적으로 「공략한」 (기본적으로 재생산하지 않는) 〈노라 켄 시리즈〉가 있다. 현지의 동료들과 함께 2년에 한 번 개최하는 홋카이도 버전의 페스티뱅이라 할 만한 「NOMA SALUTE」도 계속 규모가 커지고 있다.

노라 루주 2017
Nora Rouge 2017

메를로와 피노 누아가 메인인 순수한 풍미와 과일맛. 홋카이도와 도쿄의 레스토랑에서도 만날 수 있다고.

노라 폰 블랑 2017
Nora Pon blanc 2017

홋카이도 땅에 맞는 케르너 100% 와인. 화려한 아로마와 단단한 질감이 공존한다. 생선요리와 함께 즐겨보길!

DATA ● Norakura
http://www.nora-kura.jp/

245

모두와 즐거운 시간을 공유하기 위해 만드는, 혁신적이고 순수한 와인

야우마 / 제임스 어스킨
Jauma / James Erskine

제임스 주위에는 늘 웃음이 가득하다. 유럽에서 연수를 받기 위해 방문하는 생산자도 많다.

루시 마고*(초대 어시스턴트), 톰 쇼브룩*과 함께 오스트레일리아의 내추럴 와인계를 이끄는 제임스 어스킨. 애들레이드(Adelaide)에서 태어난 그는 유명 소믈리에였다. "어머니가 외국인에게 영어를 가르쳤기 때문에, 저녁식사에는 늘 유학생들이 있었습니다. 그들이 자주 고향 요리를 가져오곤 해서 스파이시한 에스닉 요리에 둘러싸여 자랐지요"라는 제임스는 언젠가 자기 가게를 갖기 위해 레스토랑에 취직했는데, 소믈리에 일을 담당하게 되었다. 얼마 안 있어 다양한 소믈리에 콘테스트에서 우승하고, 심지어 대회의 심사위원까지 맡게 된 그는 와인에 대해 더 깊이 알고 싶어서 유럽으로 건너가 주로 독일과 오스트리아의 레스토랑과 와이너리에서 일했다. 그 뒤에 오스트레일리아로 돌아와 레스토랑에서 일하며 애들레이드 대학에서 농업 과학을, 캘리포니아 UC 데이비스 캠퍼스에서 양조와 유기농 재배를 배우다가 내추럴 와인을 만났다. "그때까지 알던 와인과 전혀 다른 세계관을 가진 순수한 와인이라고 생각했습니다." 제임스는 당시 일하던 레스토랑에서 오스트레일리아를 대표하는 쉬라즈(Shiraz, 시라 품종을 오스트레일리아에서는 쉬라즈라고 부른다)를 처음으로 와인 리스트에서 뺀 소믈리에가 되었다.

그리고 자신이 마시고 싶은 와인을 만들기 위해 2010년에

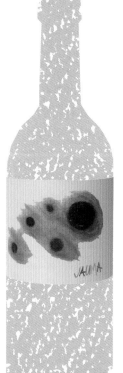

알프레드 그르나슈 2014
Alfred Grenache 2014

접붙이지 않고 재배한 그르나슈를 송이째 발효시키고, 대부분 압착하기 전 포도 무게에 의해 저절로 흘러나오는 프리 런으로 만든다. 그르나슈 시리즈 중에서 가장 완성도가 높고, 장기 숙성이 기대되는 와인.

랄프 그르나슈 2017
Ralph's Grenache 2017

접붙이지 않고 재배한 그르나슈 품종으로 만든 와인. 이 와인은 줄기를 제거한다. 장미꽃잎의 아로마가 인상적이며, 더할 나위 없이 우아하다.

일본의 와인애호가들을 매우 중시하는 제임스. 사실 SO₂를 넣지 않는 아이디어도 일본의 지인에게 얻었다고 한다.

브랜드를 만들었다.

「야우마」는 카탈루냐어로 제임스를 뜻하는데, 유럽 체류 중 스페인에서 만난 같은 이름의 훌륭한 그르나슈 생산자에 대한 오마주를 담은 이름이다.

"내가 만들고 싶은 와인은 효모와 미생물이 병 속에서 활동하는 '살아 있는 와인'입니다. 한 모금 마실 때마다 다른 표정을 보여서 사람들의 숨어있는 감성을 깨워주죠. 현대인은 매사를 지나치게 생각해서 스스로 인생을 복잡하게 만든다고 생각하지 않나요? 부디 심플한 야우마의 와인을 마시고 본래의 자유를 되찾았으면 합니다."

제임스의 철학을 보여주는 와인 한 병을 꼽는다면, 나는 〈무리시나이데 2014〉를 고른다. 포도는 2011년에 만나서 제임스와 함께 밭을 관리하는 피오나 우드(Fiona Wood)의 아버지가 운영하는 농원에서 수확한 것을 사용한다. 2014년에 일본을 방문했을 때 일본 소비자들의 열렬한 환영에 감격했지만 모두가 기술적인 내용에 대해 진지하게 질문하는 데 놀랐다는 제임스는, "와인은 편안하게 즐기는 것이 제일입니다. 그래서 와인 이름에 '무리시나이데(무리하지 말라)'라는 바람을 담았습니다"라고. 포도 품종이 게뷔르츠트라미너(Gewürztraminer)라는 것 외에 세부 사항은 묻지 말라는 의미이다. 2015년부터 양조할 때 SO₂를 포함한 첨가물을 전혀 사용하지 않고 청징과 여과도 하지 않지만, 유기농으로 소중하게 기른 포도의 에너지가 가득 찬 와인은 우아하고 구조감이 있다.

지금은 전 세계에서 인기가 높은 페티앙 나튀렐을 2011년에 호주에서 처음 만든 사람도 제임스이다.

참고로 2016년부터 스틸와인, 스파클링와인 모두 코르크 마개가 아닌 크라운캡(병맥주에 쓰는 금속 뚜껑)을 사용한다.

2018년, 제임스는 어머니와 공동으로 애들레이드 힐스에 40ha의 농장을 사서 14종류, 2,000그루의 앵두나무를 심고 11년 동안 유기농 재배로 키웠다고 한다.

"언젠가 이곳에 포도나무를 심고 와이너리도 옮기려고 생각합니다. 내 와인은 전 세계에 수출되어 수많은 사람들이 마시고 있지만, 어째서인지 사우스오스트레일리아주에서는 내 추럴 와인이 인기가 없습니다. 하지만 이 농원은 12월의 수확기가 되면 앵두를 따러 오는 사람들이 많아요. 그래서 언젠가는 이곳을 유기 영농의 중심지로 가꾸어, 요가도 하고 맛있고 환경친화적인 와인이나 음식을 찾는 사람들과 즐거운 시간을 공유하고 싶습니다." 비건이며 요가와 명상이 생활의 일부라는 제임스다운 야망이다! 기대된다!

무리시나이데 2017
Murishinaide 2017
세미용과 슈냉 블랑을 오스트레일리아식으로 블렌딩한 와인이 이렇게 산뜻하다.

DATA ● Jauma
http://www.jauma.com/

조작은 하지 않는다.
내추럴 와인은 세계를 변화시킬 힘이 있다

루시 마고 / 안톤 반 클로퍼
Lucy Margaux / Anton van Klopper

놀랍게도 「만월 와인바」(p.23 참조) 티셔츠 차림인 안톤. 몇 차례나 일본을 방문해 애호가들과 교류를 즐겼다.

내가 루시 마고의 와인을 만난 것은 2012년 연말 페스티뱅의 송년회에서였다. 뉴질랜드 출신으로 오스트레일리아에 오래 살았던 스태프 존 우드가 현지에서 화제인 와인이라며 〈모노미스 빈야드 피노 누아(Monomeith Vineyard Pinot Noir) 2011〉을 가져왔다. 그 섬세하고 멋진 매력에 다들 놀랐는데, 아니나 다를까 바로 수입되기 시작했고, 결국 출하와 동시에 완판되는 환상의 와인이 되었다.

오너인 안톤 반 클로퍼는 남아프리카 출신으로, 14살 때 부모와 함께 오스트레일리아로 이주해 고등학교를 졸업하고 요리의 길로 진출했다. 그러면서 와인에 흥미를 갖게 되었는데, 소믈리에를 목표로 하지 않고 애들레이드 대학 양조학과에 입학한 이유는 "내가 좋아하는 와인과 싫어하는 와인은 확실히 알겠는데, 그것이 어떤 요소 때문인지 알고 싶었습니다"라고 한다. 하지만 대학에서 배운 것은 화학물질을 활용해 고급와인을 만드는 방법이었다. 회의를 느낀 안톤은 독일, 뉴질랜드, 미국의 다양한 생산자들을 찾아나섰다. 그리고 "직접 포도나무를 재배해서 원료인 열매를 주는 포도나무와 성실한 관계를 쌓아 와인을 만들고 싶다"는 생각을 하게 되었다. 오스트레일리아로 돌아온 안톤은 마침내 2002년, 사우스 오스트레일리아주 애들레이드 힐즈의 바스켓 레인지(Basket

뱅 드 수아프 2017
Vin de Soif 2017
100% 피노 누아 와인으로, 알코올 도수가 불과 11%여서 편하게 마실 수 있는 와인이다. 아세로라 향에 허브의 악센트가 있다.

로자토 2017
Rosato 2017
피노 그리와 산지오베제의 블렌딩으로, 목넘김이 좋은 로제와인.

오스트레일리아뿐 아니라 유럽의 시음회에도 적극적으로 나가서, 팬을 늘리고 있다.

Range)라는 서늘한 지역에 있는, 예전에 과수원이었던 농원을 손에 넣었다. 농원에는 딸의 이름을 붙였는데, 일본 애니메이션을 좋아하는 딸이 일본의 전통 종이에 그림을 그려서 만든 라벨도 화제가 되었다.

하지만 관행농법이 주류인 오스트레일리아에서 안톤의 와인은 인정받지 못했고, 뜻을 함께하는 톰 쇼브룩*과 함께 와인을 차에 싣고 도시에서 도시로 돌아다니며 팔았다. 자신이 생각하는 와인철학에 자신감을 갖고 방향을 정한 것은 2007년으로, 와인숍을 운영하던 샘 휴즈의 권유로 라디콘의 와인을 마셨을 때였다.

"마르코 폴로가 신대륙을 발견하고 이런 기분이었을까? 라고 생각했습니다."

안톤은 톰과 샘 그리고 안톤의 초대 어시스트이며 현재 야우마*의 오너인 제임스 어스킨과 함께 2009년, "와인은 단순한 액체가 아니라 철학, 음악, 그리고 아트적인 요소가 함께 담겨 있다. 고정 관념을 배제하면 본질에 가까워진다"라는 테마로 「내추럴 셀렉션 티어리(Natural Selection Theory)」라는 프로젝트를 시작해 실험적인 와인을 만들었다. 오스트레일리아에서는 엄청난 야유를 받았지만, 내추럴 와인 축제 RAW 런던에서는 큰 화제가 되었다.

루시 마고의 와인은 늘 새로운 방법에 도전하기 때문에 양은 적고 퀴베 수는 많지만, 생산량이 다소 많은 캐주얼 라인으로 〈도멘 루치(Domaine Lucci)〉 시리즈가 있다. 자체 포도원뿐 아니라 계약 재배 농가의 포도도 사용하는데, 모두 유기농 재배이며 양조과정에서 「매니퓰레이트(화학적, 인적 조작)는 죄」이므로 청징·여과, 첨가는 하지 않는다(SO₂도 무첨가). 톱 라인은 3대째 어시스턴트이며 현재 누나 소피와 함께 「커뮨 오브 버튼스(Commune of Buttons)」를 운영하는 제스퍼 버튼(Jasper Button)의 본가에서 운영하는 밭, 제스퍼 빈야드의 포도를 사용한 〈제스퍼 이스테이트 피노 누아(Jaspers Estate Pinot Noir)〉. 〈와일드맨 피노 누아(Wildman Pinot Noir)〉는 양조장이 좁아서 고육지책으로 야외에서 발효·숙성시켰더니 예상 외로 심오한 맛의 와인이 되었다. "내추럴 와인을 만드는 것은 휘발산, 마우지니스 등을 발생시키는 미생물 오염과 매우 밀접한 작업이고 많은 위험을 동반합니다. 하지만 그런 위험을 이겨내어 와인을 만들고, 자연과 함께 나아가면 신이 납니다. 내추럴 와인은 몸과 마음에 좋을 뿐 아니라 세계를 바꾸는 힘을 갖고 있다고 생각합니다."

3 컬러스 레드 2017
3 Colours Red 2017
피노 누아 50%에 소비뇽 블랑과 피노 그리를 각각 25%씩 블렌딩한 와인. 놀라운 품종 구성이지만 마시면 고개가 끄덕여진다!

DATA ● Lucy Margaux
http://lucymargauxwines.com/

바로사에서 꽃핀
이탈리안 내추럴 와인의 DNA

톰 쇼브룩
Tom Shobbrook

처음 일본을 방문한 2014년, "좋은 와인은 생명이 느껴집니다"라고 눈을 빛내며 말했다.

오스트레일리아 뉴 웨이브 와인을 대표하는 톰 쇼브룩. 본가는 이탈리아에서 이주해 바로사 밸리(Barossa Valley) 북부의 세펠츠필드(Seppelsfield)에서 포도 농가를 운영했다. 그러나 톰이 진심으로 와인을 만들어야겠다고 생각한 것은 2001년 이탈리아 토스카나주 키안티의 리에치네(Riecine) 마을에 있는 와이너리에서 부모를 도와 함께 일한 것이 계기가 되었다. 그곳에서 6년 동안 자연적인 포도재배를 접한 톰은 귀국 후, 근처에 있는 바이오다이나믹 채소 재배 농가에서 배우고 부모님을 설득해 9ha의 밭을 전부 유기농 재배로 바꿨다. 그리고 동료들과 함께 실험적인 방법을 다양하게 도입하면서 「진하고 무거운」 바로사 밸리 와인에 정반대로 도전했다. 대표작 〈풀사이드〉는 100% 쉬라즈(시라)라고는 믿을 수 없는 가벼움으로, 마치 쥐라의 풀사르 같다. 얼마 안 있어 뉴욕, 런던, 코펜하겐 등 오스트레일리아 밖에서 인기가 폭발했다. 모든 와인에는 톰의 마음 변화를 이야기하는 스토리가 가득차 있다. 이렇게 글을 쓰고 있는 와중에 생각지 못한 뉴스가 날아들었다. 부모님의 은퇴로 톰이 포도밭을 전부 매각하기로 했다는 것이다. 현재 〈디디(Didi)〉만 계약 농가의 포도를 사용하고, 〈쇼브룩〉과 캐주얼 라인 〈토미 러프〉는 모두 자체 밭의 포도로 만들고 있다. 공급원을 잃은 톰은 새로운 농장으로 이사해서 포도나무 묘목을 심기 시작했다고 하는데, 와인이 되려면 아직 갈 길이 멀다. 앞으로는 계약 농가의 포도로 와인을 만들까? 새로운 뉴스가 기다려진다.

풀사이드 2017
Poolside 2017

지금까지 만든 와인 중에 가장 색이 옅은 빈티지. 그야말로 풀사이드에서 마시고 싶은 가벼운 와인.

토미 러프 2014
Tommy Ruff 2014

시라와 무르베드르를 그대로 가득 채운 듯한 솔직한 맛. 와인 이름은 톰의 학창 시절 애칭이다.

DATA ● Tom Shobbrook

담백한 풍미와 단단한 골격을 겸비한,
2016년 호주에서 가장 주목받은 내추럴 와인

모멘토 모리 / 데인 존스
Momento Mori / Dane Johns

밭에서는 닭, 양, 거위의 도움을 받아 포도를 키운다는 데인. 그 밖에도 개 3마리, 고양이 2마리가 있어서 늘 떠들썩하다.

뉴질랜드 출신의 데인 존스가 멜버른으로 이주한 이유는 뮤지션으로서 경력을 쌓기 위해서였다. 유명 카페에서 아르바이트를 시작한 그는 13년 동안 바리스타 일을 하면서 로스팅 기술과 블렌딩이나 추출할 때 생기는 다양한 아로마와 풍미를 시음하는 능력을 배우다가, 와인에 흥미가 생겨 한 와이너리에서 와인양조를 배우게 되었다.

"와인을 만드는 동안 내 안에서 자란 감정은 모든 생명을 존중하고 애정을 갖고 관찰하는 것. 그리고 두려워하지 않고 새로운 일에 도전하는 것입니다." 프랑스 쥐라의 아르부아에 친구가 있어서 피에르 오베르누아*, 장 프랑수아 가느바*를 방문하여 점점 내추럴 와인을 추구하게 되었고, 마침내 2014년에 파트너인 한나와 함께 모멘토 모리를 설립했다.

밭은 빅토리아주 북동쪽 끝 깁슬랜드(Gippsland)의 표고 400m 급경사면에 1ha가 있고, 그 동쪽의 야라 밸리 카디니아 레인지(Yarra Valley Kardinia Range)에 1ha가 있다. 그 외에도 히스코트 밸리(Heathcote Valley)에서 30년 동안 포도밭과 논밭, 채소밭을 가꾸고 있는 부르스 살머스에게 포도를 구입했다. 와인은 생산량이 매우 적으며 개성적이다. 예를 들어 〈기브 업 더 고스트(Give up the Ghost)〉는 히스코트에 불과 몇 이랑만 심은 그레코 디 투포(Greco di Tufo)라는 품종에 경의를 표하여 프리 런만으로 만든 고급와인이다. 마시면 이끼, 허브, 감귤 등의 형언할 수 없는 풍미가 몸에 가득차서, 포도와 진지하게 마주하고 만든 맛을 실감할 수 있다.

스테어링 앳 더 선 2017
Staring at The Sun 2017

대표 퀴베. 베르멘티노, 피아노 등 4가지 이탈리아 품종을 블렌딩해, 복잡하고도 깊이 있는 풍미.

핏츠풀 오브 플라워 2016
Fistful of Flowers 2016

100% 모스카토 지알로(Moscato-Giallo).「한 움큼의 꽃」을 의미하는 이름대로 화려한 향과 섬세한 산미, 매끄러운 질감이 매력적이다.

DATA ● Momento Mori

캘리포니아산 포도를 길 위에서 발효?
열린 발상으로 만드는 혼을 담은 와인

루스 루언다우스키 / 에반 루언다우스키
Ruth Lewandowski / Evan Lewandowski

홋카이도의 부드럽고 습기가 적은 파우더 스노를 좋아한다는 에반. 밭일이 한가해지는 겨울이면 거의 해마다 일본을 찾아 작은 와인 모임을 연다.

발상의 전환으로 엄청난 와인이 탄생한 예를 지금까지 여러 번 보았지만, 에반 루언다우스키는 규모가 다르다. 놀랍게도 캘리포니아주에서 재배한 포도를 발효탱크에 넣어 트럭에 싣고 발효시키면서 유타주까지 옮긴다. "썩기 쉬운 생과일을 운반하는 것보다 발효를 촉진시켜 CO_2에 의해 보호되는 상태로 옮기는 편이 안전하고 비용도 쌉니다. 이상적인 와인양조입니다." 에반의 와인에 공통되는, 섬세하고 에너지가 넘치며 동시에 펑키한 매력은 독자적인 와인철학이 뒷받침하고 있다.

공군으로 근무한 아버지 때문에 여러 도시를 전전하며 자란 에반은 대학에 진학할 무렵, 취미인 스키를 만끽할 수 있는 유타를 선택했고 곧바로 이 지역에 매료되었다. 그 뒤로 지금은 뉴욕에서 내추럴 와인을 수입하는 제브 로빈이 운영하는 와인바에서 일하게 되었다. 「트럭 발효」 일화가 보여주듯이 에반은 매우 개방적이어서, 처음 접한 프랭크 코넬리센*의 〈문제벨(Munjebel) 4〉를 아무 거리낌 없이 받아들였다. "진짜를 알면 그 전으로는 돌아갈 수 없어요. 좋은 와인에는 떨림이 있습니다. 내장요리나 김치 같은 발효식품과 같아요. 살아 있는 효소가 위 속에서 즐거운 듯이 움직입니다. 반면, 밭과 양조장에서 사용하는 이산화황이나 구리가 몸속에 들어가면, 몸 전체가 그것을 '적'으로 인식합니다."

페인츠 2017
Feints 2017

화이트품종 45%, 레드품종 55%로 만든 독특한 와인. 라벨은 유타주의 스타일로, 동물의 죽음과 그곳에서 탄생하는 생명이 표현되어 있다.

보아즈 2016
Boaz 2016

완숙한 카리냥 80%, 조금 어린 카베르네 소비뇽, 조금 많이 익은 그르나슈의 부드러운 풍미.

이런 생각은 에반이 워싱턴주 와인 인스티튜트에서 포도 재배와 양조학을 공부하고, 나파 밸리와 오스트레일리아, 이탈리아, 프랑스 등에서 경험을 쌓는 동안 그의 신념이 되었다. 그리고 2012년, 그의 일생의 스승인 알자스의 크리스티앙 비네*에게 배우다가 더 이상 꿈만 좇지 않고 행동으로 옮기기 위해 미국으로 돌아왔다.

유타에서 포도를 키워 와인을 만드는 것이 에반의 최종 목표지만, 우선은 인연이 있던 캘리포니아의 여러 밭을 관리하기로 했다. 그중에서도 멘도시노(Mendocino) AVA(American Viticultural Areas, 미국 포도지정 재배지역)의 폭스 힐 빈야드(Fox Hill Vineyard)는 에반이 가장 소중히 여기는 밭이다. 전환점이 된 것은 2013년으로, 1년 내내 기후가 불안정했던 데다 어째서인지 사슴이 계속 코르테제(Cortese, 화이트)를 노리고 파먹어서, 그 피해가 엄청나게 컸다. 수확량은 에반이 기대했던 양의 1/4로, 나무통 절반밖에 안 되었다. 절망적인 기분으로 집에 돌아온 에반의 뇌리에 밭 이랑 맞은편에 심은 돌체토(Dolcetto)와 바르베라가 적당히 익었다는 사실이 떠올랐다. 이 3종류의 포도를 섞어서 양조하면 어떨까? 어떤 식으로 발효가 진행될지는 미지수였지만, 탄산 침용으로 완성한 와인은 로제와인이라 하기에는 짙고 레드와인이라 하기에

는 옅은 색감으로, 아세로라 같은 발랄한 산미와 에너지가 가득 찬 와인이 되었다. 탄생부터 완성까지 페인트, 즉 속이는 동작의 연속이라고 해서 와인 이름은 〈페인츠〉가 되었다. "이 와인을 만들면서 생과 사, 그리고 소생이라는 영원한 테마를 진지하게 생각하게 되었습니다." 와이너리 상호 「루스」는 죽음과 구원에 대해 이를 능가할 명저는 없다며 그가 애독하는 구약성서의 『룻기』에서 따온 것이다. "생과 사는 동전의 양면이며 와인양조는 그 사이클 안에 있습니다. 죽음은 삶의 엔진이니까."

그리고 2019년 1월, 에반에게서 고대하던 자체 밭을 구입했다는 뉴스가 도착했다. 친구인 「아이들와일드 와인즈(Idlewild Wines)」의 샘 빌브로(Sam Bilbro)와 공동으로 구입했는데, 멘도시노 AVA의 고지대에 있는 375ha이다. 그중 12.5ha에는 수령 30년의 올드 바인이 있어서, 알자스나 이탈리아 알토 아디제(Alto Adige)의 품종을 접붙일 예정이라고 한다. 「와일드 루스」라고 이름 붙인 농원에서 소, 돼지, 양을 키우기 시작한 이유는 동물들이 움직이고 돌아다님으로써 토양에 부담을 주지 않고 천천히 개간하기 위해서이다. 루스 루언다우스키의 제2막도 흥미로울 듯하다.

칠리온 2017
Chilion 2017
침용기간이 반년이나 되는데도 신선함은 코르테제의 개성. 깔끔한 산미와 적당한 타닌이 특징이다.

DATA ● Ruth Lewandowski
https://www.ruthlewandowskiwines.com

최초의 웨일즈 출신 와인메이커?
강한 포도는 자기 뿌리+건지농법으로

암비스 이스테이트 / 필립 하트
AmByth Estate / Phillip Hart

"우리의 작은 꿈은 맛있는 요리와 와인의 궁합을 시험해보기 위해 일본에 가는 것"이라는 필립.

시라, 템프라니요, 그르나슈, 산지오베제를 이탈리아산 도기 항아리에서 발효시킨 〈티 아 피〉, 2주 동안 스킨 콘택트한 〈무르베드르〉 등, 암비스 이스테이트의 와인에는 투명함과 응축감이 공존한다. 섬세하고 강렬한 와인의 개성을 오너인 필립 하트는 철저한 건지농법의 산물이라고 이야기한다.

"4월부터 11월까지는 포도에 거의 물을 주지 않습니다. 포도의 맛은 그렇게 만들어집니다. 이렇게 살아남기 위해 애썼으니 알아달라고 이야기하는 것처럼 말입니다."

샌프란시스코 연안에서 산타 바바라까지 이어지는 센트럴 코스트의 샌 루이스 오비스포(San Luis Obispo) 카운티에 있는 도시 파소 로블레스(Paso Robles)는 연간 강수량이 평균 500mm 이하로 매우 건조하다. 모든 시라와 산지오베제, 그리고 무르베드르의 거의 절반은 모래, 점토, 석회가 섞인 토양에서 접붙이지 않은 자신의 뿌리로 재배된다.

2006년에 파소 로블레스에서 처음으로 데메테르 인증을 받은 이 와이너리는 카페트 수입으로 성공한 웨일즈 출신의 필립이 만들었다. 양조에 대한 공부는 하지 않았지만, 밭을 사기 전부터 포도를 구입해 집에서 와인을 만들며 시행착오를 반복, 2010년에 마침내 처음으로 병입을 시작했다.

티 아 피 2013
Ti a Fi 2013
아세로라 같은 매력적인 과일맛과 단단한 질감은 석회암과 점토 석회질 토양에서 나온다.

무르베드르 2013
Mourvèdre 2013
캘리포니아 무드베드르의 이미지를 뒤엎는 듯한 발랄한 산미가 특징이다.

이 황량한 밭에서 강렬한 포도가
태어난다.

"2000∼2001년에 걸쳐 약 17ha의 밭을 샀지만 특별한 목적
은 없었습니다. 다만 자연과 관계되고 그것을 미래에 남길 수
있는 일을 하려고 생각했을 뿐입니다." 농원 이름은 웨일즈어
로「영원」을 의미하는 암비스라고 붙였다.

필립의 본가는 낙농을 생업으로 했기 때문에, 농업에 관심
을 갖게 된 것은 자연스러운 흐름이었다. 소를 길러 치즈를 만
들려고 한 적도 있었지만, 우유 생산량을 노동력이 따라가지
못해 단념했다. 2003∼2005년에 밭의 약 절반에 해당하는
8ha의 면적에 포도나무와 올리브나무를 심고, 나머지 9ha는
그대로 참나무숲으로 남겨놓았다.

"밭의 아름다움이 우리를 자연적인 재배로 이끌었습니다.
올리브와 포도나무 이랑 사이의 잡초에 꿀벌이 날아드는 모습
이 좋아서 잡초는 그대로 두었어요. 닭이나 소도 낮에는 밭에
서 잡초를 먹어요. 특히 뿔이 있는 수소의 존재가 밭을 활성화
한다고 들었는데, 확실히 효과가 있는 듯합니다."

데메테르 멤버이기는 하지만, 밭 작업은 독자적인 스타일
로 한다. 흰가룻병에는 유청이나 발효시킨 마늘, 짜고 남은 포
도 찌꺼기에 로즈메리를 넣고 증류시킨 제제를 사용한다. 노
균병 대책은 아직 효과적인 방법을 찾지 못해 계속 연구 중이

라고 한다.

손으로 수확하고 송이째 발효시켜서 발로 밟는 전통적인
피자주 등 모든 것이 옛날 방식이며, 2011년부터는 SO_2도 첨
가하지 않는다.

와인양조에 점점 빠져들면서 처음에는 생각지도 않았던 자
연적인 재배의 의미를 확인하게 되었다고 한다.

"와인메이커로서 나는 모든 과정을 하나하나 제대로 겪어
야 한다는 것을 알았습니다. 지름길로 가면 안 됩니다. 아무
계획도 없이 시작한 제2의 인생이지만, 지금은 계획이야말로
가장 중요한 과정이라는 것을 알았어요. 물론 계획에는 변경
이 따르기 마련이지만요!"

2015년 하와이에서 구르메 식품 도매업을 하던 아들 제라
르와 부인 로빈도 일에 합류했다. 필립은 그들에게 암비스 이
스테이트의 본질을 전하고 나면 뒤를 맡기고 은퇴할 계획이라
고 한다.

그 본질이란 "내추럴 와인이 대단한 점은 테크닉이 아니라
철학이 중요하다는 것입니다. 관행농법으로 만든 와인과는
정반대입니다. 우리의 철학은 매우 단순해요. 첨가물이나 조
악한 것을 배제합니다. 그러면 저절로 제대로 완성됩니다."

시라 2013
Syrah 2013

수령 약 15년의 시라 100%. 송이째 암포라에
서 12일 동안 껍질과 함께 침용한다. 신선하고
강한 골격이 있다.

DATA ● AmByth Estate
https://www.ambythestate.com

「그냥 지나칠 것」에 대한 의문이 해명되었을 때, 누구도 생각지 못한 와인이 탄생한다

미니머스 와인즈 / 체드 스톡
Minimus Wines / Chad Stock

"밭일에 점점 더 매력을 느낍니다"라고 하는 체드. 다양한 품종을 심고 실험을 반복하는 데서 보람을 찾는다고 한다.

"미니머스란 최소, 즉 미니멀 인터베이션(최소한의 개입)이라는 뜻입니다. 기존의 오레곤 와인양조가 메인요리와 사이드 메뉴가 세트로 되어 있어 데우기만 하며 먹을 수 있는 냉동식품이라고 한다면, 내 방식은 자체 농원의 신선한 채소와 갓 낳은 달걀을 사용한 수제 요리라고 생각합니다"라고 오너인 체드 스톡은 말한다.

"테루아를 표현하고 싶다"는 것은 모든 생산자의 염원이지만, 체드의 접근법은 독특하다.

오레곤 「크래프트 와인 컴퍼니」의 양조가 겸 공동경영자이면서 2011년에 「미니머스 와인즈」를 설립한 이유는 보통의 양조가라면 그냥 지나칠 것들에 의문을 갖고 그에 대한 답을 찾기 위해서다. 예를 들면 오레곤이 피노 누아에 가장 적합한 토지라는 것은 정말일까? 환원취, 휘발산, 브레타노미세스(Brettanomyces, 마굿간 냄새)는 정말 나쁜 것일까? 등.

의문을 해결하기 위해 지금까지 오레곤에 적합하지 않은 것으로 알려진 품종을 심고, 껍질과 함께 침용하는 시간을 다양하게 조절하며, 다양한 발효·숙성 용기를 도입하여 실험적인 양조를 반복한다. 실험이 누구도 생각지 못한 맛있는 와인으로 바뀌었을 때, 그 와인은 〈넘버 시리즈〉로 출하한다.

예를 들어 No.14인 〈마세라시옹 카르보니크 MC〉의 경우,

피노 그리 로제
앤티컴 팜 2017
Pinot Gris Rosé
Antiquum Farms 2017

말을 주축으로 양, 거위, 닭이 여기저기 다니며 자연스러운 생태계를 유지하는 앤티컴 가문의 밭에서 수확한 포도 특유의 색과 감칠맛이 충만한 와인.

No.20 디스어그리 2015
No.20 Disagris 2015

레드와 화이트 사이를 서성이는 듯한 깊이를 알 수 없는 매력을 지닌 피노 그리 와인.

가금류향이 특징인 무르베드르를 탄산 침용했더니 놀랍게도 클래식하고 우아한 맛으로 완성되었다. No.20은 〈디스어그리(Disagris)〉인데 그리(회색) 포도이지만 화이트품종으로 취급되기 쉬운 피노 그리를 레드와인을 만들 때처럼 187일 동안 껍질과 함께 침용해 색소를 추출했다. 옅은 색의 레드와인? 또는 우아한 오렌지와인? 물론 이 와인의 이름은 이의를 뜻하는 「Disagree」와 「This (is) a pinot gris」의 그리를 조합한 조크이다.

〈넘버 시리즈〉로 잠재력이 확인된 와인은 단독 퀴베가 된다. 예를 들어 〈아이 헤브 어 VA(휘발산)〉는 샤르도네, 알리고테, 슈냉 블랑을 송이째 발효시켜 탱크에서 블렌딩했더니 발효 후반에 휘발산이 많아졌다. 이를 결함으로 보는 생산자가 많지만, 체드는 휘발산이 긍정적으로 작용해 맛있는 요소가 늘었다고 판단해서 병입했다. 늘 휘발산에 고혹적인 매력이 있다고 생각하던 나에게는, 스트라이크존 한가운데에 꽂히는 맛이다.

반면 〈사전 시리즈〉는 블라우프렌키슈와 트루소 등 단일 품종을 다양한 방법으로 발효시켜 전통적인 스타일로 완성한 것이다.

"내가 동료들과 관리하는 6㏊의 밭(유기농과 바이오다이나믹을 병용)은 서해안을 따라 산속에 흩어져 있어서, 다양한 기후와 표고와 토양이 뒤섞인 서로 다른 성질을 지닌 포도를 수확할 수 있습니다. 이를 다양한 스타일의 와인으로 만들어 결과를 검증합니다. 이렇게 하는 것이 신흥 산지이자 아직 정체성이 확립되지 않은 오레곤의 잠재력을 찾고, 다른 곳에 없는 매력을 발견하기 위해 내가 해야 할 일이라고 생각합니다. 대부분 한 번밖에 만들지 않는 퀴베입니다. 뮤지션이 앨범을 만들 듯이 그때그때의 마음 상태나 좋은 와인을 만들기 위해 배운 것들을 반영합니다."

체드는 밭에서도 셀러에서도 전혀 수치를 재지 않고 맛, 냄새, 소리, 겉모습, 질감 등 자신의 오감만을 믿고 작업을 진행한다. 그렇게 다양한 의문을 풀고 도달한 결론은 "결점은 문제가 아니다 그것을 웃도는 맛이 있으면 된다"이다.

"내가 만들고 싶은 와인은 모르는 세계를 보여주는 와인입니다. 지금까지 스스로 생각해온 것에 경종을 울리는 듯한. 많은 양조가가 추구하는 '균형'이 목표는 아닙니다. 포도를 알맞은 땅에서 재배하고 작업 과정에서 타이밍이 정확하면, 생산자의 생각은 와인이 이야기해줍니다. 그 이야기는 반드시 마시는 사람에게 전해질 것입니다."

멕시코 최초의 내추럴 와인은 과거 대량생산에 대한 항의

비치 / 노엘 & 하이르 텔레즈, 아나 몬타노
Bichi / Noel & Jair Tellez, Ana Montano

어머니 아나가 관리하는, 나무를 덤불모양으로 작게 정리한 밭. 내추럴한 양조를 가능하게 하는 건강한 포도가 이곳에서 태어난다.

산타 2016
Santa 2016

접붙이지 않은 모스카텔 네그로(Moscatel Negro)로 만든 가벼운 로제와인. 아세로라 같은 매력적인 향에 스모키한 터치가 있다.

플라마 로하
Flama Roja

자체 농원의 카베르네 소비뇽, 템프라니요, 네비올로를 함께 발효시킨 와인. 미디엄 바디여서 음식과 잘 어울린다.

DATA ● Bichi

멕시코 최초의 내추럴 와인은 변호사였던 노엘과 셰프 하이르 텔레즈 형제에 의해 2014년 미국 캘리포니아주와 국경을 맞대고 있는 바하칼리포르니아에서 탄생했다. 멕시코판 추석이라 할 수 있는 「죽은 자들의 날」을 기리는 해골 모티브를 닮은 독특한 라벨은 하이르의 장인이 그렸는데, "우리가 만드는 와인은 대량생산하는 공업적 와인에 대한 항의입니다. 그래서 라벨은 유머러스한 것으로 했습니다"라는 노엘.

노엘과 하이르가 농장 한쪽 구석에 포도나무를 심은 것은 2005년. 그들이 사는 테카테(Tecate) 지구는 표고 700~760m로, 주변에 참나무를 심어 땅속에는 충분한 수분이 축적되어 있다. 또한 일교차가 커서 당과 산의 균형이 잘 맞는 포도를 수확할 수 있다. 토지를 연구하는 10년 동안 칠레 와인의 잠재력을 세계에 알린 루이 앙투안 루이(Louis Antoine Luyt, 프랑스)와의 소중한 만남이 있었다. 루이는 텔레즈 형제에게 접붙이지 않은 올드 바인 미션 품종(미국 캘리포니아에서 처음 와인을 만든 수도사들이 가져온 품종)으로, 「vinos sin maquillaje(화장하지 않은 와인)」을 만들라고 권했다. 와이너리 이름인 「비치」는 텔레즈 형제의 뿌리인 소노라(Sonora)주의 방언으로 「알몸의」라는 뜻이다. 10ha의 밭(바이오다이나믹)은 주로 어머니 아나가 관리하고, 화학물질을 모두 배제한 양조는 노엘이, 마케팅은 하이르가 담당한다. "내추럴 와인은 '팜 투 테이블(농장에서 식탁으로)' 요리와 같다"는 하이르. "건강하고 온전하게 지속이 가능한 포도재배가 무엇보다 중요합니다. 순수한 뱅뱅(목넘김이 좋은) 와인을 만들어 갈 것"이라고 포부를 밝힌다. 2017년, 전설의 양조가 얀 로엘(Yann Rohel)이 팀 비치에 합류했다.

50억 년 전의 기억을 지닌 토지에서, 자신을 표현하는 와인을 양조

테스타롱가 / 크레이그 호킨스
Testalonga / Craig Hawkins

"전 세계의 산지를 돌아본 뒤 스와트랜드가 둘도 없는 땅이라는 것을 깨달았습니다"라는 크레이그.

**엘 반디토 스킨 콘택트
슈냉 블랑 2017**
El Bandito Skin Contact
Chenin Blanc 2017

수령 50년에 가까운 슈냉 블랑 100%로 만든 와인. 논필터로 과일의 감칠맛이 응축되고, 발랄한 산미도 매력적이다.

엘 반디토 만갈리자 2017
El Bandito Mangaliza 2017

귀부와인 「토카이」의 보조 품종으로 알려진 할쉬레벨루 품종으로 완성한 아로마틱하며 스파이시한 와인.

DATA ● Testalonga

크레이그 호킨스가 와인양조에 뜻을 두게 된 것은 현재 오스트레일리아 빅토리아주 「더 와인 팜(The Wine Farm)」의 오너이자 형인 닐을 도운 것이 계기가 되었다. 닐과 크레이그의 할아버지는 아일랜드 출신인데, 그곳에서는 2세대 아래까지 시민권을 계승할 수 있어서 크레이그는 2007년 EU 시민으로 유럽 각지의 생산자를 방문했다. 그중에서도 같은 남아프리카 출신으로 프랑스에 거점을 둔 「마타사(Matassa)」의 톰 루브(Tom Lubbe), 포르투갈 포르투 「니에푸르트(Niepoort)」의 디르크(Dirk) 니에푸르트, 프랑스 루아르 지방 「도멘 데 부아 뤼카」의 아라이 준코*에게 큰 영향을 받았다고 한다.

2008년에 남아프리카로 돌아와 처음 만든 와인이 약 20일 동안 껍질과 함께 침용해서 완성한 〈엘 반디토 스킨 콘택트 슈냉 블랑〉. 북이탈리아와 조지아 등의 전통 산지가 아닌 곳에서 가장 일찍 껍질과 함께 침용하는 방법을 도입한 이유는 "토지가 포도에게 주는 풍미의 층과 질감을 끌어내고 테루아의 표현을 강화시켜줍니다"라고 이야기한다.

그 뒤로 부인 칼라(Carla)의 아버지가 운영하는 와이너리 「라머속(Lammershoek)」에서 5년 동안 양조책임자로 일하다가 2014년에 독립했다. 좋아하는 헝가리 고유품종인 할쉬레벨루(Hárslevelü)를 사용한 〈엘 반디토 만갈리자[국보라 불리는 만갈리차(Mangalitsa) 돼지에서 딴 이름]〉 등 모든 와인에 스토리가 있다. 2018년, 스와트랜드 지구 북단의 산속에 구입한 밴디츠 클루프(Bandits Kloof) 농장에 나무를 심기 시작했다. "모래땅과 점판암 토양의 방치되었던 땅으로, 50억 년 전의 지층이 남아 있는 특별한 밭입니다. 이곳에서 나 자신을 표현하고자 합니다."

와인의 발상지, 조지아의 와인을 마시다!

매우 개인적인
조지아 와인 기행

2013년 6월, 조지아(그루지야는 구 소련시대에 강요된 이름이며, 원래 이름은 조지아이다) 와인생산자 단체인 크베브리와인협회의 산지 방문 여행에 초대되어 수도 트빌리시를 방문했다. 북쪽과 동쪽은 러시아, 서쪽은 흑해, 남쪽은 터키로 둘러싸인 이 작은 나라는 와인의 발상지로 불리며, 크베브리라는 도기 항아리로 만든 온고지신의 와인이 전 세계에서 큰 주목을 받고 있다.

여행 첫째 날 아침, 기묘한 체험을 했다.

구미 각국의 저널리스트, 수입업자, 생산자 등 40명 정도 되는 일행이 호텔에서 심포지엄 행사장으로 향하던 도중, 구시가지 한가운데에 버스를 세우더니 1시간 정도의 자유시간이 주어졌다. 산책하는 사람, 쇼핑하는 사람, 하맘(hamam)이라고 불리는 공중목욕탕과 스파가 함께 있는 시설에 가는 사람 등의 무리로 나뉘었고, 나는 공원으로 향했다. 일단 쉬고 싶었다. 도쿄에서 이스탄불(공항에서 6시간 대기)을 거쳐 트빌리시에 도착한 것이 오후 3시였는데, 저녁식사 전까지 비어 있는 시간에 자두었으면 좋았을 것을, 잡무 때문에 타이밍을 놓치고 잠든 시각은 연회가 끝난 오전 1시였고, 시차 탓에 5시에 일어나는 바람에 졸음이 쏟아졌기 때문이다.

벤치가 있는 나무 그늘에서는 집시 스타일의 남녀 5명이 술을 마시고 있었는데, 친근하게 웃는 얼굴로 나에게 손짓을 했다. 그 근처의 돌 위에 채소 마리네이드(?), 소시지, 얇게 구운 빵, 넓적한 누들 등이 접시도 없이 놓여 있었고, 영어로「Birthday」라는 말만 하고는 자꾸만 먹으라고 손짓을 했다. 호기심이 졸음을 이겨서 그 자리에 합류하자, 주빈으로 보이는 취한 남자가 코카콜라 2ℓ짜리 페트병에 들어 있는 붉은 액체를 플라스틱 컵에 부어 권했다. 겉보기에 불결해 보여서 사양하려고 했으나 궁금하기도 해서 한 모금 마셨다. 액체는 와인이었다. 그것도 내 스트라이크존 한가운데에 꽂히는 맛이었다. 루아르의 피노 도니스(Pineau d'Aunis)와 흡사하고 엄청 맛있었다. 그 주정꾼이 만든 듯했는데, 말이 전혀 통하지 않아서 갖고 있던 지도에 와이너리가 있는 곳을 표시해 달라고 했다.

그러는 동안 공원의 관리인으로 보이는 아주머니가 무서운 얼굴로 달려와, 그곳에서 음식을 먹지 말라고 혼내는 듯했다. 그 틈을 타 나는 그 자리를 떠났다.「라리, 라리(라리는 조지아의 통화. 돈을 달라는 뜻인 듯)」라는 합창을 등 뒤로 들으면서.

버스로 돌아와 조지아에 몇 번 와본 저널리스트에게 공원에서 있었던 이야기를 하자, 지도에 표시된 마크헤티(Matkheti)는 생산량이 매우 적은 레드

트빌리시의 내추럴 와인 전문바
「Underground」.

작은 접시에 담긴 요리가 가득한
조지아의 연회.

활기 넘치는 구시가지의 시장.

알베르디(Alaverdi) 수도원.
성직자들이 와인메이커이다.

품종 오잘레쉬(Ojaleshi)의 산지라고 알려주었다. 조금 전의 와인이 루아르의 피노 도니스 같았다고 말하자 틀림없다고 한다.

조지아 사람들은 동양사람이 된장이나 간장 등의 발효식품을 만드는 것처럼 와인을 만든다고 들었는데 그 말이 진짜였다. 생각해보면 와인은 포도절임이다. 방금 마신 와인이 이런저런 행운이 겹쳐서 근사한 품질이 된 것이라 해도, 이 나라 와인문화의 저력이 엄청나다고 느낀 순간이었다.

조지아 와인의 특징은 크베브리에 있다고 해도 과언이 아니다. 8천 년 전부터 변하지 않은 와인양조 방식은 수확한 포도를 줄기, 껍질과 함께 크베브리에 넣어 땅에 묻고 자연스럽게 침용 및 발효시켜, 6개월 정도 뒤에 줄기와 껍질을 제거하고 다시 숙성시킨다. 화이트와인이 오렌지색으로 물드는 이유는 이렇게 껍질과 함께 침용하기 때문인데, 포도 추출물이 액체에 스며들어 대지의 생명이 담긴 응축감 있는 와인이 되는 것이다.

현재 조지아 와인의 원동력은 라마즈 니콜라제(Ramaz Nikoladze)를 대표로 하는 크베브리와인협회이다. 자연을 존중하고 크베브리의 전통을 전하려는 협회 멤버들은 대부분 교사나 변호사 등 다른 직업을 갖고 있으며, 와인양조는 생활의 일부이다. 라마즈는 트빌리시에서 「언더그라운드」라는 와인숍 겸 와인바를 동료들과 함께 운영하고 있다.

여행하는 동안 왜 이렇게 조지아 와인이 전 세계적으로 알려졌는지 사람들에게 물어봤는데, 가장 납득이 간 이유는 샌프란시스코에 있는 레스토랑 오너의 대답이었다. "전 세계적으로 타파스처럼 작은 접시에 담긴 요리가 유행인데, 다양한 요리의 맛에 어울리는 이상적인 와인이 레드와인도 화이트와인도 아닌 오렌지와인입니다. 로제와인보다 훨씬 음식과 잘 어울려요"라고. 오렌지와인뿐 아니라 부드러운 풍미의 조지아 레드와인은 등푸른 생선에 곁들여도 좋다. 일본의 식탁에서도 틀림없이 빛을 발할 것이다.

덧붙여 말하면 여행 중에 마음에 드는 오렌지와인은 만나지 못했다. 생산량이 매우 적기 때문일 것이다. 하지만 마지막 날, 크베브리와인협회의 멤버이자 페전트 티어스 와이너리의 오너 존 워드맨의 자택에서 열린 송별회에서 그 집 원예사의 아버지가 취미로 만든 와인이 하프보틀 1병 분량 정도 남아 있다고 해서 40명이 나누어 마셨는데, 바로 그 공원에서 마신 와인의 맛이었다.

이메레티(Imereti) 지방에 있는 라마즈 니콜라제의 와이너리.

조지아의 와인은 자가소비의 연장이어서 가족을 위해 만드는 것과 파는 물건 사이에 차이가 없고 맛도 좋다는 이야기를 여행 중에 자주 들었는데, 와인의 완성도에 있어서도 프로와 아마추어의 차이를 찾기 힘들다. 와인이 일상에 스며들어 있다는 것이 조지아 와인의 대단한 점이다.

마카투바니(Mkatubani) 마을에 있는 크베브리 장인의 공방.

NATURAL WINE INDEX

『The World Atlas of Wine』 8th Edition

『월드 아틀라스 와인』
8번째 개정판

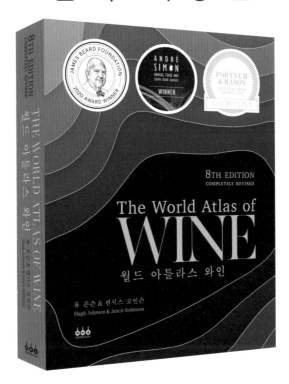

드디어 한국 출간!
15개 언어, 470만 부 판매

"이 책은 지도만 나온 와인지도책이 아니다."

1971년 처음 등장하여 와인분야 출판의 랜드마크가 된
『The World Atlas of Wine』은
명확하고 정교하게 제작된 지도를 와인과 와인이 가져다주는
즐거움과 최초로 결합시킨 와인지도백과이다.

휴 존슨 & 잰시스 로빈슨 지음 | 229×292 | 416쪽 | 75,000원

와인은
단순한 「술」이 아니다.

세계의 비즈니스 엘리트가 알아야 할
교양으로서의 와인

세계 표준의 최강 비즈니스 툴인

「와인」에 관한 지식을 뉴욕 크리스티스의

아시아인 최초 와인 스페셜리스트가

알기 쉽게 해설한다.

이 한 권으로 비즈니스맨으로서

최소한 익혀야 할 와인 지식을

거의 커버할 수 있다.

와타나베 준코 지음 | 138×188 | 248쪽 | 17,000원

고급와인

전 세계에 알려져 있는,

와인을 깊이 알기 위해 반드시 필요한

「고급와인」에 대한 지식을

이 한 권에 담았다.

각 지역을 대표하는 고급와인

약 150종의 실물사진을 실어

직접 눈으로 확인할 수 있다.

와타나베 준코 지음 | 138×210 | 256쪽 | 17,000원

**4년만에 [증보개정판] 출간!
새로운 정보가 무려 64p나 증가하고,
곳곳의 내용을 시대 흐름에 맞춰
최신 정보로 재무장한 업그레이드판!**

Ophélie Neiman 지음 | 185×240 | 280쪽 | 29,000원

Natural Wine
세계의 내추럴 와인

펴 낸 이	유재영
펴 낸 곳	그린쿡
엮 은 이	FESTIVIN
지 은 이	나카하마 준코
옮 긴 이	강수연
기 획	이화진
편 집	박선희
디 자 인	정민애

1 판 1 쇄   2021년 9월 10일

출판등록	1987년 11월 27일 제10 - 149
주 소	04083 서울 마포구 토정로 53(합정동)
전 화	02 - 324 - 6130, 324 - 6131
팩 스	02 - 324 - 6135
E - 메일	dhsbook@hanmail.net
홈페이지	www.donghaksa.co.kr / www.green - home.co.kr
페이스북	www.facebook.com/greenhomecook
인스타그램	www.instagram.com / __greencook

I S B N   978 - 89 - 7190 - 787 - 0 13590

• 이 책은 실로 꿰맨 사철제본으로 튼튼합니다.
• 잘못된 책은 구매처에서 교환하시고, 출판사 교환이 필요할 경우에는 사유를 적어 도서와 함께 위의 주소로 보내주세요.

강수연 옮김

이화여대 신문방송학과를 졸업한 뒤 십여 년간 뉴스를 취재하고 편집했다. 6년간 일본 도쿄에 거주했으며, 바른번역 소속 번역가로 원작의 결을 살려 옮기는 번역 작업에 정성을 다하고 있다. 『고급와인』, 『교양으로서의 와인』, 『가르치는 힘』, 『힘 있게 살고 후회 없이 떠난다』, 『좋아하는 일만 하며 재미있게 살 순 없을까?』, 『아이 셋 워킹맘의 간결한 살림법』, 『최강의 야채 수프』, 『제로 다이어트』, 『세상 쉬운 영어회화』 등을 기획, 번역했다.

일본 스태프

촬영_ 山下郁夫, 安井 進 / 일러스트_ 谷山彩子 / 디자인_ 坂井図案室, 田中 恵, 福田啓子, 山本加奈子 / 협력_ Austrian Wine Marketing Board, 板垣卓也 (BATONS), 佐々木ヒロト, 田中かお來-ルリ(CROSS WINES), 美野輪賢太郎, 村木慶喜(VinsCoeur), 勝山晋作, FESTIVIN 実行委員会

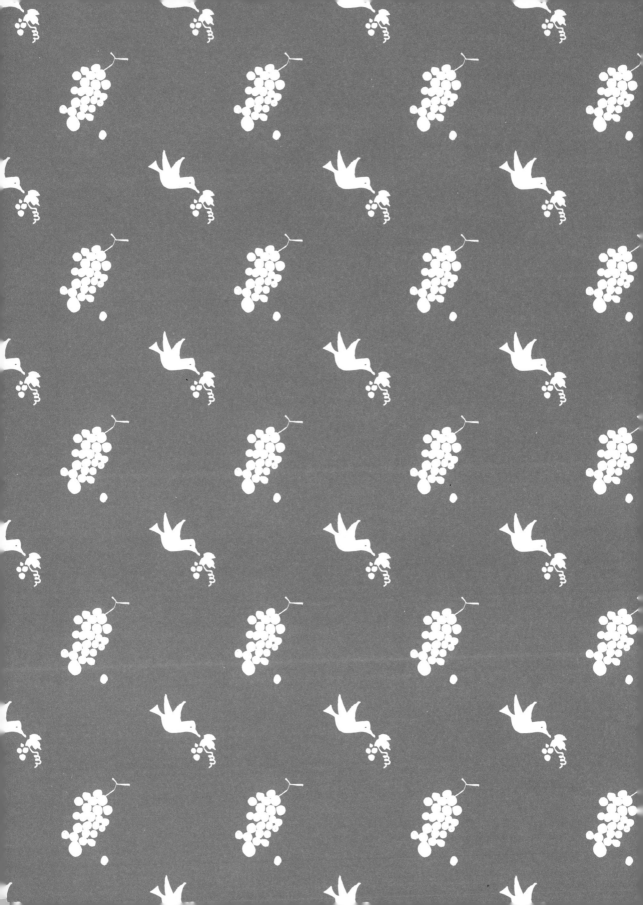